数学模型在生态学的应用及研究(39)

The Application and Research of Mathematical Model in Ecology(39)

杨东方　陈　豫　编著

海洋出版社

2018年 · 北京

内 容 提 要

通过阐述数学模型在生态学的应用和研究，定量化地展示生态系统中环境因子和生物因子的变化过程，揭示生态系统的规律和机制以及其稳定性、连续性的变化，使生态数学模型在生态系统中发挥巨大作用。在科学技术迅猛发展的今天，通过该书的学习，可以帮助读者了解生态数学模型的应用、发展和研究的过程；分析不同领域、不同学科的各种各样生态数学模型；探索采取何种数学模型应用于何种生态领域的研究；掌握建立数学模型的方法和技巧。此外，该书还有助于加深对生态系统的量化理解，培养定量化研究生态系统的思维。

本书主要内容为：介绍各种各样的数学模型在生态学不同领域的应用，如在地理、地貌、水文和水动力以及环境变化、生物变化和生态变化等领域的应用。详细阐述了数学模型建立的背景、数学模型的组成和结构以及其数学模型应用的意义。

本书适合气象学、地质学、海洋学、环境学、生物学、生物地球化学、生态学、陆地生态学、海洋生态学和海湾生态学等有关领域的科学工作者和相关学科的专家参阅，也适合高等院校师生作为教学和科研的参考。

图书在版编目(CIP)数据

数学模型在生态学的应用及研究. 39/杨东方，陈豫编著. —北京：海洋出版社，2017. 10
ISBN 978-7-5027-9948-9

Ⅰ. ①数… Ⅱ. ①杨… ②陈… Ⅲ. ①数学模型-应用-生态学-研究 Ⅳ. ①Q14

中国版本图书馆 CIP 数据核字(2017)第 247021 号

责任编辑：鹿　源
责任印制：赵麟苏
海洋出版社　出版发行
http://www.oceanpress.com.cn
北京市海淀区大慧寺路 8 号　邮编：100081
北京朝阳印刷厂有限责任公司印刷　新华书店北京发行所经销
2018 年 2 月第 1 版　2018 年 2 月第 1 次印刷
开本：787 mm×1092 mm　1/16　印张：20
字数：480 千字　定价：60.00 元
发行部：62132549　邮购部：68038093　总编室：62114335

《数学模型在生态学的应用及研究(39)》编委会

数学是结果量化的工具

数学是思维方法的应用

数学是研究创新的钥匙

数学是科学发展的基础

杨东方

要想了解动态的生态系统的基本过程和动力学机制,尽可从建立数学模型为出发点,以数学为工具,以生物为基础,以物理、化学、地质为辅助,对生态现象、生态环境、生态过程进行探讨。

生态数学模型体现了在定性描述与定量处理之间的关系,使研究展现了许多妙不可言的启示,使研究进入更深的层次,开创了新的领域。

杨东方

摘自《生态数学模型及其在海洋生态学应用》

海洋科学(2000),24(6):21—24.

前　言

细大尽力,莫敢怠荒,远迩辟隐,专务肃庄,端直敦忠,事业有常。

——《史记　秦始皇本纪》

数学模型研究可以分为两大方面:定性和定量的,要定性地研究,提出的问题是“发生了什么或者发生了没有”;要定量地研究,提出的问题是“发生了多少或者它如何发生的”。前者是对问题的动态周期、特征和趋势进行了定性的描述,而后者是对问题的机制、原理、起因进行了定量化的解释。然而,生物学中有许多实验问题与建立模型并不是直接有关的。于是,通过分析、比较、计算和应用各种数学方法,建立反映实际的且具有意义的仿真模型。

生态数学模型的特点为:(1)综合考虑各种生态因子的影响。(2)定量化描述生态过程,阐明生态机制和规律。(3)能够动态地模拟和预测自然发展状况。

生态数学模型的功能为:(1)建造模型的尝试常有助于精确判定所缺乏的知识和数据,对于生物和环境有进一步定量了解。(2)模型的建立过程能产生新的想法和实验方法,并缩减实验的数量,对选择假设有所取舍,完善实验设计。(3)与传统的方法相比,模型常能更好地使用越来越精确的数据,从生态的不同方面所取得材料集中在一起,得出统一的概念。

模型研究要特别注意:(1)模型的适用范围:时间尺度、空间距离、海域大小、参数范围。例如,不能用每月的个别发生的生态现象来检测1年跨度的调查数据所做的模型。又如用不常发生的赤潮的赤潮模型来解释经常发生的一般生态现象。因此,模型的适用范围一定要清楚。(2)模型的形式是非常重要的,它揭示内在的性质、本质的规律,来解释生态现象的机制、生态环境的内在联系。因此,重要的是要研究模型的形式,而不是参数,参数是说明尺度、大小、范围而已。(3)模型的可靠性,由于模型的参数一般是从实测数据得到的,它的可靠性非常重要,这是通过统计学来检测。只有可靠性得到保证,才能用模型说明实际的生态问题。(4)解决生态问题时,所提出的观点,不仅从数学模型支持这一观点,还要从生态现象、生态环境等各方面的事实来支持这一观点。

本书以生态数学模型的应用和发展为研究主题,介绍数学模型在生态学不同领域的应用,如在地理、地貌、气象、水文和水动力以及环境变化、生物变化和生态变化等领域的应用。详细阐述了数学模型建立的背景、数学模型的组成和结构以及其数学模型应用的意义。认真掌握生态数学模型的特点和功能以及注意事项。生态数学模型展示了生态系统的演化过程和预测了自然资源可持续利用。通过本书的学习和研究,促进自然资源、环境的开发与保护,推进生态经济的健康发展,加强生态保护和环境恢复。

本书获得浙江海洋大学的出版基金、西京学院的出版基金、中原工学院的出版基金、贵州民族大学博点建设文库、“贵州喀斯特湿地资源及特征研究”(TZJF-2011年-44号)项目、“喀斯特湿地生态监测研究重点实验室”(黔教合KY字[2012]003号)项目、贵州民族大学引进人才科研项目([2014]02)、土地利用和气候变化对乌江径流的影响研究(黔教合KY字[2014]266号)、威宁草海浮游植物功能群与环境因子关系(黔科合LH字[2014]7376号)、“铬胁迫下人工湿地植物多样性对生态系统功能的影响机制研究”(国家自然科学基金项目31560107)、“温室大棚土壤有机碳淋溶迁移研究”(国家自然科学基金项目31500394)、“数学建模及其应用人才创新团队”(黔教合KY字[2013]405号和黔教合KY字[2016]029号)以及国家海洋局北海环境监测中心主任科研基金—长江口、胶州湾、浮山湾及其附近海域的生态变化过程(05EMC16)的共同资助下完成。

此书得以完成应该感谢北海环境监测中心主任姜锡仁研究员、上海海洋大学的副校长李家乐教授、浙江海洋大学校长吴常文教授、贵州民族大学校长陶文亮教授、西京学院校长任芳教授和中原工学院校长俞海洛教授;还要感谢刘瑞玉院士、冯士筰院士、胡敦欣院士、唐启升院士、汪品先院士、丁德文院士和张经院士。诸位专家和领导给予的大力支持,提供的良好的研究环境,成为我们科研事业发展的动力引擎。在此书付梓之际,我们诚挚感谢给予许多热心指点和有益传授的其他老师和同仁。

本书内容新颖丰富,层次分明,由浅入深,结构清晰,布局合理,语言简练,实用性和指导性强。由于作者水平有限,书中难免有疏漏之处,望广大读者批评指正。

沧海桑田,日月穿梭。抬眼望,千里尽收,祖国在心间。

杨东方　陈豫

2015年5月8日

目　次

强夯法的夯击优化模型

1 背景

强夯法由于各方面的优点，在某种程度上比其他地基加固方法更为有效，在地基处理中越来越显示出优越性。但强夯法的理论和设计计算还不成熟，同时工程情况千差万别，工程施工中，对强夯能数的认识和确定常常有许多分歧，也常常是争议的中心[1]。在各施工参数中，最佳夯击次数和有效加固深度是两个核心参数，关系到强夯施工的成败；其准确的确定对于其他施工参数的确定有较大的辅助作用。在此仅就最佳夯击次数的认识和确定做一些探讨。

2 公式

按定义来确定最佳夯击次数。

从理论上讲，按照定义确定最佳夯击次数有直接和间接两类方法。按直接方法，地基对夯击能的接收能力是一种内在能力，它是土的性质、结构和状态的反映，同时又随单夯击能变化，故它是土的性质、结构、状态和单夯击能的函数。但由于目前这一方面还不曾有研究[2]。因此，按直接的方法确定最佳夯击次数尚不可能。

按间接方法，则必须将夯击次数与强夯施工中的现象联系。强夯施工中，地基将产生地面变形、裂隙、孔隙水压力上升、土体密实等主要现象，而裂隙和土体密实皆直接导致地面变形，因此强夯中的现象可以概括为地面变形和孔隙水压力上升两类现象。而地面变形是各类地基强夯时皆会出现的现象，它和夯击次数间存在一定相关性。

强夯过程中地面变形有一定规律，如图 1：最初几次夯击，产生的单夯沉量较大，而后逐渐减少；总夯沉量随夯击次数的增加最初增长较快，曲线较陡，说明地基较散，对夯击能的接收能力较大，而后总夯沉量逐渐减缓，曲线也趋于平缓，说明地基逐渐密实，对夯击能的接收能力也逐渐减小。可见，地面变形的变化情况完全可以反映地基对夯击能的接收能力。而地面变形可用夯坑有效变形率量化。将夯点每击隆起体积 V' 与夯坑体积 V_0 统计后，根据下式可确定有效变形率：

$$\eta = \left[1 - \frac{V_0}{V'}\right] \times 100\%$$

夯坑有效变形率与夯击次数的关系曲线往往成逐渐增长的波浪线(见图2)。最初几次夯击,曲线几乎为线性,说明夯击能使得地基迅速密实,而后曲线陡降,说明随夯击次数的增加,原来密实的地基又遭破坏,再夯击地基又密实,如此反复。每一次反复后,夯坑有效变形率都得以增加,最终曲线逐渐平缓,说明夯击能已达饱和,此时的夯击次数即可认为是最佳夯击次数。

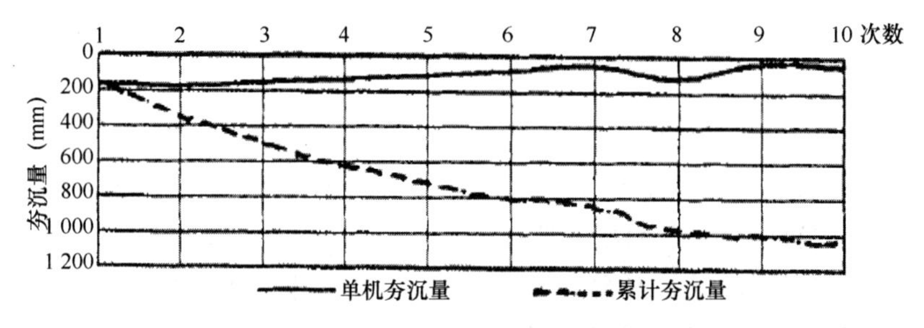

图1 典型夯沉量与夯击次数关系

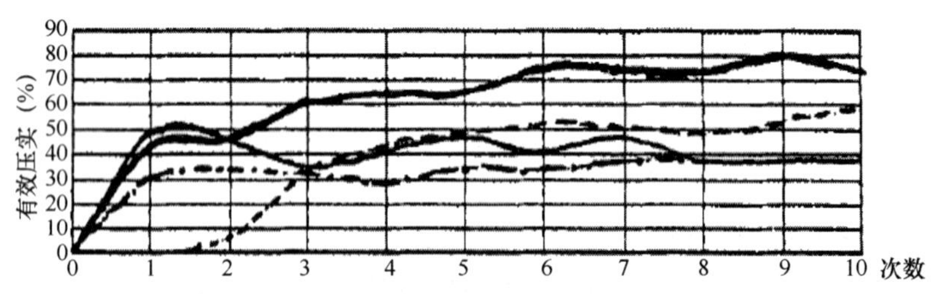

图2 典型夯坑有效变形率与夯击次数关系曲线

3 意义

根据对最佳夯击次数的分析,建立强夯法的夯击优化模型。提出最佳夯击次数严格、普遍的定义,并对最佳夯击次数的确定方法进行确定,特别针对黏性—砂性土地基,根据强夯施工中孔隙水压力的时空规律性,提出了一种确定其最佳夯击次数的有效方法。通过实际工程资料中孔隙水压力随夯击次数发展的时空分析,发现其时空规律,根据此规律即可确定最佳夯击次数。

参考文献

[1] 周平,卢小兵,田义平. 关于最佳夯击次数的讨论. 山地学报,2001,19(增刊):126-130.

[2] 郭见扬·强夯地面沉降特征及地基双层结构的形成[J]. 土工基础,11(3).

红黏土的变形模型

1 背景

黔东某机场位于武陵山腹部,机场跑道长 2 400 m,为现代化的 4C 级机场。场区地貌类型为构造溶蚀洼地。主要地层是碳酸盐岩和红黏土及红黏土填土。红黏土及填土的物理力学性质、厚度、分布特征等是机场建设、投资的控制因素之一,因此对场区红黏土独特的工程地质特性进行正确的评价具有重要的意义。谢春庆等[1]利用方程对黔东某机场红黏土工程地质特性及评价展开了分析。

2 公式

红黏土及填土分布于整个场区,呈褐黄、棕红等色,混有少量岩屑、碎石。有机质含量小于 1.65%,易溶盐含量小于 0.037 2%,其矿物成分主要是伊利石、蒙脱石、高脱石、高岭石、绿泥石、石英、长石等,含量如表 1。

表 1 场区红黏土的组成成分

不同粒级(mm 级)含量(%)				化学成分含量(%)				
2~0.074	0.074~0.005	<0.005	<0.002	伊利石蒙脱石泥层矿物	伊利石	绿泥石	石英	长石
7.7~15.7	11.1~15.7	36.5~44.5	33.5~52.7	3~35	16~37	9~25	4.3~11	4~土

场区红黏土具有高塑性、大孔隙比的物理力学特性,如表 2。

表 2 红黏土的物理力学性质简表

	天然密度(g/cm^2)	初始孔隙比	天然饱和度(%)	天然含水率(%)	液限(%)	塑限(%)	含水比	液塑比	状态
区间值	1.55~1.94	0.78~1.618	79.6~108	26.8~59.0	49.3~103.0	24.6~60.5	0.52~0.86	1.42~2.45	软塑~坚硬
均值	1.77	1.240	42.6	70.9	43				

图 1 (a)中反映出坚硬状态的红黏土临塑荷载较高,该点比例界限在 360 KPa 左右。

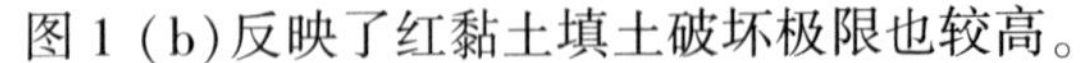
图1(b)反映了红黏土填土破坏极限也较高。

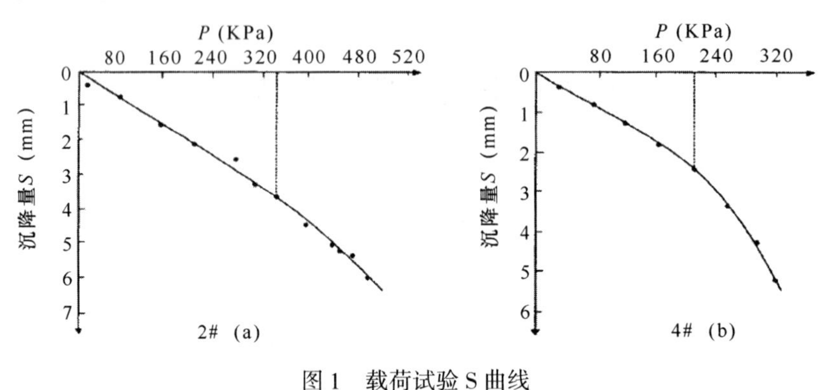

图1　载荷试验S曲线

在对本工程道面基层承载力研究中首先采用了载荷实验对红黏土及填土的承载力进行了原位实测。该试验用汽车做反力系统,手动油压千斤顶提供荷载。

根据下式计算变形模量:

$$E_0 = 10(1 - V^2)\frac{P}{Sd}$$

式中,E_0为土的变形模量,MPa;V是土的泊松比,取0.42;P为承压板上总荷载,kN;S是与荷载P相应的沉降量,cm;d为承压板直径,cm。

3　意义

根据黔东某机场的分析,探讨了红黏土的基本物理力学性质及工程地质特性,建立了红黏土的变形模型。通过该模型,计算得到红黏土的承载力、胀缩特性、结构特性及评价方法。场区红黏土具有高含水量、高塑性、低膨胀、强收缩、中高压缩性、较高承载力的特性,总体上是一种良好的天然地基土。但往往受网状裂隙、厚度分布变化剧烈等影响,沉降变形大,是一种不均匀的地基。标贯试验在该工程中尝试性运用,获得了较好的结果,能否推广应用,还须做进一步的工作。

参考文献

[1]　谢春庆,吴勇,陈其辉.黔东某机场红黏土工程地质特性及评价.山地学报,20001,19(增刊):131-135.

土壤团粒结构的分形模型

1 背景

拟赤杨(Alniphyllum fortunei)具有生长快、干形直、材质好、适应性强等特点,是重要的速生乡土树种,常与杉木混生于天然林中,目前多处于野生状态[1-2]。营造针阔混交林,发挥阔叶树的凋落物多、易分解、养分丰富等优点,具有较好的培肥土壤功能[3],可增加林分生物多样性与稳定性。为此,在前人研究的基础上,运用分形理论对杉木拟赤杨混交林的土壤肥力进行更深入的研究,为杉木拟赤杨的培育模式与林地土壤的科学评价提供依据。

2 公式

分形理论是由 B. B. Mandelbort 于 20 世纪 70 年代建立的[4]。它主要应用于研究自然界和人类社会中存在着的无特征尺度却有自相似性的体系中,所谓自相似性是指物体局部结构放大与整体相似的特征,即无论怎样变换尺度来观察一物体,总是存在更精细的结构并且其结构总是相似的。对于这一特征进行描述的主要工具是分形维数。求算分形维数通常采用在双对数坐标下进行线性回归,所得拟合直线的斜率(或其转换结果)为分形维数值。因此,分形理论的主要研究内容是分形体的分形维数及自相似性规律。

形状与大小各不相同的土壤颗粒组成的土壤结构,在表现上反映出一个不规则的几何形体,前人研究结果表明,土壤是具有分形特征的系统[5]。运用分形理论建立土壤团粒结构的分形模型过程如下。

具有自相似结构的多孔介质——土壤,由大于某一粒径($d_i>d^{i+1}$,$i=1,2,\cdots$)的土粒构成的体积 $V(\delta>d_i)$ 可由类似 Katz 公式表示:

$$V(\delta > d_i) = A[1 - (d_i/K)^{3-D}] \tag{1}$$

式中,δ 是码尺;A,k 是描述形状、尺度的常数;D 是分形维数。

通常粒径分析资料是由一定粒径间隔的颗粒重量分布表示的,以 $\overline{d_i}$ 表示两筛分粒级 d_i 与 d_{i+1} 间粒的平均值,忽略各粒级间土粒比重 ρ 的差异,即 $\rho_i=p(i=1,2,\cdots)$,则:

$$W(\delta > \overline{d_i}) = pA[1 - W(\delta > \overline{d_i})^{3-D}] \tag{2}$$

式中,$W(\delta > \overline{d_i})$ 为大于 d_i 的累积土粒重量。以 W_0 表示土壤各粒级重量的总和,由定义有 $\lim\limits_{i\to\infty} \overline{d_i} = 0$,则由(2)式可得:

$$W_0 = \lim_{i \to \infty} W(\delta > \overline{d_i}) = \rho A \tag{3}$$

由式(2)、式(3)可以导出

$$\frac{W(\delta > \overline{d_i})}{W_0} = 1 - \left[\frac{\overline{d_i}}{k}\right]^{3-D} \tag{4}$$

设 $\overline{d}_{max}$ 为最大粒级间的平均直径,$W(\delta > \overline{d}_{max}) = 0$,代入式(4)有 $k = \overline{d}_{max}$,由此得出土颗粒的重量分布与平均粒径之间的分形关系式为:

$$\frac{W(\delta > \overline{d_i})}{W_0} = 1 - \left[\frac{\overline{d_i}}{\overline{d}_{max}}\right]^{3-D} \tag{5}$$

$$\left[\frac{\overline{d_i}}{\overline{d}_{max}}\right]^{3-D} = \frac{W(\delta > \overline{d_i})}{W_0} \tag{6}$$

分别以 $\lg(W_i/W_0)$,$\lg(\overline{d_i}/\overline{d}_{max})$ 为纵、横坐标,则 3−D 是 $\lg(\overline{d_i}/\overline{d}_{max})$ 和 $\lg(W_i/W_0)$ 的实验直线的斜率,故可用回归分析方法对 D 进行测定。

3 意义

运用分形理论探讨了杉木拟赤杨混交林 6 种不同模式土壤结构的分形特征,计算了土壤团聚体、策团聚体与机械组成的分形维数,并建立分形维数与大于 0.25 mm 水稳定性团聚体、土壤结构体破坏率、土壤结构系数、土壤分散系数、大于 0.01 mm 水稳定性微团聚体及大于 0.01 mm 土壤机械组成等土壤肥力指标之间的回归模型。所建立的分形维数与各土壤肥力指标之间的模型均存在显著的回归关系。因此,分形维数可以作为表征土壤肥力的一个新指标,从而为山地土壤肥力的科学评价提供了有力的手段。

参考文献

[1] 何东进,洪伟,吴承祯. 杉木拟赤杨混交林土壤肥力表征指标的研究. 山地学报,2001,19(增刊):98−102.

[2] 郑万钧. 中国树木志[M]. 北京:中国林业出版社,1985. 1629−1631.

[3] 俞新妥. 混交林营造原理与技术[M]. 北京:中国林业出版社,1989,5−18.

[4] Turcotte D L. Fractal fragmentation[J]. Geography Res. ,1986,91(12):1921−1926.

[5] Falconer K J. Fractal geometry[M]. John wily and sons. 1989,89−159.

河流地貌的均衡剖面模型

1 背景

近年来,地貌最小功原理(又称最小能耗原理:Theory of minimum energy dissipation)在河流地貌演化研究中开始得到应用[1-3],杨志达等将河流地貌的最小功原理表述为在维持输沙平衡的前提下,冲积河流将调整其坡降和几何形态,力求使单位重量水体或单位长度水体的能量消耗率趋向于当地具体条件下所许可的最小值[2]。严宝文和包忠谟将最小功原理应用于河流均衡剖面的实验研究中,认为在均质地层和沿程流量不变条件下,均衡剖面的形成类似于变分学中经典的最速滑降问题,理想的均衡剖面形态应是一条摆线[4]。并研究在不同时考虑河流几何形态调整的前提下,单纯讨论河流纵剖面演化的最小功问题。

2 公式

根据能量守恒定律,单位质量水体($m=1$)沿河流纵剖面从河源流动到河口的摩阻能耗 W 为:

$$W = gH - 0.5u_m^2 \tag{1}$$

式中,g 为重力加速度;H 为河源至河口全程的高差;u_m 为单位水体从河源流动到河口处的流速。对于一条既定河流,全程高差 H 是定值,欲使能耗 W 最小,就应使河口处流速 u_m 最大,相应地使全程流速平均值 $\bar{u}$(即流速的沿程总和与平面河长之比)最大。在不考虑河床糙率与断面形态的条件下,单位水体的流速仅与河床比降有关。因此,河流地貌的最小功原理要求调整河床比降使单位水体从河源以最短时间流动到河口,达到全程流速均值 $\bar{u}$ 最大,从而使全程摩阻能耗最小,这就是河流纵剖面演化的最小能耗原理。

长大河流的流域形态近似矩形,在产水条件均一的矩形流域,流量从河源沿程按同一比例增长,其河流纵剖面形态可以用以河口为原点的抛物线方程描述[5]:

$$h = H(s/S)N \tag{2}$$

式中,h 为纵剖面上某点与河口间的高差;H 为河源与河口间的高差(全程高差);s 为平面上河流中某点与河口间的河长;S 为平面上河流全长;幂指数 N 称为河流纵剖面形态指数。在地壳持续、匀速抬升即以长期稳定的典型构造条件下,河流将经历一个侵蚀旋回,河流纵

剖面形态指数 N 由小变大,河流纵剖面形态由抬升期河流深切侵蚀阶段的上凸抛物线形($N<1$),经历过渡阶段的近似直线形($N\approx1$),向构造稳定期河流均衡调整阶段的下凹抛物线形($N>1$)演化,最终塑造成均衡剖面($N\gg1$)。

对河流中某点,单位质量水体($m=1$)的能量守恒式为:

$$u = [2g(H - h) - 2W]\ 1/2 \tag{3}$$

式中,u 为该点处的流速;摩阻能耗 $W = \int f\mathrm{d}s$。借用固体斜坡运动力系分解可知,单位河长($\mathrm{d}s$)上的摩阻力 $f=\cos\theta\mathrm{tg}\varphi$。河床纵坡 θ 一般很小,故 $\cos\theta\approx1$;摩擦系数 $\mathrm{tg}\varphi$ 可近似地取为比降 i,且 $i=\mathrm{d}(H-h)/\mathrm{d}s$,故 $W = \int\mathrm{d}(H - h) = H - h$。因此,式(3)可改写为:

$$u = [2(g - 1)(H - h)]\ 1/2 \tag{4}$$

式(2),式(4)可改写为:

$$u = [2H(g - 1)]\ 1/2[1 - (s/S)N]\ 1/2 \tag{5}$$

即:

$$u \propto [1 - (s/S)N]\ 1/2 \tag{6}$$

式(6)表明,流速 u 正比于$[1-(s/S)N]1/2$。

式(6)中,因为$(s/S)<1$,故随着 N 值的增大,$[1-(s/S)N]1/2$ 随之变大。结论是:流速 u 与纵剖面形态指数 N 成正增长关系。理论与实践都说明河流纵剖面的演化趋势是 N 值由小变大,故相应地,水体流速也会由小增大,单位水体在由河源到河口流动全过程中的摩阻能耗会由大变小,从而证实了河流纵剖面演化确实遵循最小功原理。

图 1a 表示一个侵蚀旋回中河流处于各发育阶段界限时的纵剖面形态,显示了在 N 值由小变大的进程中纵剖面形态由上凸向下凹的演化;图 1b 表示相应界限 N 值时与河口流速(um)相比的相对流速(u/um)的沿程分布,显示了随 N 值的增大,流速曲线向下圈闭的面积(流速的全程积分值)随之增大,即全程流速均值增大,从而图解了河流纵剖面演化的最小功原理。

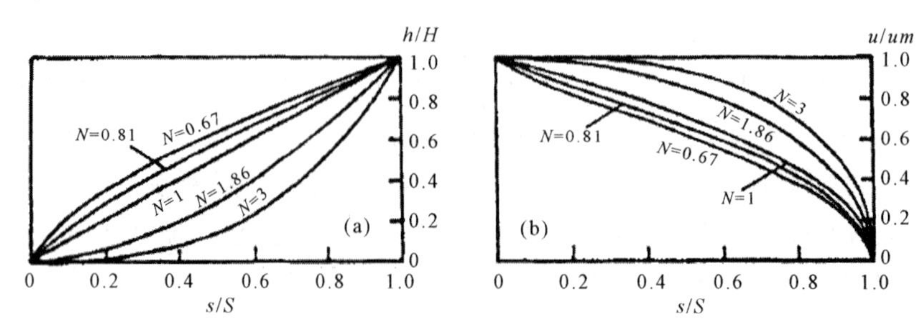

图 1　矩形流域河流纵剖面形态(a)及其相对流速(u/um)的沿程分布(b)

对于产水条件均一的矩形流域,其流量 Q 与河长成正比地沿程增加,即:

$$Q = Q_0(S - s)S \tag{7}$$

式中，Q_0为河口处流量。将式(7)代入动能式：$0.5Qu^2=(g-1)Q(H-h)$，得：

$$0.5Qu^2 = (g-1)Q_0[1-(s/S)](H-h) \tag{8}$$

将式(2)代入，得：

$$0.5Qu^2 = (g-1)HQ_0[1-(s/S)][1-(s/S)^N] \tag{9}$$

全程动能总和为 $\int^S 0.5Qu^2\mathrm{d}s$，即：

$$0.5\int^S Qu^2\mathrm{d}s = \int^S\{(g-1)HQ_o[1-(s/S)]\times[1-(s/S)^N]\}\mathrm{d}s$$

$$= (g-1)HQ_o\int S(1 - s/S - s^N/S^N + s^{N+1}/S^{N+1})\,\mathrm{d}s$$

$$= (g-1)HQ_oS[1 - 1/2 - 1/(N+1) + 1/(N+2)]$$

故：

$$0.5\int SQu^2\mathrm{d}s = (g-1)HQ_oS\times\{1/2 - 1[(N+1)(N+2)]\} \tag{10}$$

由于 $Q=au$（a 为过流断面面积），故 $Qu^2\sim u^3$，并据公式 $\Sigma n=(\Sigma n^3)1/2$，可近似地得流速的沿程总和为：

$$\int u\mathrm{d}s = \left(\int u^3\mathrm{d}s\right)^{1/2} \approx \left(\int^S Qu^2\mathrm{d}s\right)^{1/2}$$

$$= 4.2\,[HQ_oS]^{1/2}\{1/2 - 1/[(N+1)\times(N+2)]\}^{1/2} \tag{11}$$

全程流速平均值 $\bar{u} = \int u\mathrm{d}s/S$，故矩形流域河流的全程流速均值为：

$$\bar{u} = 4.2Q_0^{1/2}\,[H/S]^{1/2}\{1/2 - 1/[(N+1)\times(N+2)]\}^{1/2} \tag{12}$$

式(12)即矩形流域河流纵剖面演化的最小功数学模式。式中，$\bar{u}^2$与河口流量 Q_0成正比，与全程平均比降(H/S)成正比，与纵剖面形态指数 N 成正增长关系。对一既定河流，河口流量 Q_0、全程高差 H、河流平面全长 S 都是定值，流速均值 $\bar{u}$ 只与河流纵剖面形态指数 N 正相关，即 $\bar{u}\propto f(N)$。$F(N)$可称为流速函数，且：

$$f(N) = \{1/2 - 1/[(N+1)\times(N+2)]\}^{1/2} \tag{13}$$

在河流侵蚀旋回中，随着 N 值由小变大，$f(N)$的值将相应增大，因而河流纵剖面演化的最小功原理体现为流速的增大和 N 值的相应增大。

3 意义

河流地貌最小功原理表明河流纵剖面形态将向力求使流速增大的方向演化，据此推导出矩形流域全程流速的平均值($\bar{u}$)与河流纵剖面形态指数(N)的关系式。这一最小功模式表明河流纵剖面演化方向是 N 由小变大，纵剖面形态由上凸抛物线经直线向下凹抛物线发展。在侵蚀旋回中,河流各发育阶段的$f(N)$值也由小变大。以西藏帕隆藏布中上游流域系统、干流全程及Ⅰ级阶地为例,由最小功模式计算的全程流速均值与实测值相吻合,从而检验了上述最小功原理和数学模式。

参考文献

[1] 蒋忠信. 帕隆藏布河流纵剖面演化的最小功模式. 山地学报,2002,20(1):26-31.

[2] 金德生. 地貌最小功原理[A]//现代地理学辞典[M]. 北京:商务印书馆,1990. 182-183.

[3] 黄克中,钟恩清. 最小水流能量损失率理论在河相关系中的应用[J]. 地理学报,1991,46(2):178-185.

[4] 严宝文,包忠谟. 均衡纵剖面形态的实验研究[J]. 水土保持通报,2000,20(1):14-16.

[5] 蒋忠信. 滇西北三江河谷纵剖面的发育图式与演化规律[J]. 地理学报,1987,42(1):16-27.

稀土元素的生物吸收模型

1 背景

稀土元素(Rare Earth Elements,REE)的地球化学行为相近,但在一些特定的环境中发生分异,因而在岩浆活动、火山活动等机理研究以及岩石风化过程研究中具有重要的地球化学指示意义[1-3]。目前,表生作用下稀土元素在岩石—土壤—植物—水体系统中迁移、富集和分异的研究较为缺乏[4],因而以海南岛北部玄武岩广泛分布地区为例,探讨了稀土元素在岩石风化、土壤发育、植物吸收和地下水运移过程中的地球化学行为和分异规律。

2 公式

元素的生物吸收系数是表示生物选择吸收元素能力高低的最常用指标[5]。生物吸收系数(A_x)可用下式计算:

$$A_x = L_x / N_x$$

式中,L_x表示 x 元素在植物中灰分含量(mg/kg);N_x表示 x 元素在生长该植物土壤中的含量(mg/kg)。表 1 显示,Tb 属强度吸收元素;Pr、Tm、Lu 的 A_x值在 1~10 之间,属中度吸收元素;而其余稀土元素均小于 1,属弱度吸收元素[5]。

表 1　植物样品中稀土元素含量与生物吸收系数

样品号	项目	La	Ce	Pr	Nd	Sm	Eu	Gd	Tb	Dy	Ho	Er	Tm	Yb	Lu	Y
B1	W	5.14	9.76	11.57	9.10	1.40	0.32	1.70	16.98	0.70	0.44	0.55	0.43	0.26	0.38	2.93
	A_x	0.23	0.12	2.26	0.47	0.31	0.21	0.35	27.06	0.19	0.62	0.35	1.77	0.19	1.90	0.20
B2	W	8.66	20.52	19.89	2.98	0.62	3.96	55.50	1.27	0.96	1.25	0.95	0.42	0.62	4.67	
	A_x	0.39	0.25	3.89	0.83	0.67	0.40	0.81	88.44	0.34	1.35	0.79	3.88	0.32	3.09	0.32
B3	W	5. 14	15.88	13.11	11.17	2.55	0.42	3.78	47.40	1.01	0.83	1.07	0.83	0.40	0.67	2.53
	A_x	0.36	0.40	3.07	0.72	0.62	0.27	0.80	70.31	0.28	1.02	0.56	2.77	0.24	2.60	0.14

注:表中项目一列中 W 为元素占植物灰分的含量(mg/kg);A_x为生物吸收系数。

水迁移系数 K_x衡量元素在风化带中的迁移能力[5]。K_x计算公式为:

$$K_x = (m_x \times 100) / (a \times n_x)$$

式中,m_x是元素 x 在水中的含量(mg/L);n_x是元素 x 在岩石中的含量(%);a 是水中矿质残渣总量(mg/L)。

3 意义

土壤中稀土元素的分异主要受成土过程中 REE 淋溶及其本身化学性质差异所决定,随土壤的发育,REE 出现分异,LREE 逐渐富集,HREE 不断亏损。随着土壤的进一步发育,玄武岩中的元素 Ce 从负异常,向土壤中正异常方向演化。地下水中 REE 的含量和分布模式主要受岩石风化和成土作用影响,相对多的 HREE 进入地下水,使地下水中 LREE 和 HREE 分异不如土壤中明显。根据稀土元素的生物吸收模型植物,确定植物对 REE 具有选择吸收作用,但 REE 的生物地球化学循环并不活跃。

参考文献

[1] 黄成敏,龚子同. 表生作用下稀土元素地球化学特征——以海南岛北部玄武岩分布区为例. 山地学报,2001,20(1):70-74.

[2] Daux V,Crovisier J L,Hemmond C,et al.Geochemical evolution of basalt rocks subjected toweathering:Fate of the major elements,rare earth elements and thorium[J].Geochi Cosmochi Acta,1994,58:4941-4954.

[3] 刘英俊,曹励明,李兆麟,等. 元素地球化学[M]. 北京:科学出版社,1984. 194-215.

[4] Henderson, P (ed.). Rare Earth Elements Geochemistry [C]. Elsevier Science Publishers B. V., Amsterdan,1984,20-495.

[5] 龚子同. 物质迁移[A]//于天仁,陈志诚. 土壤发生中的化学过程[C]. 北京:科学出版社,1990. 265-296.

泥石流的预报模型

1 背景

泥石流短期预报和临警预报是泥石流减灾的重要手段,其预报的准确性是决定泥石流减灾防灾成败的关键。然而,目前的短期预报和临警预报都是建立在一些统计假设的基础上,并且绝大多数沟谷泥石流缺乏系统的序列资料,严重影响了此类泥石流预报模型的准确性,再加上泥石流形成机理的复杂性和区域差异性,即使有完整资料的沟谷,其泥石流预报模型准确性也不是很高[1]。例如云南东川蒋家沟已有30年数百场泥石流的观测资料,根据这些资料建立的蒋家沟泥石流预报模型[2]依然有误差。韦方强等[1]则针对不同损失条件下的泥石流展开了建立预报模型的研究。

2 公式

设总数为$m(G_1,G_2,\cdots,G_m)$,它们的分布密度函数分别为$f_1(X),f_2(X),\cdots,f_m(X)$,且假定已知$G_1,G_2,\cdots,G_m$的先验概率分别为$q_1,q_2,\cdots,q_m$,显然有:

$$q_i \geqslant 0(i=1,2,\cdots,m),\ \sum_{i=1}^{m} q_i = 1$$

若将本来属于总体G_i的样品错判为属于总体G_j时,所造成的损失为$c(j|i)$。显然有:

$$c(i|i)=0,c(i|i)\geqslant 0(i=1,2,\cdots,m;j=1,2,\cdots,m)$$

由于一个判别规则实际上就是对P维样品空间Q_p做一个划分:$Q_1,Q_2,\cdots,Q_m$,故可将判别规则简记为:

$$Q=(Q_1,Q_2,\cdots,Q_m)。$$

根据规则Q进行判别,若原来属于总体G_i的样品的取值落入了Q_j内,就会将它错判为属于总体G_j。犯这种错误的概率为p重积分。所以,在规则Q下,将属于G_i的样品错判为G_j的概率为:

$$P(i\mid i,Q)=\int_{R_j} f_i(X)\,\mathrm{d}X$$

$$(i,j=1,2,\cdots,m;i\neq j) \tag{1}$$

由于这种错判造成的损失为$C(j|i)$,因而在规则Q下,把属于总体G_i的样品错判为其他总体所造成的平均损失为:

$$r(i,Q) = \sum_{j \neq i} c(j|i) P(j|i,Q) \tag{2}$$

因 $G_1, G_2, \cdots, G_m$ 的先验概率分别为 $q_1, q_2, \cdots, q_m$, 故根据规则 Q 进行判断时,所造成的总平均损失为:

$$g(Q) = \sum q_i r(i,Q) = \sum_{i=1}^{m} q_i \sum_{j=1}^{m} c(j|i) P(j|i,Q) \tag{3}$$

式(3)中,q_i 和 $c(j|i)$ 均给定,而 $P(j|i,Q)$ 可通过式(1)计算,它依赖于划分 Q,而这里的目的就是要选定一个判别规则 Q,使总平均损失 $g(Q)$ 达到最小,即在式(3)最小的约束条件下,得出判别规则 Q。

对泥石流来说,这个判别规则 Q 就是判定泥石流发生与否的一种划分,即泥石流的预报模型。

对于一条泥石流以当日降水量 $R=x_1$ 和前期降水量条件 $R_0=x_2$ 作为随机向量 X,设"泥石流发生"为总体 G_1,"泥石流不发生"为总体 G_2,并假设 G_1, G_2 均服从正态分布。泥石流误报即把属于总体 G_2 的样品错判属于总体 G_1,误报造成的损失为 $c(1|2)$;泥石流漏报即把属于总体 G_1 的样品错判属于总体 G_2,漏报造成的损失为 $c(2|1)$。根据统计资料,可估计 $G_1 \sim Np(\mu_1, \Sigma)$ 和 $G_2 \sim Np(\mu_2, \Sigma)$ (μ_1, μ_2 为 G_1, G_2 的均值,Σ 为方差)中的各参数。则式(3)的解为[3]:

$$\begin{cases} Q_1 = \{X: W(X) \geqslant d\} \\ Q_2 = \{X: W(X) < d\} \end{cases} \tag{4}$$

式中,
$$W(X) = (X - \bar{\mu})' \sum{}^{-1} (\mu_1 - \mu_2)$$

$$\bar{\mu} = \frac{1}{2}(\mu_1 - \mu_2);\ d = \ln\left(\frac{c(1|2)\, q_2}{c(1|2)\, q_1}\right)$$

式(4)就是所求的泥石流预报模型,同时可求出泥石流误报和漏报的概率为:

$$p(2|1) = \varphi\left[\frac{d - \frac{\lambda}{2}}{\sqrt{\lambda}}\right] \tag{5}$$

$$p(2|1) = 1 - \varphi\left[\frac{d + \frac{\lambda}{2}}{\sqrt{\lambda}}\right] \tag{6}$$

式中,$p(x)$ 为 $N(0,1)$ 的分布函数:

$$\lambda = (\mu_1 - \mu_2)' \sum{}^{-1} (\mu_1 - \mu_2)$$

3 意义

泥石流预报是泥石流减灾的重要手段之一,然而泥石流形成的复杂性使泥石流预报准确度低,误报和漏报率较高。泥石流误报和漏报都会造成损失,但二者造成的损失有很大的差别。为了减少泥石流误报或漏报造成的损失,应当考虑两种错报造成损失的不同。根据使总平均损失达到最小的原则,建立了不同损失条件下的泥石流预报模型,并将该模型应用到云南东川蒋家沟。

参考文献

[1] 韦方强,胡凯衡,崔鹏. 不同损失条件下的泥石流预报模型. 山地学报,2002,20(1):97-102.
[2] 谭炳炎,段爱英. 山区铁路沿线暴雨泥石流预报的研究[J]. 自然灾害学报,1995,4(2):43-52.
[3] 涂汉生,何平,赵联文. 应用统计. 成都:西南交通大学出版社,1994.

黄土区的超渗—超蓄产流模型

1 背景

关于水土保持措施减水效益的定量评价，一直受到众多专家、学者的重视，并在此方面做了大量的研究[1-2]。特别是近年来，随着水利水保措施的实施和治理程度的提高，流域内径流不断受到拦蓄，出口断面水流变小，径流成分中地下径流不断增加，从1960—1980年，流域的产流模式表现出从超渗产流转向超流产流为主，但如果治理流域是未治理的中大流域，仍用单一的超渗产流模式去计算产流量，这可能会使计算结果与实测值出现较大的偏大。而水保措施减流效益评价精度的高低又往往以产流计算结果的影响最大，因此刘贤赵等[1]对建立的超渗—超蓄混合产流模式的计算展开了研究。

2 公式

在黄土区，流域地表超渗产流可用Horton入渗方程进行描述[3]：

$$f(t) = f_c + (f_0 - f_c)\, e^{-kt} \tag{1}$$

而在入渗过程中，形成地下径流的那部分入渗速率可用Dunne提出的超蓄产流方程[4]表示：

$$f_g = f_c(1 - e^{-kt}) \tag{2}$$

式中，$f(t)$为流域平均入渗速率；f_0为流域平均初始入渗速率；f_c为流域平均稳定入渗速率；$f_g(t)$为$f(t)$中形成地下径流的入渗速率；k是流域土壤物理特性指数；t是时间。

一般情况下，流域入渗能力不仅是时间的函数，而且也是土壤含水量的函数。在一定的k及f_c情况下，如果能确定初始入渗率f_0，入渗能力曲线便能确定。假设有一稳定雨强为i的无限降雨，且$i \geqslant f_0$，由图1可知，$f(1)$、$f_g(t)$与纵轴所包围的面积即为在一定f_0条件下土壤蓄水量（下同）。令土壤蓄水量为W，由图1可得：

$$\begin{aligned} W(t) &= \int_0^t [f(t) - f_g(t)]\, dt \\ &= \int_0^t f_0 e^{-kt} dt = \frac{f_0}{k}(1 - e^{-kt}) \end{aligned} \tag{3}$$

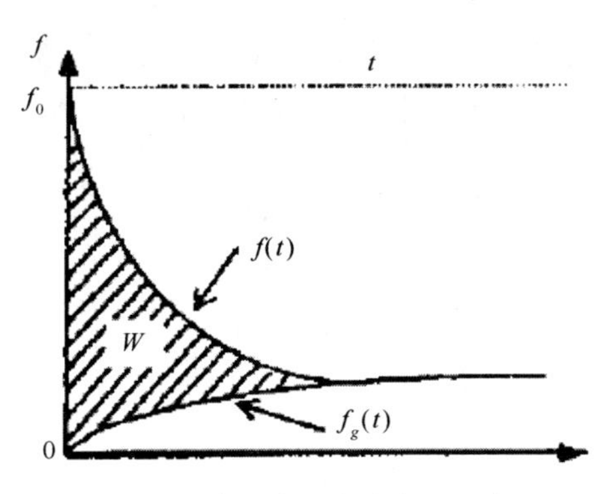

图1　由入渗推求土壤蓄水量示意图

联立式(1)、式(3),经整理可得到入渗能力与土壤蓄水量的对应关系为:

$$f(t) = f_0 - \frac{k(f_0 - f_c)}{f_0} W(t) \tag{4}$$

为使问题简化和便于实际应用,取时段长 $f \sim (t+\triangle t)$ 进行研究。分别将 t 和 $(t+\triangle t)$ 代入式(4)后两两相减(时段末减时段初)得:

$$f(t + \Delta t) = f(t) - \frac{k(f_0 - f_c)}{f_0} W_{\Delta t} \tag{5}$$

式中,$W_{\triangle t}$ 为时段 $\triangle t$ 内的土层蓄水增量。若 $\triangle t$ 时段内允许最大入渗量为 $F_{m\triangle t}$,允许最大蓄水量为 $W_{m\triangle t}$,时段内降水量为 $P_{\triangle t}$,实际入渗量为 $F_{\triangle t}$,实际蓄水量为 $W_{\triangle t}$,在 $t \sim (t-\triangle t)$ 时段内对式(1)积分得:

$$F_{m\Delta t} = f_c \Delta t + \frac{(f_0 - f_c)}{k} e^{-kt} (1 - e^{-k\Delta t}) \tag{6}$$

$$e^{-k\Delta t} = \frac{f(t) - f_c}{f_0 - f_c} \tag{7}$$

将式(7)代入上式得:

$$F_{m\Delta t} = f_c \Delta t + \frac{f(t) - f_c}{k} (1 - e^{-k\Delta t}) \tag{8}$$

同理,将式(3)积分区间改为 $t \sim (t+\triangle t)$ 得:

$$W_{m\Delta t} = \frac{f_o f(t) - f_c}{k f_0 - f} (1 - e^{-k\Delta t}) \Delta t \tag{9}$$

至此,超渗等价于 $P_{\triangle t} \geqslant F_{m\triangle t}$,超蓄等价于 $F_{\triangle t} \geqslant W_{m\triangle t}$,流域的径流总量可直接分解为地表径流和地下径流,于是超渗—超蓄产流模型如下:

$$\left.\begin{aligned}
F_{\Delta t} &= \begin{cases} F_{m\Delta t} & P_{\Delta t} \geqslant F_{m\Delta t} \\ P_{\Delta t} & P_{\Delta t} < F_{m\Delta t} \end{cases} \\
W_{\Delta t} &= \begin{cases} W_{m\Delta t} & F_{\Delta t} \geqslant W_{m\Delta t} \\ P_{\Delta t} & F_{\Delta t} < W_{m\Delta t} \end{cases} \\
R_{s\Delta t} &= P_{\Delta t} - F_{\Delta t} \\
R_{g\Delta t} &= (F_{\Delta t} - W_{\Delta t})\, kd \\
R &= (R_{s\Delta t} + R_{g\Delta t}) \\
f(t+\Delta t) &= f(t) - k \times \frac{f_0 - f_c}{f_0} \cdot W_{\Delta t}
\end{aligned}\right\} \tag{10}$$

式中,$R_{s\triangle t}$ 为时段地表径流量,$R_{g\triangle t}$ 为时段地下出流量,R 为时段径流总量,kd 是时段地下径流出流系数[3]。$F_{m\triangle t}$ 和 $W_{m\triangle t}$ 分别由式(8)、式(9)推求。于是只要将初始条件 $t=0$ 时的土壤含水量 $W(0)$ 用影响雨量 Pa 代入式(4),获得时段降雨初的流域入渗能力 $f(0)$,就可用模型进行连续递推计算,直接求得各段的地表径流量和地下径流量。

3 意义

根据治理与尺度对黄土区产流模式的影响,建立用地评价水土保持的措施减水效益的超蓄产流模型,并将径流成分直接区分为地表径流和地下径流。同时着重介绍所建模型参数的率定及其在减水效益中的应用。在3个典型流域(青阳岔、岔巴沟和小理河)的应用结果表明,该模型效果良好,具有较好的应用前景。模型初步应用虽然效果较好,但要进行进一步的推广应用,还须做大量的研究。

参考文献

[1] 刘贤赵,黄明斌,李玉山．超渗—超蓄产流模型在评价水保措施减水效益中的应用．山地学报,2002,20(2):218-222.

[2] 兰华林,于一鸣,张胜利·无定河、皇甫川水土保持减水减沙作用分析[J]. 水土保持研究,2000,1:67-80.

[3] Horton R E. The role of infiltration in the hydrologic cycle [J]. Eos Trans. AGU,1933,14:446-460.

[4] 汤立群,陈国祥．大中流域长系列径流泥沙模拟[J]. 水利学报,1997,6:19-26.

灰坝的颗粒级配效应模型

1 背景

在我国,渗流破坏类工程事故约占30%。粉煤灰坝为透水挡灰的土石坝,通过合理设置反滤设施和控制坝体渗流,达到煤灰渣的收集与贮存目的,20世纪80年代以来,广泛应用于我国火力发电站。由于粉煤灰的颗粒级配与渗流特征[1-2],决定了在利用其筑坝过程中,渗流控制的重要性应等同于荷载稳定的处理,灰坝渗流控制差就会引起库灰漏失的事件。林立相和吴勇[1]通过灰坝工程实例,分析库灰渗漏特征与渗漏机理,在相关研究的基础上提出工程处理意见。

2 公式

反滤层颗粒空隙对控制土体管涌和渗流冲刷具有非常重要的作用,这取决于其颗粒级配和压密程度。Uno. T 等人试验结果认为:有效地控制土体渗流破坏的阀值是,反滤体空隙平均直径(d_e^f),与渗流土体的孔隙比(e)和平均颗粒直径($\bar{d}_s$)成正比[3],即

$$d_e^f = \frac{1}{2} e \bar{d}_s \tag{1}$$

对自然灰体,$e = 1.608$,$\bar{d}_s = 0.042$ mm,则 $d_e^f = 0.034$ mm;压密灰体,$e = 1.183$,$d_e^f = 0.025$ mm。此法对透水土工布的筛眼选择有一定的参考价值,对于砂砾石或煤渣土反滤体,d_e^f 不易测定,加之灰体和煤渣土皆非均匀介质。因此,建议采用有效直径较为合理[4],并通常采用 d_f15/d_s85 作为评价灰体和煤渣土的颗粒级配标准。

传统的渗流破坏平衡表达方式为太沙基公式:

$$J_{cr} = \frac{\gamma_m}{\gamma_w} \tag{2}$$

以煤渣土反滤体内空隙中的库灰为对象,其所受的作用力有:①渗透力;②灰体自重;③灰体内摩擦力;④灰体凝聚力 CA。结合传统渗流破坏公式和斜坡土流的谢斯塔科夫模型,其力的平衡式为:

$$J_{cr}\gamma_w = \gamma'\nu + \nu(\sigma + \gamma')\xi\tan\varphi + CA \tag{3}$$

式中,J_{cr}为作用于灰体的临界水力坡降;v 为灰体的体积;σ 为灰体附加应力;ξ 为侧压力系

数;φ、C 分别为灰体的内摩擦角和凝聚力;A 为接触面积。

这对于判断灰坝下部灰体—煤渣土反滤体系失效引起的渗漏问题,更具有现实意义。其分项表达式如下.

(1)附加应力:

$$\sigma = \frac{1}{2}\gamma' h^2 \quad (\text{饱和状态}, h \text{ 为灰体埋深}) \tag{4}$$

(2)浮容重:

$$\gamma' h = \frac{G-1}{1+e}\gamma_w = \gamma_d - \frac{\gamma_w}{1+e} \quad (G \text{ 为比重}, \gamma_d \text{ 为干密度}) \tag{5}$$

(3)体积与接触面积

灰体充满煤渣土空隙后,才发挥其强度作用,根据式(1),等效 $\overline{d_s}$ 表达为 d_{s85},则灰体在空隙中的体积和接触面积可近似地按球体表示:

$$\nu = \frac{1}{48}\pi\,(ed_{s85})^3 \text{ 和 } A = \frac{1}{16}\pi \cdot e^2 d_{s85}^2 C \tag{6}$$

根据实际情况,式(4)所隐含的物理力学参数并不是一个定值,而是随着埋藏深度而变化,将其与式(5)、式(7)结合,可得适合本例工程的临界渗流力表达式为:

$$J_{cr}\gamma_w = \frac{1}{48}\pi \cdot e^3 d_{s85}^3 \gamma' \left[1 + \left(\frac{1}{2}h^2 + 1\right)\xi\tan\varphi\right] + \frac{1}{16}\pi \cdot e^2 d_{s85}^2 C \tag{7}$$

这样,临界渗流坡降 J_{cr} 的确定即可通过灰体埋深、强度和不同深度下孔隙比与有效粒径获得。图 1 和图 2 分别为本灰坝颗粒反滤层临界渗流坡降,与灰体埋深和空隙比的关系,反映了颗粒反滤层和灰体自然特征与压密属性对渗流破坏的影响,其造成的渗流破坏是在一定的限压条件下进行的。

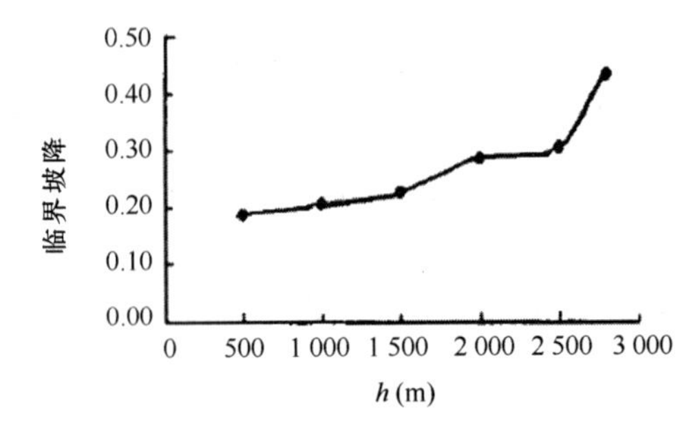

图 1 J_{cr} 与 h 关系图

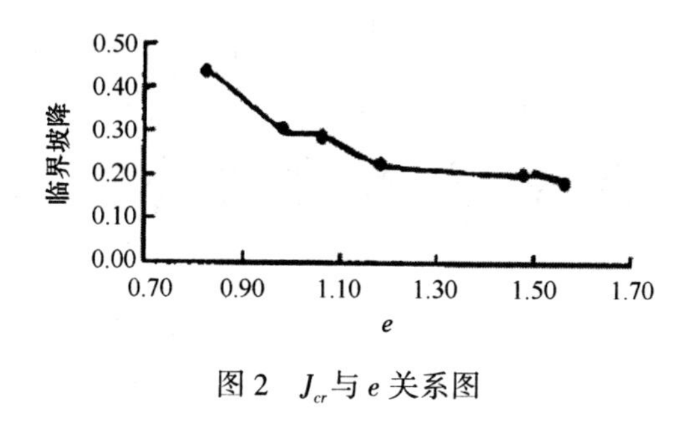

图 2 J_{cr}与 e 关系图

3 意义

通过粉煤灰坝工程实例分析,探讨其灰体渗漏的原因,并分析渗漏的机理,建立了灰坝的颗粒级配效应模型。根据该模型,确定了反滤层土拱破坏效应和灰体—反滤体颗粒级配效应,提出以渗流破坏的有效粒径比 $Ra=8$ 和 $Ra=12$ 作为阀值,来划分为渗流冲刷的稳定、敏感和破坏区域。并认为灰体、反滤层和渗流坡降是一个相互作用的有机整体,并在此基础上确定了压密状态下反滤层破坏的临界渗流坡降 J_{cr}的计算模式。

参考文献

[1] 林立相,吴勇 . 粉煤灰坝渗漏机理分析 . 山地学报,2002,20(1):116-121.

[2] 陈愈炯,等 . 粉煤灰的基本性质[J]. 岩土工程学报,1988,10(5):3-16.

[3] Uno T,et al.The relationship between particle size and diameter for sand,Inter. Proce. Geofilter' 96 Conference,1996:67-74.

[4] Tomlinson S S, Vaid Y P.Seepage forces and confining effect on piping erosion,Can. Geotech. J. Vol:37,2000:1-13.

森林的蒸散力公式

1 背景

蒸发力(potential evaporation)或称为位势蒸发、可能蒸发,是蒸发计算中应用最为广泛的一个参数。蒸发力的概念是19世纪40年代由桑斯维特(Thornthwaite C W)和彭曼(Penman H L)提出来的,20世纪50年代以来,不少学者运用用彭曼公式计算了我国大范围的陆面蒸发力[1]。前人的研究可以很好地代表大范围内的蒸发力,但是这不能很好地反映局部特殊气候类型区的蒸发力。对于有植被覆盖的下垫面,蒸发力又称为蒸散力或潜在蒸散。周杨明等[1]基于贡嘎山东坡亚高山森林的气候特征,对该地区森林蒸散力做了初步研究。

2 公式

关于蒸散力的测定方法,国内外很多学者进行过研究,得出了较多的经验公式,但是由于区域性小气候的影响,加上制约蒸散力的因素比较复杂,使得这些公式在实际当中难以推广应用,到目前为止仍没有一个统一的测算方法。本研究采用Penman公式、桑斯维特公式、空气饱和差等方法分别计算研究区的蒸散力,并进行比较,试图找出适合于本研究区森林蒸散力的计算方法。

Penman综合了能量平衡和空气动力学方法,推导出蒸散力计算的理论公式[2-3]。其表达式为:

$$E_0 = \frac{R_n \Delta + \gamma E_a}{\Delta + \gamma} \tag{1}$$

式中,E_0为蒸散力,mm/d;γ为干湿表常数,hPa/℃,该值为与气压有关的常数,可以由下式计算:

$$\gamma = \frac{C_p P}{\varepsilon \lambda} = 0.67 \times 10^{10} P \tag{2}$$

式中,C_p为空气定压比热;P为测站实际气压,hPa;λ为蒸发潜热,$\lambda = 2.45$ MJ/kg;$\varepsilon = 0.622$,为水汽和空气的克分子量比值。

式(1)中,Δ为在平均气温T_a(℃)时的饱和水汽压曲线的斜率(hPa/℃),其计算公式为:

$$\Delta = \frac{25030.584}{(273 + T_a)^2} \times EXP\left(\frac{17.27T_a}{T_a + 237.3}\right) \quad (3)$$

式(1)中,E_a为空气干燥力,mm/d。Penamn 在英国罗桑斯特(Rothamsted)气象观测场对水面蒸发和土壤蒸发进行研究,对系数进行修正后得到如下估算式[2]:

$$E_a = 0.35 \times (0.5 + 0.5V_2) \times (e_a - e_d) \quad (4)$$

式中,V_2为林地 2m 高度处测定的风速,m/s;e_d为林地 2m 高度处的实际水汽压,hPa;e_a为 2m 高度处当时气温下的饱和水汽压,hPa。

式(1)中,R_n为林冠作用面所得到的净辐射通量(w/m^2),可以通过净辐射计测得,或由下式计算出:

$$R_n = (1 - r)R_o\left(0.18 + 0.55\frac{n}{N}\right)$$

$$S\sigma(273.15 + T_a)^4(0.56 - 0.092\sqrt{e_d})^x\left(0.1 + 0.9\frac{n}{N}\right) \quad (5)$$

式中,γ为反射率;n为实际日照时数;N为天文上可能出现的最大日照时数;n/N为日照率;S为地面灰度系数(≈0·95);σ为斯蒂芬-玻尔兹曼(Stefan-Boltzmann)常数,其值为2.01×10^{-9} mm/(K^4·d);R_0为天空辐射量,即碧空条件下可能有的太阳总辐射量,可以由下式计算:

$$R_0 = 7.7695\frac{s}{P^2}(\omega_o \sin a \sin\delta + \sin\omega_o \cos a \cos\delta) \quad (6)$$

式中,s为太阳常数,其值为1.367×10^3 m^2;p为以日地平均距离的分数所表示的日地距离,其值约为1;ω_0为中午到日落或日出的时间长度,它通过日落或日出到中午的时角(弧度)来表示;α为当地的地理纬度(弧度);δ为太阳赤纬(弧度),可在天文年历中查算。

空气饱和差法是根据月平均气温和月平均相对湿度来计算蒸散力[3],公式如下:

$$E_0 = 0.18(t + 25)^2(1 - f) \quad (7)$$

式中,E_0为蒸散力,mm/月;t为月平均气温,℃;f为月平均相对湿度,%。

美国桑斯维特提出一个利用月平均气温来的计算蒸散力的经验公式[4]:

$$E_0 = 16C\left[\frac{10T_j}{I}\right]^a, 0 < T_j < 26.5 \quad (8)$$

式中,E_0为月蒸散力,mm/月;T_j为月平均气温($j = 1, 2, \cdots, 12$);I为热指数,定义为 $I = \sum_{i=1}^{12}\left[\frac{T_j}{5}\right]^{1.504}$;$a$为经验参数,$a = 6.75\times10^{-7}\times I^3 - 7.71\times10^{-5}\times I^5 \times 1.75\times10^{-2}\times I + 0.49$;$C$为校正系数,$C = (d/30)\times(h/12)$,$d$为该月的总日数;$h$为该月日平均天文日照时数。

当$T_j \leqslant 0$℃时有:

$$E_0 \leqslant 0$$

3 意义

以海螺沟 3 000 m 气象站的观测资料为基础,运用 Penman 公式法、空气饱和差法和桑斯维特公式法,计算了贡嘎山东坡亚高山森林的年平均蒸散力,通过分析蒸散力的影响因素,对这三种计算蒸散力的方法做了比较,对计算结果存在的差异做了比较合理的解释,认为用 Penman 公式法可以估计出本研究区的蒸散力。同时,并对蒸散力及其影响因进行了相关分析,指出湿度和风不是制约研究区蒸散力的主导因子,并分析了蒸散力与水面蒸发的关系,由此推导出估算蒸散力的简便方程。

参考文献

[1] 周杨明,程根伟,杨清伟.贡嘎山东坡亚高山森林区蒸散力的估算.山地学报,2002,20(2):135-140.
[2] 裴步祥.蒸发和蒸散的测定与计算[M].北京:气象出版社,1989.
[3] 高国栋,陆渝蓉,李怀瑾.我国最大可能蒸发量的计算和分布[J].地理学报,1978,33(2):102-111.
[4] 张新时.植被的 PE(可能蒸散)指标与植被—气候分类(二)——几种主要方法与 PEP 程序介绍[J].植物生态学与地植物学学报,1989,13(3):197-207.

流域水路网的结构模型

1　背景

地貌学家戴维斯(W M Davis)提出地貌演化中的分割蚀循环说以及霍顿(R E Horton)的“河流及其流域的侵蚀发育—定量形态学的水文学方法”论文,开创了数理地貌学研究。B Mandelbort 研究地理现象提出自相似和分形维,创立了分形几何学,为侵蚀地貌发育演化和河流水系发育研究开辟了崭新领域。姜永清等[1]将 Hortoh 定律和水路网分维的理论应用于黄土高原的流域水系,比较国外的研究结果,探讨其特点。

2　公式

水路网结构最基本的是分枝与汇合。流域千差万别,但在它们之间存在某种相似。Horton[2]研究流域侵蚀发育的定量形态,提出水系组成定律,即 Horton 定律。A N Strahler[3]明确提出,在匀质流域内存在几何学的相似性。Horton 定律概括为:

$$Y_u = K^* R^{\pm U} \tag{1}$$

式中,U 水道级别,Y_u 是 U 级水道的某特征值,R 是与该特征值相应的比例常数。Horton 和 Strahler 的水道数目定律是:

$$N_U = R_b^{(S-U)} \tag{2}$$

式中,N_U是 u 级水道数目;R_b分枝比,匀质流域内为常数,几乎与水道级别无关。Horton 提出了最小的不分枝的支流为第一级,主流为最高级;Strahler 提出,源流作第一级,两个同级汇合后增加一级,否则仍属合并前的较高级别的水道级别:

$$U = \mathrm{Max}\{i,j,Int[1 + 1/2(i,j)]\} \tag{3}$$

式中,i,j 是水道汇合前的水道级别,Int 为取整标记符。一般采用回归方法求得上述关系式中的比例常数。目前认为分维与分枝比、长度和面积比等有关。

最基本的豪斯道夫维(Hausdorff)为:

$$D_o = -\lim_{\varepsilon \to 0} \ln N(\varepsilon) / \ln(\varepsilon) \tag{4}$$

经典分维的方法是数盒子法。$N(\varepsilon)$表示覆盖一个点集的直径为 ε 球的最少数目。此外,还有信息维、关联维和李雅普诺夫维等[4]。在地学中应用分形方法,解释与计算水道网和流域的分形与分维。

水道风的定量分析和水道分维特性遵循 Horton 定律。水道长度与流域面积的关系是[5]：

$$L \sim A^a \tag{5}$$

Mandelbrot 证明,河流主流长度应作为维数 d 的分维标度：

$$d = 2a \tag{6}$$

La Barbeara 和 Rosso, Feder, Tarboton 等和 Nikora 等[6]做了进一步研究。Feder 提出：

$$d = 2\ln R_l / \ln R_B \tag{7}$$

Rosso 等提出：

$$d = 2\ln R_l / \ln R_A \tag{8}$$

La Banbara 和 Rosso 提出：

$$d = \ln R_B / \ln R_L \tag{9}$$

Nikora 和 Nikra 等提出：

$$d = \ln R_B / \ln R_L = \ln R_B / \ln R_P = 2\ln R_B / \ln R_A \tag{10}$$

近年来的研究将水道网资料与计算机模拟进行。Bender[7]介绍了早期采用的河网模拟方法和结果。Liu 由河网和无序随机聚合树(LRAT)的比较研究了其特性及分形。V I Nikora 和 V B Sapozhnikov 用随机迈步法模拟河网,结果是在小标度内自相似和大标度内自仿射。他们的分维计算方法都与 Horton 级比参数有关。

3　意义

根据沟道长度与江水面积关系的研究,并将 Horton 定律和水路网分形理论应用于黄土高原的流域水系,建立了流域水路网的结构模型。Horton 级比数与水道级别无关,近于常数。采用几种模型计算分维值,并比较了国外的研究结果。不同公式计算的分维,意义不同。这些分维值,在一定程度上,可认为是常数,但并不是精确的固定值,它们都与沟谷密度无关,与沟道长度或者江水面积之间的关系不明显。

参考文献

[1] 姜永清,邵明安,李占斌.黄土高原流域水系的 Horton 级比数和分形特性.山地学报,2002,20(2):206-211.

[2] Horton R E.erosional Development of Streams and Their Drainage Basins:Hydrophysical Approach to Quantitative Morphology.Geol.Soc.Am.Bull,56,1945.

[3] Strahlar A N.Quantitative Analysis of Watershed Geomorphology.EOS.Trans.,38(6),1957.

[4] 姚勇.熵、分维、李雅普诺夫指数与混沌[J].自然杂志,1987,10(5).

[5] Rosso R, Bacchi B, La Barbera P. Fractal Relation of Mainstream Length to CatchmentArea in

RiverNetworks. WaterResourRes.27(3),1991.

[6] Nikora V I,Sapozhnikov V B.RiverNetwork Fractal Geometry and Its Computer Simulation.Water RESOUR. RES.,27(10),1993.

[7] Bender E A.数学模型[M].北京:科学普及出版社,1986.

流域地形的三维可视化模型

1 背景

洪水演进的推算是水文预报的重要研究课题之一，有效的防洪减灾策略，必须深入科学地认识流域的洪水演进规律。随着流域信息化的深入和“数字流域”工程的逐步展开，对洪水演进的模拟仿真首先必须解决计算机的可视化技术，甚至是三维可视化模拟仿真的高度，在此基础上引入水文学、泥沙运动等边界条件，形成完善的仿真系统。袁艳斌等[1]主要从洪水演进模拟仿真的三维可视化计算机实现技术加以研究。

2 公式

流域真实地形的三维可视化是采用GIS技术，对相应比例尺的地形底图进行数字化形成包含等高线信息的数字地图矢量数据文件，运用选定的GIS软件平台（如MapGis、Arc/Info等）生成数字高程模型（或直接采用遥感遥测影像进行立体相对，交互式提取地形等高线），而后转换成包括X、Y、Z数据信息的数据文件，进而编写代码进行三角形网格化处理，生成由许多小网格，即多边形构成的有高低起伏的曲面地形。为了提高地形仿真效果，需要计算每一点的法向量以产生真实的光照效果。法向量的计算是每一个三角形顶点的两个向量的叉积向量，再将该向量单位化而来，一个与具体顶点相关联的法向量决定了该顶点所在的物体表面在三维空间中的方向以及在转动时该点接受到的光量。下面是建立法向量的数学模型。

若曲面为显示方程：

$$V(s,t) = V[X(s,t),Y(s,t),Z(s,t)]$$

式中，s、t为曲面的参数；X、Y、Z为可微函数，$\frac{\partial V}{\partial s}\times\frac{\partial V}{\partial t}$为曲面法线。

若方程为隐式，法线矢量由函数梯度给出，则：

$$\Delta F = \left[\frac{\partial F}{\partial x}\frac{\partial F}{\partial y}\frac{\partial F}{\partial t}\right]$$

曲面由多边形近似得到，因此，法向量的计算也只能由多边形的数据得到，取每一个三角形的三个点，其叉积[(V1-V2)×(V2-V3)]垂直于平面；为了避免相邻平面上平均法线某个值过大，必须对求得的法线做归一化处理，归一化向量为：

$$Length = \sqrt{x^2 + y^2 + z^2}$$

并把所求得向量的每一个组成部分除以这个长度[2]。

在 visual C++语言环境下以上算法的实现函数如下：

```
void CSimulateDoc::normalizedcross(double * u,double * v,double * nm)
double l;  //u,v
为两个相交向量
nn[1]=u[2] · u[3]-u[3] · u[2];//nn[1]
为法向量在 x 轴上的分量
nn[2]=u[3] · v[1]-u[1] · v[3];//nn[2]
为法向量在 y 轴上的分量
nn[3]=u[1] · v[2]-u[2] · v[1];//nn[3]
为法向量在 z 轴上的分量
1=sqrt(nn[1] · nn[1]+nn[2] · nn[2]+nn[3] · nn[3]);
nn[1]/=1;//归一化
nn[2]/=1;
nn[3]/=1
```

在实际开发中，为了增强流域三维地形的逼真度，采用清江流域的遥感图片(TM、SPOT)和航拍照片，经计算机图像处理后作为地貌纹理，利用相似变换的原理，采用人为指定对应标志点的实物映射方法将该区的 TM 图像贴到三维地形曲面上。

3 意义

洪水演进仿真系统的研制，是实施“数字流域”工程的重要组成部分；结合洪水演进可视化目标的分析，基于 Visual C++系统开发平台，融 GIS 技术和 Opengl 开发技术，采用三角形逼近、光滑处理和加入法向量以控制光照的方式，实现了流域地形及河床的三维可视化仿真；应用广度优先搜索算法确定了运动水体与流域河床形态的自适应与自相依的关系，使流域洪水演进模拟具有真实自然的可视化效果。在此所研制的系统雏形，可有效地模拟流域洪水的三维演进过程。

参考文献

[1] 袁艳斌,袁晓辉,张勇.洪水演进三维模拟仿真系统可视化研究.山地学报,2002,20(2):103-107.
[2] 李薇,徐国标,李果,等.OpenGL 3D 入门与提高[M].成都:西南交通大学出版社,1998:470-472.

植被物种的多样性公式

1 背景

物种多样性的保护和恢复是国际关注的全球环境问题之一。以黄丘区纸坊沟流域为研究单元,该流域1938—1973年由于毁林开荒,植被遭到极大破坏,尤其森林植被几乎破坏殆尽,流域生态系统严重退化[1-2]。1973年中国科学院水土保持研究所在该流域开展了水土保持综合治理,对该区植被进行了大规模恢复重建,此后采取了封禁措施,经过20多年的保护恢复,流域内人工和天然植被基本得到了恢复,生态系统开始进入良性循环。王国梁等[1]利用模型对黄土高原丘陵沟壑区植被恢复重建后的物种多样性进行了研究。

2 公式

群落物种多样性统一应用各个物种在该层(乔、灌、草)中的重要值(IV)这一综合指标来计算,各个物种的重要值计算公式为:

$$IV(\%)=[相对高度+相对频度+相对优势度(或盖度)]/3$$

对于物种多样性指数的计算,许多学者都提出了不同的计算公式[3],归纳起来可以分为三类,即丰富度指数、多样性指数和均匀度指数。研究采取使用较为普遍的几个物种多样性指数的计算公式。

物种丰富度指数S:

Simpson 指数

$$D = 1 - \sum P_1^2$$

Shannon-wiener 指数

$$H' = - \sum P_1 \ln(P_1)$$

种间相遇几率

$$PIE = \sum n_i(N - n_i)/N(N - 1)$$

Pielou 均匀度指数

$$J_{sw} = (-\sum P_i \ln(P_i))/\ln(S), J_{gi} = (1 - \sum P_i^2)/(1 - 1/S)$$

Alatalo 均匀度指数

$$E_a = \left[\left(\sum P_i^2\right)^{-1} - 1\right]\left[\exp\left(-\sum P_i \log P_i\right) - 1\right]$$

式中,P_i为种 i 的相对重要值;n_i为种 i 的重要值;N 为种 i 所在层所有种的重要值之和;S 为种 i 所在样地所在层的物种数。

3 意义

根据植被物种的多样性公式,选取 6 个物种多样性指数对纸坊沟流域主要的天然及人工群落物种多样性进行了计算,发现天然灌木林物种多样性最高,均匀度最大,人工乔木林和天然草本的物种多样性及均匀度接近,人工灌木林的多样性和均匀度最小。人工林纯林(包括纯乔木林、纯灌木林及单一乔灌混交林)具有很强的抵抗其他乔灌物种入侵和定居的能力,对林下草本也有很强的控制能力。黄土高原丘陵沟壑区是我国物种多样性研究相对较薄弱的地区,研究该区植被恢复重建后的物种多样性对退化生态系统的植被恢复重建具有重要的指导意义。

参考文献

[1] 王国梁,刘国彬,侯喜禄.黄土高原丘陵沟壑区植被恢复重建后的物种多样性研究.山地学报,2002,20(2):182-187.

[2] 卢宗凡,梁一民,刘国彬.黄土高原生态农业[M].西安:陕西科学技术出版社,1997:15-18.

[3] 马克平.生物多样性的测度方法[A]//生物多样性研究的原理和方法[C].北京:中国科学技术出版社,1994:141-166.

土壤类型的识别模型

1 背景

PhilipH Swain 等人在 1987 年以地球资源类别为例提出了信息树的思想,他们应在每个交叉点(即节点)上采用不同的类型提取算法[1],但在技术上比较复杂,所以并没有具体实现。沙晋明和李小梅[2]针对土壤类型划分的特点,对经过修正后的土壤叠加综合图的属性库进行土属筛选分析,构造土壤类型识别二叉树,即哈夫曼优化树,采用自适应的选择特征,来解决土壤多特征多模式类型的识别问题。

2 公式

在许多应用中,常常将树上的节点赋上一个有意义的实数,把这个实数称为该节点的权,节点的带权路径长度规定为从树根节点到该节点之间的路径长度与该节点上权的乘积。那么,树的带权路径长度定义为树中所有叶节点(外节点)的带权路径长度之和,记为:

$$WPL = \sum_{i=1}^{n} w_i l_i$$

式中,n 为叶节点的数目;w_i为叶节点的权值;l_i为根到叶节点的路径长度。

哈夫曼(Huffman)树又称最优二叉树。它是 n 个带权叶节点构成的所有二叉树中带权路径长度 WPL 最小的二叉树。哈夫曼(Huffman)树的构造算法如下。

(1)将与 n 个权值为$\{w_1, w_2, \cdots, w_n\}$节点构成 n 棵二叉树,它们组成森林 $F=\{I_1, l_2, \cdots, I_n\}$,其中每棵二叉树 T_i 都只有一个权值为 W_i的根节点,其左、右子树均为空。

(2)在森林 F 中选出两棵根节点的权值最小的树作为一棵新树的左、右子树,且置新树的附加根节点的权值为其左、右子树上根节点的权值之和。

(3)从 F 中删除这两棵树,同时把新树进入 F 中。

(4)重复上步骤,直到 F 中只有一棵树为止,此树就是哈夫曼树。

哈夫曼树的应用很广,哈夫曼编码就是其中的一种。本研究根据哈夫曼树的构造思想研究土壤类型识别,并在此基础上提出土壤类型值化代码。

将不同土类、土壤亚类、土属二叉树,组合成一棵土壤类型识别巨型树(图 1)。对龙游地区的所有地块单元按此方法进行土壤类型识别,类型提取精度达到 90%。具体搜索时,从根节点出发,自上而下逐步进行,先分出土类,再根据条件找到亚类,最后找到土属。

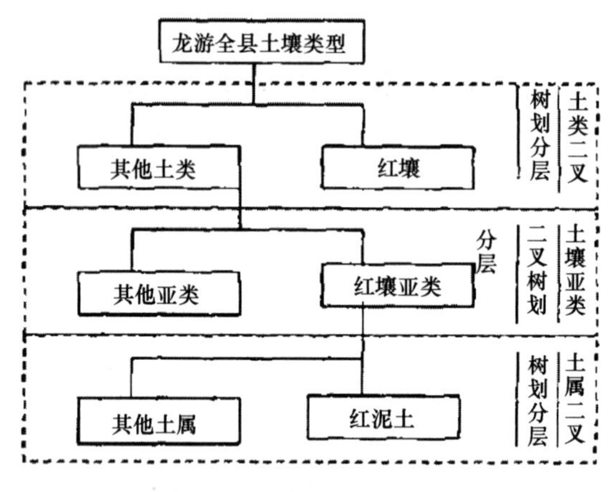

图 1 土壤类型提取巨型树

3 意义

应用遥感手段进行土壤资源调查时,可以得到土壤的母质类型、土地覆盖现状、地形地貌等特征信息。在二叉树模型(哈夫曼优化树)的支持下,建立了土壤类型的识别模型,根据土壤特征信息可以对区域土壤的类、属、种进行逐级识别,识别精度相对较高。土壤类型二叉树是以土壤的“明显特征”为线索而构造的,“明显特征”的选择和微象是二叉树构造的关键,所以需要丰富的专家知识和深厚的专业功底。

参考文献

[1] 王振宇.树的枚举与算法复杂性分析[M].北京:国防工业出版社,1991.1-13.

[2] 沙晋明,李小梅.基于遥感信息的哈夫曼优化树在山地土壤资源调查中的应用——以浙江省龙游县为例.山地学报,2002,20(2):223-227.

矿山泥石流的预测模型

1 背景

神府东胜矿区位于晋、陕、蒙三省区交接地，以大柳塔为中心，乌兰木伦河为纵轴，目前，已形成了一个面积大约为 3 600 km^2，年生产能力为 20 Mt 的特大型现代化煤矿区。矿区的环境建设非常重要，它影响着矿区的经济发展和煤炭的持续开采和有效利用。矿山泥石流治理是环境建设中的主要内容，张丽萍和唐克丽[1]根据矿山泥石流的形成机理和演化规律，预测泥石流暴发的规模、对矿区的影响程度等。

2 公式

众多的参评因素在矿山泥石流的暴发中所起的作用不同，因此，在成灾度评价之前，必须先确定每个因子对泥石流活动的贡献，即权重。确定权重的方法很多，在此采用层次分析法来确定参评因子的权重[2]。将数据系统和专家系统相结合，就每一层的相对重要性给予定量表示；然后，利用数学方法确定每一次全部因素的相对重要性值。层次分析法采用 1~9 的标度方法（表 1）。步骤如下。

第一，以矿山泥石流成灾度为目标，R_i 表示评价指标（$i=1,2,3,\cdots,n$），R_{nm}表示 R_n对于 R_m的重要性值；R_{nm}的取值是根据表 2，由专家判断而得。于是就得判断矩阵 A-R（表 2）。

表 1　标度及其涵义

标度	定义	说明
1	两个元素相同重要	两个元素对于某个性质具有相同的贡献
3	一个元素比另一个元素稍微重要	从经验判断，两个元素中稍微偏重于一个元素
5	一个元素比另一个元素较强重要	从经验判断，两个元素中较轻偏重于一个元素
7	一个元素比另一个元素强烈重要	一元素强烈偏重，其主导地位在实际中显示出来
9	一个元素比另一个元素绝对重要	两元素中绝对偏重于一个元素，是偏重的最高等级
2,4,6,8	两相邻判断的中值	需要取两个判断的折中
倒数	元素 I 与 j 比较得 a_{ij}则 j 与 i 比较得到判断 $1/a_{ij}$	

第二，为了保证计算方案的可信度，根据公式（1），对判断矩阵 A-R 进行相容性检验。

结果得相容性指标 $CI=0.0856<0.1$,说明所给出的 81 个数值(除 9 个是自身外,36 对比较的 72 个数值)是基本相容的,可以用于计算各元素的权重。

$$CI = \lambda_{\max} - \frac{n}{n-1} \tag{1}$$

第三,A-R 判断矩阵的特征向量可用方根法求出,即令:

$$\overline{B_i} = (\prod_{j=1}^{n} R_{ij})^{1/n} \tag{2}$$

得特征向量为:

$$\overline{B_i} = (\overline{B_1}, \overline{B_2}, \cdots, \overline{B_n})^T$$

第四,将上述特征向量做正规化处理。即:

$$B_i = \frac{\overline{B_i}}{\sum_{j=1}^{n} \overline{B_i}} \tag{3}$$

则 $B=(B_1,B_2,\cdots,B_n)T$ 为所求特征向量,即权重值。

根据这一计算过程,计算出判断矩阵 A-R 中各元素的权重值为:

$R=(0.2888,0.049,0.150,0.063,0.017,0.057,0.153,0.109,0.114)$

结果显示,在神府东胜矿区,参加矿山泥石流成灾度模糊评价的 9 个主导因子的权重由大至小排序为:固体松散物质储量及动储量(0.288)、距矿区中心距离(0.153)、流域沟道信息维(0.150)、开发方式和规模(0.114)、距交通线路的距离(0.109)、降雨量 0.063)、泥石流沟相对距离(0.057)、流域面积(0.049)、物质岩性组成比例(0.170)。

表 2　A-R 判断矩阵

项目	R_1	R_2	R_3	R_4	R_5	R_6	R_7	R_8	R_9
R_1	1	7	2	3	9	5	4	5	2
R_2	1/7	1	1/5	2	7	1	1/5	1/3	1/3
R_3	1/2	5	1	5	7	5	1	1/2	1
R_4	1/3	1/2	1/5	1	4	2	1	1/3	1
R_5	1/9	1/7	1/7	1/4	1	1/5	1/7	1/5	1/5
R_6	1/5	1	1/5	1/2	5	1	1/4	1/2	3
R_7	1/3	3	1	1	7	4	1	3	3
R_8	1/5	3	2	3	5	2	1/3	1	1
R_9	1/2	3	1	17	5	1/3	1	1	

3　意义

在神府东胜矿区,以矿山泥石流成灾的人为特殊性为基础,经济区位影响为目的,选择泥石流形成和成灾的自然、经济区位、人为三个方面的9个因子和43条矿山泥石流样沟，建立了矿山泥石流的预测模型。通过该模型，应用运筹学原理，将层次分析与模糊信息推断相结合，进行了成灾程度分析。该类型区特点主要是距离矿区中心较远，周围没有采煤活动，本类型区流域面积较小，主要是石质丘陵，表层覆盖有薄层的沙黄土或风积沙，全流域无耕地，基岩风化严重。沟内采石弃土、石碴堆积，是泥石流的主要物源，因此，本类型区主要以水石流为主，对矿区建设影响不大。

参考文献

[1] 张丽萍，唐克丽．矿山泥石流成灾度模糊综合评价——以神府东胜矿区为例．山地学报，2002，20(2)：212-217.

[2] 李钜章．现代地学数学模拟[M]．北京：气象出版社．1994. 167-221.

植被恢复的多样性公式

1 背景

干旱河谷是我国西南地区山地的特殊类型,在同区域山地垂直带中,干旱河谷带是相对脆弱的[1]。关于泥石流多发的干旱河谷退化生态系统的生物治理措施和恢复模式已经有人进行过研究[2],而关于小江流域的不同恢复模式的效果却很少有人探讨。运用生物措施治理泥石流多发的干旱河谷退化生态系统是恢复区域生态环境的一项重要任务[3]。沈有信等[1]探讨了在小江流域泥石流多发干旱河谷区退化土地上,采用不同模式进行植被恢复重建后的效果。

2 公式

采用了3个常用的多样性指数,分析不同恢复方式对群落植物种多样性变化的影响,即Margalef丰富度指数,Shannon-Wiener多样性指数和Pielou均匀度指数[4],其测度公式如下。

Margalef丰富度指数:

$$D=(S-1)/\ln N$$

hannon-Wiener多样性指数:

$$H=\sum_{i=1}^{s}(N_i/N)\ln(N_i/N)$$

Pielou均匀度指数:

$$E=H/\ln S$$

式中,S为物种数目,N_i是第i个物种的个体数,N为所有物种个体总数。

3个常用的多样性指数的计算结果显示(表1),马桑林与原有的阳向草坡相比,Margalef丰富度指数、Shannon—Wiener多样性指数和Pielou均匀度均有所增加,且低密度的马桑林导致的增加更为明显。合欢林则导致相反的结果,所有多样性指数均较原有的阴向草坡低,且11年生种植林地更低。

表 1 不同恢复方式下群落的植物多样性变化

多样性指数	合欢林 1	合欢林 2	马桑林 1	马桑林 2	马桑林 3	阴向草坡	阳向草坡
Shannon-Wiener	0. 28	1.1	2.0	2.1	2.0	1.5	1.4
Margalef 指数	1.5	1.9	2.2	2.6	2.1	2.1	1.8
Pielou 指数	0.04	0.14	0.29	0.30	0.28	0.19	0.20

各恢复方式的现存生物量(地上部分)见表 2。两种合欢林群落具有较大的现存生物量,三种马桑群落次之,草坡最低,且三者之间的差异巨大

表 2 不同恢复路径下的生物量 单位:kg/hm^2

恢复类型	乔灌木生物量				草本生物量	合计
	杆	枝	叶	总重		
合欢林 1	22 798	5 335	2 973	31 106	1 400	32 506
合欢林 2	5 303	4 815	1 317	11 435	2 030	13 465
马桑林 1	2 319	877	1 555	4 751	1 656	6 407
马桑林 2	2 390	1 891	2 853	7 134	1 157	8 291
马桑林 3	2 454	1 877	2 520	6 851	1 181	8 032
阴向草坡					1 340	1 340
阳向草坡					2 340	2 340

3 意义

云南东北部东川小江流域的干旱河谷土地退化十分严重,土地表层的砾石含量已超过60%,有机质含量、全氮、有效氮、有效磷、有效钾的含量相对于残存燥红土明显下降。草坡是当地的主要植被类型,但并未起到防治土地退化的应有作用。此研究目的是为该区的退化生态系统恢复提供依据。三种马桑种植方式下,不但原有的草坡群落的物种仍有大量的生存空间,而且为一些新物种创造了生存环境,从而使物种的种类较原有草坡地增加,提高了群落的多样性指数,合欢种植的生物量最高,但马桑种植在增加灌木层生物量的同时,并未改变草坡的物种组成,还可兼顾解决当地的饲草和放牧,应大力推广。

参考文献

[1] 沈有信,张彦东,刘文耀. 泥石流多发干旱河谷区植被恢复研究. 山地学报,2002,20(2):188-193.

[2] 张有富. 云南小江泥石流频发区干热退化山地植被恢复途径[J]. 山地学报,2001,19(增):88-91.

[3] 杜榕桓,康志成,陈循谦,等. 云南小江泥石流综合考察与防治规划研究[M]. 重庆:科学技术文献出版社重庆分社. 1987 .

[4] 马克平,黄建辉,于顺利,等. 北京东灵山地区植物群落多样性的研究[J]. 生态学报,1995,15(3):268-277.

山地沟壑的侵蚀模型

1 背景

我国丘陵半干旱区包括河北省的桑干河，其经官厅水库、北京市北部，直至山海关，再向东沿沈山线以北，到辽宁省的医巫闾山以西及内蒙古东部赤峰市这一地带的山地丘陵，北西毗邻内蒙古高原和黄土高原，南、东屏障了华北平原和辽河下游平原，覆盖面积超过 10 km^2。高鹏等[1]探讨山地沟壑资源治理开发新技术和典型模式，以恢复和重建该地区生态环境，促进山区经济可持续发展，这是目前亟待解决的问题。在此，结合在这里实施的"国家水土重点治理区大凌河流域治理工程"开展了"丘陵半干旱区沟壑分类及治理开发模式研究"。

2 公式

2.1 沟壑纵剖面信息熵分析法

沟壑纵剖面方程：

$$h = H(I/L)^N$$

式中，h、I 分别为沟壑纵剖面上某点与沟口的高差和水平距离；H、L 分别为沟壑源头与沟口之间的高差和水平距离；N 为沟壑纵剖面形态指数。沟壑纵剖面信息熵为：

$$H(N) = \ln(1 + N) - /(1 + N)$$

式中，$H(N)$ 与沟壑纵剖面发生发展的关系为：当 $H(N) < 0.193$ 时，沟壑侵蚀为回春期或深切侵蚀期；当 $H(N) = 0.193$ 时，沟壑侵蚀为过渡期；当 $H(N) > 0.193$ 时，沟壑侵蚀为均衡调整期。

2.2 主成分分析法和聚类分析法

由于影响沟壑侵蚀的因子较多，利用主成分分析法找出影响其侵蚀发生的主要因子，忽略次要因子；采用 Q 型聚类分析法，据主成分分析确定影响沟壑侵蚀的主要因子，对沟壑进行分类[2]。

3 意义

根据山地沟壑的侵蚀模型，应用沟壑纵剖面信息熵、主成分分析、聚类分析等方法，将丘陵半干旱区沟壑分为初期“V”型发展沟,中期“U”发展沟、后期扩展“ ⌵ ”型稳定沟三大类。通过山地沟壑的侵蚀模型,建立了乔灌草混交综合防护型、经济林果立体型、水井—养殖—林果型、窖—棚—果(林)型以及沟道大棚—葡萄—食用菌三位一体型等不同类型沟壑治理开发模式,可为同类地区山地沟壑资源高效治理开发,实现农业经济可持续发展提供科学决策依据。

参考文献

[1] 高鹏,刘作新,丁福俊. 丘陵半干旱区沟壑分类及治理开发模式研究. 山地学报,2002,20(2):232-235.

[2] 武春龙,李壁成,等,小流域侵蚀地貌演化的计量分析[J]. 水土保持学报,1977,3(4):55-61.

景观镶嵌体的结构模型

1 背景

选择西北干旱山区城乡结合部作为研究区域,该区自然环境恶劣,而且人类活动影响强烈。从景观镶嵌结构角度研究这一区域土地利用的特点,探寻区域人类活动与环境变化的内在动力机制,这将对西部大开发背景下,逐渐增强的人类活动与环境关系的协调发展具有重要意义。岳文泽等[1]以兰州山区西固区为例,建立了山区景观镶嵌体的数量特征分析与分形结构模型。

2 公式

一个特定的区域中,各种景观类型的嵌块交错分布并有机地结合在一起,就形成了一个景观镶嵌体(Mosaic)[2],它是具有明显的形态特征与功能联系的地理实体,即具有结构与功能的相关性。区域景观镶嵌结构,反映了各种景观类型在地域空间上的镶嵌格局,它与区域环境背景的各种因子密切相关,是包括人类活动干扰在内的一切生态过程综合作用的结果。对于区域景观镶嵌体的结构,可以用统计指标、多样性(Diversity)指数、优势度(Dominance)、破碎度(Fragmentation)、分离度(Isolation)、分维数(Fractal dimension)等指标进行定量化描述[3,4]

(1)基本统计指标:不同景观类型面积、所占面积百分比(P_c)、斑块个数(N_p)。

(2)多样性指数:它是对景观类型丰富程度和均匀程度的综合描述[5],反映了景观类型的丰富度和复杂性,其计算公式为:

$$H = -\sum_{i=1}^{s} P_i \ln P_i \tag{1}$$

式中,S 为景观类型数目;P_i为第 i 类景观面积占景观总面积的比重;H 为景观多样性指数;H 值越大,表示景观多样性越大。

(3)优势度,用于测度景观镶嵌结构中一种或少数几种景观类型占据支配地位的程度,其计算公式为[6]:

$$D = \ln S + \sum_{i=1}^{s} P_i \ln P_i \tag{2}$$

式中,S、P_i的意义与式(1)中相同;D为优势度;D值越大,就表示景观结构受一种或少数几种景观类型支配的程度越大。

(4)破碎度,用单位面积内的斑块数测度,它表示景观嵌块的破碎程度,其计算公式为[6]:

$$F = \sum_{k=1}^{s} n_k / A \tag{3}$$

式中,S的意义与式(1)中相同;n_k为第k类景观类型的嵌块数;A为景观总面积;F为破碎度。F越大,表示景观嵌块越破碎。

(5)景观分离度:它是指区域景观镶嵌体中某一景观类型的不同斑块个体空间分布的聚(聚集)散(离散)程度[6]。其计算公式为:

$$I_k = -\frac{1}{2}\sqrt{\frac{n_k}{A}} / \frac{A_k}{A} \tag{4}$$

式中,I_k为第k景观类型的分离度;n_k和A的意义与(3)式中相同;A_k为第k种景观类型的面积。该指标用来分析各土地利用类型的空间分布特征及在区域景观结构中的地位。

(6)分维数:相关研究已经证明,对于任何一种景观类型,其形态结构都具有分形性质,分维数可以用来描述景观中斑块形状的复杂性和稳定性。

其数学公式表述:

$$\ln[A(r)] = \frac{2}{D_1}\ln[p(r)] + C \tag{5}$$

$$SK = | 1.5 - D | \tag{6}$$

式中,D表示某种景观类型的分形维数,D的大小表示了该景观类型的复杂性与稳定性,D越大,就表示该景观类型越复杂;$D_1 = 1.50$,表示该景观类型处于一种类似于布朗运动的随机状态,即最不稳定状态[7],由此可以定义景观要素的稳定性指数(SK)。

3 意义

利用RS与GIS相结合的技术和景观生态学方法研究了作为西北干旱城乡结合部的兰州市西固区在不同地貌形态上景观镶嵌体的数量特征变化特点,建立了景观镶嵌体的结构模型。通过该模型计算,得到以下结论:(1)山区景观镶嵌体系统是一个多因子共同作用下的复合生态系统;(2)在低海拔地区景观镶嵌体结构主要受人类活动的影响为主,高海拔地区主要受自然—垂直地带性影响为主;(3)人类活动通过其复杂的内部机制影响着景观镶嵌体的稳定性,从而作用于景观生态系统。

参考文献

[1] 岳文泽,徐建华,艾南山. 山区景观镶嵌体的数量特征分析与分形结构模型——以兰州山区西固区为例. 山地学报,2002,20(2):150-156.

[2] Forman R. Land mosaics, the ecology of landscapes and regions[M]. Cambridge: Cambridge University Press, 1995.

[3] 陈顶利,傅佰杰,王军. 黄土丘陵区典型小流域土地利用变化研究——以陕西延安地区大南沟流域为例[J]. 地理科学,2001,21(1):46-47.

[4] Mandelbrot B B. The fractal geometry of nature[M]. New York: W Hfreeman. 1982.

[5] 张金屯,邱扬,郑凤英. 景观格局的数量研究方法[J]. 山地学报,2000,18(4):346-352.

[6] Pearce M C. pattern analysis of forest cover in southwestern omtari[J]. The East Lakes Geographer, 1992, 27:65-76.

[7] 黄登仕,李后强. 分形几何学、R/S 分析与分式布朗运动[J]. 自然杂志,1992,13(8):477-478.

河道的泥沙冲淤模型

1 背景

1998年洪水过后，社会各界对长江河道泥沙淤积对高洪水位的影响众说纷纭。一方面河道泥沙是水流的产物，河道泥沙及其冲淤变化构成的河床是水体过流、输沙的直接边界，是河道水位变化的几何因素；另一方面，冲积河流具有较强的趋向平衡的自动调整能力（这种自动调整能力人们往往认识不足），它又可减弱或消除河道大淤大冲对河道水位的影响。因此，全面研究长江中下游河道泥沙冲淤变化及其分布规律以及其与河床自动调整作用的关系，对于正确认识长江江河水沙灾害和制定相应对策具有实际意义。石国钰等[1]建立模型对长江中下游河道冲淤与河床自动调整作用进行了分析。

2 公式

河道冲淤计算主要采用断面地形法，即：根据河道地形图和河道实际情况沿程切割断面，在相应水位条件（Z_i）下，计算河段内上、下断面过水面积 $A_i(Z_i)$、$A_i+1(Z_i)$，并由此计算断面间相应水位下河道槽蓄量：

$$V_i(Z_i) = \frac{1}{3}\left(A_i + A_{i+1} + \sqrt{A_i A_{i+1}}\right) \cdot \Delta L_i$$

式中，ΔL_i 为断面间距。

对各计算断面间河道槽蓄量累加，并由此计算某时刻 t、测次 j 全河段相应水位下河道槽蓄量：

$$V_{tj} = \sum V_i$$

比较各测次河道槽蓄量大小，从而可确定河段相应水位下两测次间河道的泥沙冲淤体积：

$$\Delta V_{t(1-2)} = V_{t2} - V_{t1}$$

对于河床演变剧烈的特殊弯道河段则采用等高线容积法对其进行特殊处理计算[2]。

汉口至九江段，根据计算统计，天兴洲、团风和龙坪三分汊河段1970—1996年年平均水位时，三河段淤积量之和占汉口至九江全河段总淤积量的96%（三河段长度之和仅只占汉口至九江段总长度的1/3）；平滩水位时，三河段淤积量占全河段总淤积量的85.8%；洪水位时，三河段淤积量占全河段总淤积量的77.4%（参见表1）。

表1 汉口至九江段主要分汉河段淤积量统计

特征水位	汊道淤积量（10^4 m^3）					
	1970—1996年	占全河段比重（%）	1970—1998年	占全河段[2)]比重（%）	1970—1998年	占全河段比重（%）
平均水位	21 856	96.0	31 123	71.1	9 258	44.1
平滩水位	29 201	85.8	40 479	68.3	11 278	44.7
洪水位	33 240	77.4	46 747	63.4	13 507	43.9

九江—大通段，1966—1996年，张家洲、东流、安庆和贵池四分汊段其淤积量之和，平均水位时占九江至大通全河段总淤积量的70.2%（四分汊河段长度之和仅占九江至大通段总长度的1/2）；平滩水位时，四分汊河段淤积量占全河段总淤积量的62.8%；洪水位时，四分汊河段淤积量占全河段总淤积量的65.4%（参见表2）。

表2 九江至大通段主要分汊河段淤积量统计

特征水位	汊道淤积量（$\times10^3$ m^3）			
	1966—1996年	占全河段比重（%）	1996—1998年	占全河段比重
平均水位	14 314	70.2	−4 036	35.9
平滩水位	25 988	62.8	−2 740	28.0
洪水位	33 507	65.4	−2 145	23.2

3 意义

根据实测河道测图资料及水沙资料，建立了河道的泥沙冲淤模型，首次利用断面地形法和输沙平衡法较全面系统地计算分析了长江中下游河道泥沙的冲淤变化及其分布规律，计算结果表明，宜昌—大通段呈冲槽、淤滩、淤汊特征。同时剖析和验证了长江中下游河床具有较强的自动调整作用。根据长江中下游河道实测地形和断面资料，通过河道的泥沙冲淤模型，计算结果表明，长江中下游河床的自动调整能力较强，对于局部时段和局部河段的冲淤，河道一般总会在一段时间内得到调整恢复。

参考文献

[1] 石国钰,许全喜,陈泽方. 长江中下游河道冲淤与河床自动调整作用分析. 山地学报,2002,20(2):257-265.
[2] 钱宁,张仁,周志德. 河床演变学[M]. 北京:科学出版社,1989.

山地生态系统的预警模型

1 背景

环境预警是在环境评价、环境预测基础上发展起来的,并成为当代环境科学的一个研究热点。通过几年的发展,很多学者对预警的基本概念、预警理论和方法做过一些初步探讨[1-2]。三峡库区地形起伏相对高差大,低山以上的山地约占总面积的74%,平原、坝地很少,仅占总面积的4.3%,土地资源严重不足,土地人口承载力不高,人口密度大,人类活动强度大,对山地生态系统演化的方向造成较为严重的不利影响。因此,选择三峡库区山地生态系统进行预警分析,提出调控对策,对其实现可持续发展具有积极的作用和强烈的现实意义。刘邵权等[1]就三峡库区山地生态系统预警建立了模型并展开分析。

2 公式

复合生态系统质量用加权平均模型,其表达式为:

$$E(t) = \sum_{i=1}^{n} W_i(t) E_i(t) \tag{1}$$

式中,n 为评价因子或子系统数量;$W_i(t)$ 为第 i 个因子或子系统权重,运用权重分析法计算;$E_i(t)$ 为第 i 个因子或子系统在 t 时刻质量评分值;$E(t)$ 为 t 时刻生态系统质量综合评分值。生态环境预警分为不良状态预警、负向演化预警和恶化速度预警[3],其预警模式及参数如下。

(1)不良状态预警

$$E(t) < EP \tag{2}$$

式中,EP 为预警临界值,依据生态环境质量分级,$E(t)$ 值在[4,2]区间时,为较差状态预警,$EP=4$;$E(t)$ 值在[2,0]区间时,为恶劣状态预警,$EP=2$。

(2)负向演化趋势预警

$$E(t_2) < E(t_1)$$

$$\frac{|E(t_2) < E(t_1)|}{(t_2 - t_1)} < \Delta EP \tag{3}$$

式中,$\triangle EP=1/[10(1/a)]$。

(3)恶化速度预警

$$E(t_2) \geqslant E(t_1)$$

$$\frac{|E(t_2) < E(t_1)|}{(t_2 - t_1)} \geqslant \Delta EP \tag{4}$$

山地生态系统变化趋势预测是以现实状态为前提,依据过去各子系统发展状态以及未来发展趋势研究和三峡库区社会经济发展规划,在综合三峡工程对生态与环境影响的相关研究成果的基础上,由专家就各评价指标给出“理想”、“良好”、“一般”、“较差”和“恶劣”五级状态的定性和定量描述,并对各评价指标的变化趋势进行分析预测,给出不同时段各指标质量状态的评分,再依据加权平均模型和各子系统、因子、指标权重计算各子系统和复合生态系统的质量评分值。

3 意义

在此论述了三峡库区山地生态系统的特征,建立山地生态系统预警评价的指标体系和预警模式,在假定不做重大投资进行调控修复的前提下对三峡库区山地生态系统进行预警分析,在预警分析基础上,提出优化调控战略要点,其核心是经济、社会发展与生态环境建设的协调。山地生态系统预警在山地环境研究中的地位与作用日益增强,并对山地生态系统的恢复与重建具有重要的指导作用。

参考文献

[1] 刘邵权,陈国阶,陈治谏. 三峡库区山地生态系统预警. 山地学报,2002,20(3):302-306.
[2] 陈治谏,陈国阶. 环境影响评价的预警系统研究[J]. 环境科学,1992,13(4):20-25.
[3] 文传甲. 三峡库区农业生态经济系统的预警分析[J]. 山地学报,1998,16(1):13-20.

土壤的磷吸附公式

1 背景

云南省地处热带、亚热带地区,复杂的山地地形和气候条件,发育了丰富的植被类型。在不同的气候和植被下分布有不同的土壤类型,这些土壤的酸性很强,含有大量的铁、铝离子,使得这些土壤中有效磷含量非常低,成为影响植被生长的限制因子[1]。根据沈善敏等[2]确定的土壤中磷和铁的丰缺指标,供试土壤的有效磷含量大部分小于 3 μg/g,处于极度缺磷状态;铁的含量大部分大于 10 cmol/kg,属于丰铁范围。李明锐和沙丽清[1]对云南保山西庄河流域森林土壤磷吸附特性展开了分析。

2 公式

图 1 是供试土壤对磷的等温吸附曲线,很好地拟合了 Langmuir 吸附曲线。由图可知,尽管不同类型土壤对磷的吸持能力不同,但其曲线形状和变化规律都非常一致:即随起始浓度增大,供试土壤的吸磷量不断增加,起始磷浓度较低时,曲线很陡,溶液中的磷大部分被吸附;随着起始磷浓度增大,曲线渐趋平缓,吸磷量增加速度减慢;至一定浓度后,曲线变得很平坦,基本达到饱和状态。

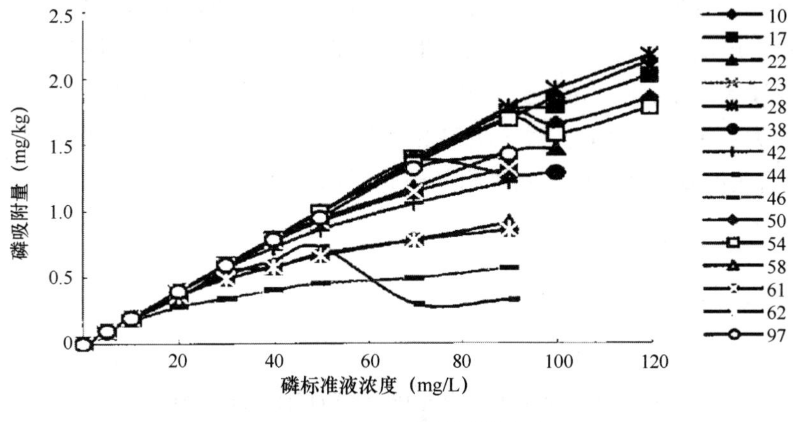

图 1 不同土壤的磷吸附曲线

据有关研究[3],Langmuir 方程是在磷的吸附研究中应用最广的等温吸附方程,它能较好地反映土壤磷素吸附量与土壤溶液中磷素含量的关系,从数量上描述土壤中的磷素吸附性。Langmuir 方程的直线形式为:

$$C/X = 1/(K \cdot X_m) + C/X_m$$

式中,C 为平衡溶液中磷浓度;X 为单位质量土壤对磷的吸附量;X_m 为从 Langmuir 方程计算的土壤对磷素的最大吸附量;K 为常数,它代表土壤对磷素吸附能的大小。C/X 和 C 呈直线关系,其斜率的倒数即为最大吸附量 X_m,从截距可计算吸附能 K。

土壤母质对磷吸附量也有很大影响。如图 2,不同母质发育的土壤磷吸附量由高至低顺序是页岩、石灰岩、砂岩。

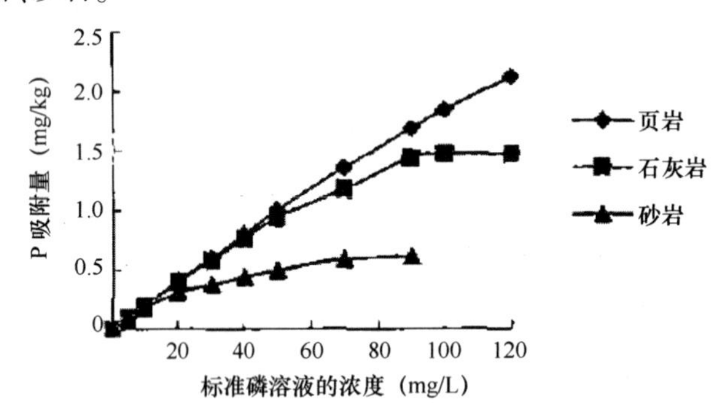

图 2　不同母质发育的森林土壤的磷吸附曲线

3　意义

根据土壤的磷吸附公式,计算得到了云南省保山地区西庄河流域几种森林土壤对磷的等温吸附。有效磷的缺乏将成为限制森林生产力的重要因素,因此,研究森林土壤的供磷特性及其主要影响因子,将为寻求土壤中吸附态磷活化途径、合理施肥提供理论依据,并对提高森林生产力具有重要意义。对土壤磷吸附量最直接的也是最重要的影响因素是活化铁铝的含量,活化被氧化铁铝化合物吸附的磷是提高森林植被下土壤中有效磷含量的重要途径。

参考文献

[1]　李明锐,沙丽清．云南保山西庄河流域森林土壤磷吸附特性．2002,20(3):313-318.

[2]　沈善敏,等．中国土壤肥力[M]．北京:中国农业出版社,1998.

[3]　张鼎华,叶章发,罗水发．福建山地红壤磷酸离子($H_2PO_4^-$)吸附与解吸的初步研究[J]．山地学报,2001,19(1):19-24.

芦荟的冷冻干燥模型

1 背景

芦荟属百合科多年生肉质植物,具有杀菌、抑菌、分解毒素、消除炎症、促进伤口愈合作用。采用常规热风干燥方法对芦荟进行干燥过程中,因为芦荟的多汁和肉质特性,必须提高干燥温度和加长干燥时间,才能使芦荟干制品的含水量达到要求。这样导致干燥过程中芦荟营养成分损失较大,不利于其有效成分的利用。真空冷冻干燥是低温干燥技术,干燥时可以有效地保留芦荟的营养成分,宫元娟等[1]分析优化了芦荟真空冷冻干燥的工艺参数组合,这对芦荟的实际干燥加工过程具有指导意义。

2 公式

2.1 数学模型

将试验因素按其水平及取值进行编码,得因素水平编码如表1所示。

表1 正交试验的因素水平编码表

因子 (x_j)	压力(Pa) x_1	加热温度(℃) x_2	降温速率(℃/min) x_3	物料厚度(mm) x_4
零水平(0)	66	35	-0.53	6
变化区间(Δ)	30	5	-0.2	3
上水平(+1)	96	40	-0.873	9
下水平(-1)	36	30	-0.33	3
上星号臂(+0.414)	108	42	-0.81	10
上星号臂(-0.414)	24	28	-0.25	2

根据四因素五水平二次回归正交试验设计,安排25次试验。根据试验结果,利用计算机求解得出编码空间干燥时间与影响因素间关系的回归数学模型如下。

$$
\begin{aligned}
y = {} & 7.02 - 0.3621x_1 - 0.2121x_2 + 0.2621x_3 + 1.303x_4 - 0.125x_1x_2 - 0.0625x_1x_3 \\
& + 0.3125x_1x_4 - 0.25x_2x_3 - 0.375x_2x_4 + 0.0625x_3x_4 - 0.175(x_1^2 - 0.8) \\
& + 0.325(x_2^2 - 0.8) + 0.325(x_3^2 - 0.8) - 0.175(x_4^2 - 0.8)
\end{aligned} \tag{1}
$$

式中,y 为干燥时间,h。回归方程的显著性检验结果表明,试验数据与所建立的回归数学模型拟合性好($\alpha=0.05$)。

由数学模型式(1)可以看出,加热板温度 x_2 和物料厚度 x_4 两因素的交互作用对其影响显著,其次是干燥室压力 x_1 和物料厚度 x_4 的交互作用。根据回归方程(1),考虑 x_2 与 x_4 两因子对干燥时间的影响,把其余因素固定在零水平上,即 $x_1=x_3=0$,则式(1)简化为:

$$y=6.9-0.212x_2+1.303x_4-0.375x_2x_4-0.375(x_2^2-0.8)-0.175(x_4^2-0.8) \quad (2)$$

根据式(2),x_2 与 x_4 交互作用对干燥时间的影响如图 1 所示。同理得 x_1 与 x_4 交互作用对干燥时间的影响如图 2 所示。

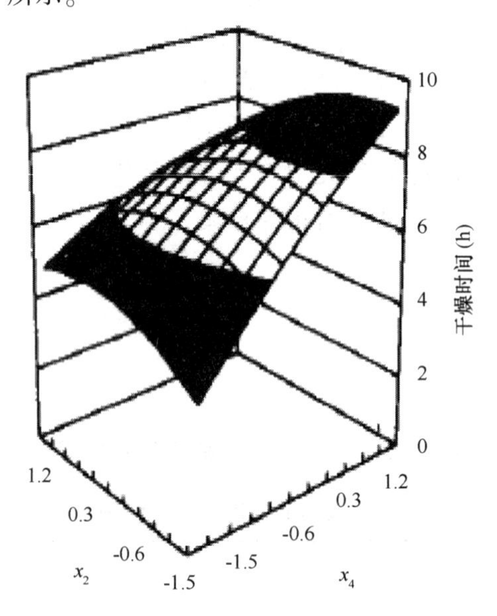

图 1　x_2 与 x_4 交互作用对干燥时间的影响

2.2　工艺参数优化与分析

为了得到芦荟冷冻干燥的最佳工艺参数,利用非线性优化理论与方法,对所得的回归模型进行优化。

干燥时间在各自对应的约束条件下应达到最小值。即使得

$$y=f(x_1,x_2,x_3,x_4)\rightarrow \min \quad (3)$$

干燥时间应大于零,其对应的试验因素编码值在试验设计的范围内取值。

$$\begin{cases} y\geqslant 0 \\ -1.4\leqslant x_j\leqslant 1.4 \end{cases}(j=1,2,3,4) \quad (4)$$

根据已建立的回归数学模型,利用非线性优化方法,根据实际芦荟的厚度 6~10 mm,利用规划求解分析方法,对模型进行优化计算,得出不同厚度芦荟冻干的最佳工艺参数(表 2)。

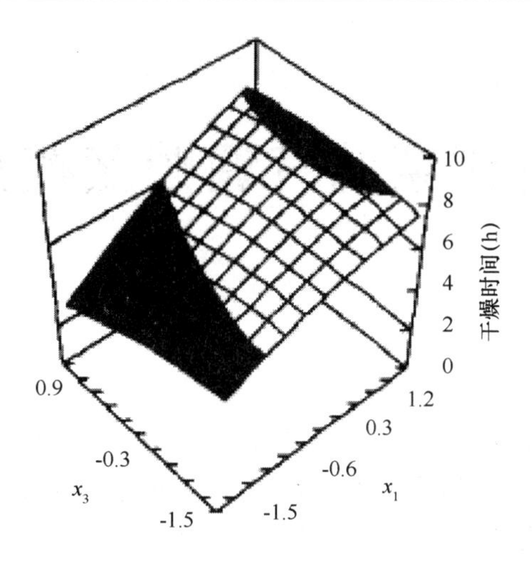

图 2　x_1与x_4交互作用对干燥时间的影响

表 2　芦荟冷冻干燥最优工艺参数

芦荟厚度（mm）	优化参数						干燥时间（h）
	因素编码值			因素实际值			
	x_1	x_2	x_3	压力(Pa)	加热温度（℃）	降温速率（℃/min）	
6	1.4	0.61	−0.3	108	38	−0.47	5.7
9	1.4	0.85	−0.9	108	39	−0.35	6.7

3　意义

通过单因素试验以及四因素五水平的二次回归正交试验,研究了冻干室压力、加热板温度、预冻降温速度和物料厚度对冻干时间的影响;建立了各因子与冻干时间关系的回归数学模型;最后利用非线性优化理论与方法,在保证芦荟干燥品质的前提下,得到了芦荟(厚度 6~9 mm)冷冻干燥的最佳工艺参数,提高了芦荟的干燥效率并改进干燥品质。这对提高芦荟冷冻干燥的效益具有重要意义,同时对芦荟的实际干燥加工过程也具有指导意义。

参考文献

[1]　宫元娟,李成华,张本华,等．芦荟冷冻干燥的最佳工艺参数的试验研究．农业工程学报．2004,20(4):185-187.

花椰菜的气调贮藏模型

1 背景

嫩茎花椰菜质地脆嫩多汁,采后呼吸代谢活动十分旺盛,花蕾极易开放,不易储存。前人从不同角度研究了嫩茎花椰菜的贮藏特性,表明温度是影响嫩茎花椰菜贮藏质量的最重要参数,并在试验条件下给出了优化的贮藏参数。杨宏顺等[1]以嫩茎花椰菜为试验材料,研究气调贮藏条件对叶绿素和维生素 C 降解动力学和表观活化能的影响,通过表观活化能计算待测温度下的降解速率。

2 公式

食品成分在贮藏中的反应动力学为零级或一级反应,维生素和叶绿素的损失一般符合一级反应规律。Labuza 认为当反应中底物降解反应缓慢时(如冻藏、冷藏),零级和一级反应动力学在拟合性上差异不明显。

由物理化学可知,零级反应为:

$$Q = Q_0 - kt \tag{1}$$

式中,Q 为贮藏 t 天后花椰菜叶绿素或维生素 C 的含量,mg/(100 g);Q_0为花椰菜叶绿素或维生素 C 的初始含量,mg/(100 g);k 为降解速率常数,mg/(100 g · d);t 为时间,d。

一级反应为:

$$\ln(Q) = \ln(Q_0) - kt \tag{2}$$

假设叶绿素和维生素 C 降解是零级反应或一级反应,根据表 1 数据,分别应用式(1)和式(2)对试验数据进行线性回归,所得直线斜率的负数即为该温度下零级反应的反应速率和一级反应的反应速率。表 2 表示将反应分别看做是零级和一级反应时对应的回归决定系数。

表 1　嫩茎花椰菜贮藏中叶绿素和维生素 C 的含量变化

指标	组别	贮藏时间(d)					
		0	7	14	21	28	35
叶绿素 a	CK1	30.2a	28.9a	27.9a	27.1a	26.2a	
	CA1	30.2a	29.3a	28.6a	27.9a	27.2a	26.4a
	CA2	30.2a	29.3a	28.6a	27.9a	27.2a	26.4a
	CK2	30.2a	21.5c	14.8c	8.3c		
	CA3	30.2a	26.0b	21.9b	17.4b		
	CA4	30.2a	24.9b	20.8b	16.6		
维生素 C	CK1	98.8a	96.3a	94.1a	92.1a	90.4a	89.1a
	CA1	98.8a	97.0a	95.4a	94.0a	92.9a	92.1a
	CA2	98.8a	96.7a	94.9a	93.4a	92.2a	91.2a
	CK2	98.8a	84.1b	71.5c	59.0c		
	CA3	98.8a	94.3a	90.4ab	86.6b		
	CA4	98.8a	93.6a	88.9b	84.2b		

注:表中空白处是从外判断已失去贮藏价值,没有测定。每个测定指标的同一列中数字后面的相同字母表示 P=0.05 水平下无显著着异。

表 2　零级与一级反应的线性回归决定系数

组别	线性回归决定系数 R^2					
	叶绿素 a		叶绿素 b		维生素 C	
	零级	一级	零级	一级	零级	一级
CK1	0.990 9	0.985 8	0.951 9	0.964	0.988 6	0.990 8
CA1	0.94	0.947 2	0.996 9	0.998 1	0.981 9	0.983 7
CA2	0.998 3	0.998 8	0.996 7	0.997 1	0.981 8	0.985 6
CK2	0.994 8	0.982 7	0.992 4	0.986 3	0.998 4	0.998 1
CA3	0.999 6	0.989 9	0.990 2	0.995 6	0.998 4	0.999 4
CA4	0.996 2	0.997 7	0.988 3	0.997 1	0.999 4	0.999 8
Σ	5.919 8	5.902 1	5.916 4	5.938 2	5.948 5	5.957 4

对实验结果分别按零级和一级反应进行回归分析,通过比较零级和一级回归决定系数之和来推测反应所属类型,所有零级反应决定系数之和为 5.9198+5.9164+5.9485=17.7847;而一级反应决定系数之和为 5.9021+5.9382+5.9574=17.7977,从结果看两者几乎无差异,一级反应稍占优势。故降解反应按一级反应更佳。

由 Arrhenius 方程：

$$k = A_0 \exp\left(-\frac{E_A}{RT}\right) \tag{3}$$

式中，A_0为指前因子，mg/(100 g · d)；R 为气体常数，8.314 J/(mol · K)；E_A为表观活化能，J/mol；T 为绝对温度，K。

取对数然后微分得到：

$$\frac{d\ln k}{dT} = \frac{E_A}{RT^2} \tag{4}$$

对式(4)从 T_1积分到 T_2，得：

$$E_A = R\left(\frac{T_1 T_2}{T_2 - T_1}\right)\ln\left(\frac{k_2}{k_1}\right) \tag{5}$$

式中，k_1、k_2分别为对应 T_1、T_2温度下品质属性的降解速率常数，mg/(100 g · d)。

通过在两组温度($T_1 = 275\text{K}$，$T_2 = 281\text{K}$)下取多个平行样品，得到的多组 k_1、k_2值可减小 E_A的计算误差。利用公式(5)可计算出预测温度下的降解速率，大大缩短了试验时间并充分利用原料。

3 意义

应用花椰菜的气调贮藏模型，通过检测叶绿素和维生素 C 的变化，确定了花椰菜气调贮藏中主要成分的降解为一级动力学反应；根据 Arrhenius 方程，确定了不同气调贮藏条件下花椰菜主要成分的表观活化能。研究气调贮藏条件对叶绿素和维生素 C 降解动力学和表观活化能的影响，通过表观活化能计算待测温度下的降解速率，为预测嫩茎花椰菜在不同气调贮藏条件下重要化学成分的降解规律和贮藏货架期提供参考。

参考文献

[1] 杨宏顺，冯国平，李云飞．嫩茎花椰菜在不同气调贮藏下叶绿素和维生素 C 的降解及活化能研究．农业工程学报．2004，20(4)：172-175.

公猪舍的有效温度公式

1　背景

中国的公猪舍一般多为带有户外活动场的有窗式结构，由于舍内与运动场之间有常年开启的门连接，受外界环境影响很大。在气温达到28.4℃时，公猪的采精量较平均数下降34 mL，精子活力下降0.02级，母猪发情期受胎率较平均数下降5.7%[1]。朱志平等[1]通过现场试验，对国内最新开发的通风与喷雾于一体的冷风机降温系统在公猪舍的安装参数、运行参数和降温效果进行试验。

2　公式

2.1　冷风机安装高度

冷风机安装高度主要考虑因素：一是不干扰饲养人员正常的饲养活动；二是保证雾滴在下落到猪体和地面前能完全蒸发，即不淋湿猪身体或地面。雾滴蒸发主要考虑不同直径的雾滴在不同的环境条件下的下落高度。雾滴从扇叶中喷出以后，与冷风机通风气流几乎一同做近似水平运动，随雾滴的不断蒸发，雾滴直径也在不断减小，如果环境温度在20~35℃范围内，雾滴下落高度 h_e 可以按照下面公式计算：

$$h_e = \frac{1}{6 \times 10^{-18}(t_d - t_w)}(d_0^4 - 2.6 \times 10^5 d_0^{11/2}) \tag{1}$$

式中，t_d，t_W分别为空气干、湿球温度，℃；d_0为雾滴初始直径，μm。

表1是根据公式(1)计算出雾滴在不同环境条件下的下落高度。

表1　在不同环境条件下雾滴下落高度　　单位：m

雾滴直径(μm)	相对湿度	25℃	28℃	30℃	32℃	35℃	38℃
50		0.17	0.16	0.15	0.15	0.14	0.13
60	60%	0.35	0.33	0.31	0.30	0.28	0.26
70		0.62	0.58	0.55	0.53	0.50	0.47

续表

雾滴直径(μm)	相对湿度	25℃	28℃	30℃	32℃	35℃	38℃
50	70%	0.24	0.22	0.21	0.20	0.19	0.18
60		0.4	0.44	0.42	0.40	0.39	0.37
70		0.85	0.79	0.75	0.72	0.69	0.65
50	80%	0.52	0.35	0.32	0.31	0.30	0.29
60		1.05	0.70	0.65	0.63	0.61	0.58
70		1.88	1.26	1.17	1.13	1.09	1.03

随着温度的升高,在相同的相对湿度情况下,雾滴的下落高度在减小,所以 2.3 m 左右的安装高度能满足雾滴在下落到地面前完全蒸发的要求,且不影响饲养员的正常工作。

2.2 冷风机安装距离

冷风机通风为射流运动,断面平均速度 v_F 可以由以下公式计算:

$$\frac{v_F}{v_0} = \frac{0.095}{\frac{\alpha S}{d_0} + 0.147} \tag{2}$$

式中,v_0 为射流出口速度,m/s;α 为扩散角或极角,(°);S 为射程,m;d_0 为风机出口直径,m。

由公式(2)计算得出在距冷风机前方 15 m 处的平均风速 0.36 m/s,因此,冷风机的安装距离在 15 m 左右能满足降温和风速的要求。

2.3 猪舍的有效温度

通常用有效温度表示动物舒适性的环境指标来描述动物在环境中的热应激程度。根据空气中湿度对动物的影响程度,公猪舍的有效温度通常用公式(3)表示:

$$ET = 0.65T_d + 0.35T_w \tag{3}$$

式中,T_d 为干球温度,℃;T_w 为湿球温度,℃。

3 意义

根据公猪舍的有效温度公式,对通风与喷雾于一体的冷风机降温系统进行现场试验。

应用公猪舍的有效温度公式,计算得到,冷风机降温系统是一种有效缓解夏季公猪热应激的措施。在河北省安平县京安集团原种猪场公猪舍试验可知,在不对猪舍进行改造的条件下,冷风机可降低开放的种公猪舍温度 3~7℃,当舍外温度为 35℃时,舍内温度保持在 30℃以下;在舍外相对湿度达到 90% 的最不利天气,冷风机系统仍可降低舍内有效温度 3℃。

参考文献

[1] 朱志平,董红敏,陶秀萍,等. 喷雾冷风机对种公猪舍降温效果的试验研究. 农业工程学报. 2004, 20(4):238-241

奶牛舍的空气环境模型

1　背景

奶牛舍饲散养工艺，近年来在欧美等发达国家得到了快速的推广应用，尤其是北欧国家，近年新建的奶牛场基本上采用了这种新的饲养工艺模式。这种饲养模式的突出特点是：采用无运动场体系的全舍饲养方式，舍内有采食区、躺卧休息区、挤奶间、清粪区等不同功能区，奶牛可以在舍内自由走动，自我管理。李保明等[1]通过对丹麦7个有代表性奶牛场进行温度、含湿量及几种主要有害气体的现场测试，对该工艺下舍内空气环境条件进行分析研究。

2　公式

为分析不同温度条件下的有害气体浓度的变化，对一些牛场进行了2个阶段的测试。具体的测试时间见表1。

表1　测试奶牛场概况

牛场序号	牛舍建筑尺寸长×宽×侧墙高(m×m×m)	奶牛数(头)	饲养面积(m^2/头)	奶牛走道地面形式	测试时间	HPU(头)	备注
1	96×16×2. 6	159	9. 8	漏缝地板	8月15—19日	1. 49	
		170	9. 0	下设深粪沟	10月24—29日	1. 40	
2	45. 9×26.6×3.4	192	6.4		9月19—24日	1.21	
				漏缝地板	11月7—10日	1.24	在粪沟
				下设深粪沟	10月3—8日	1.21	中加酸
		192	6.4		12月12—16日	1.24	
3	674.×33.8×3.5	165	13.8	混凝土地面	8月22—27日	1.51	
		181	12.6	刮板清粪方式	10月31日至11月3日	1.50	
4	84×27.3×3.6	129	17.8	混凝土地面	9月12—16日	1.48	
		122	18.8	刮板清粪方式	11月23—24日	1.54	
5	81.9×36.2×4.3	148	20	漏缝地板	8月29日至9月2日	1.52	
		147	20.2	下设深粪沟	11月14—18日	1.37	

续表

牛场序号	牛舍建筑尺寸长×宽×侧墙高(m×m×m)	奶牛数(头)	饲养面积(m^2/头)	奶牛走道地面形式	测试时间	HPU(头)	备注
6	71×34.1×3.6	105 115	23.1 21.1	混凝土地面 刮板清粪方式	9月26日至10月1日 12月5—6日	1.36 1.40	
7	56.2×36×3.0	170 180	11.9 11.2	混凝土地面 刮板清粪方式	10月17—21日 12月2—3日	1.32 1.36	

注:所有牛舍的屋面坡度均为20°。

采用的总产热能力是根据以下模型[2]计算得到的:

$$总产热能力(W)=总头数\times 5.2\times m^{0.75}+泌乳牛头数\times 30\times 日均泌乳量 \quad (1)$$

采用HPU表示,即:

$$总产热能力(HPU)=[总头数\times 5.2\times m^{0.75}+泌乳牛头数\times 30\times 日均泌乳量]/1000 \quad (2)$$

式中,m为动物质量的平均值,kg。

各牛场的情况和经计算得到的HPU/头值见表1。

当外界温度在2~26℃范围内变化时,舍内外温度之间的关系为:

$$Y=4.13+0.82X \quad (R=0.955) \quad (3)$$

式中,Y为舍内温度;X为舍外气温。即舍外气温每升高1℃,舍温上升0.82℃。

CO_2、CH_4同为代谢产物,且均含有碳,根据营养学原理,二者之间具有一定的相关性。测试结果表明,二者之间存在着如下关系:

$$Y=0.029X-28.2+0.19T \quad (4)$$

式中,Y为CH_4含量,mg/m^3;X为CO_2含量,mg/m^3;T为舍温,℃。

图1分析了4个场NH_3与CH_4之间的一一对应关系,可以看出,自然通风条件下,二者之间呈现明显的线性正相关关系。回归分析表明,若舍内NH_3含量较少(如不超过3 mg/m^3),则NH_3与CH_4之间存在以下关系:

$$Y=3.79+5.77X \quad (R=0.83) \quad (5)$$

即舍内每增加1 mg/m^3 NH_3,CH_4的含量约增加5.77 mg/m^3。当NH_3的浓度超过4 mg/m^3时,则二者之间的回归方程为:

$$Y=12.49+1.90X \quad (R=0.88) \quad (6)$$

式中,Y为CH_4含量,mg/m^3;X为NH_3含量,mg/m^3。即舍内NH_3含量每增加1 mg/m^3,CH_4的含量约增加1.90 mg/m^3。

由于NH_3易溶于H_2O,同时很易从H_2O中重新分解并释放。因此,舍内含湿量的变化,在某种程度上对舍内NH_3含量产生一定影响。根据实测结果,可以得出舍内含湿量与NH_3

含量有如下关系：

$$Y = 0.002X - 1.1 \sim 1.2T \qquad (7)$$

式中，Y 为舍内 NH_3 含量，mg/m_3；X 为舍内含湿量，mg/m^3；T 为舍温，℃。即在一定温度下，舍内含湿量每增加 1 000 mg/m_3，舍内 NH_3 的浓度升高 2 mg/m_3。

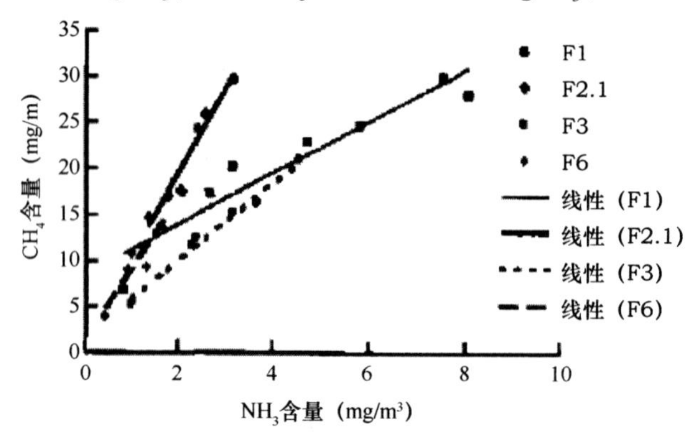

图 1　0~25℃下 NH_3 与 CH_4 之间的相互关系

3　意义

对丹麦 7 个有代表性奶牛场进行温度、含湿量及几种主要有害气体的现场测试，建立了奶牛舍的空气环境模型，对该工艺下舍内空气环境条件进行分析研究。通过该模型计算，得到采用全舍饲散养工艺进行奶牛生产时，舍内各环境因素相互之间有着非常密切的关系。在适宜的饲养密度和温度(0~25℃)下，利用自然通风，基本可以获得较好的环境条件，以满足奶牛生产需要。通过该模型的应用，为该工艺模式下牛舍的管理和环境调控以及通风系统设置与管理等提供理论依据。

参考文献

[1]　李保明，施正香，G Zhang，等．丹麦舍饲散养自然通风奶牛舍的空气环境分析．农业工程学报，2004，20(05)：231-235

[2]　Strom J S. Heat loss from cattle, swine and poultry as basis for design of environmental control system in livestock buildings. English translation of SBI－landbrugsbyggeri55, Danish Building Research Institute. 1978.

地面坡度的集水区模型

1 背景

坡面的产流、汇流过程与机制,既是水文学中的重要理论问题,也是水分运移调控所要研究的基础问题之一。整地作为造林的 8 项基本技术措施之一,在人工林培育中已得到全面普及。整地方法在设计理念上,始终体现着地表径流“拦蓄”与土壤改良的思想。从大量有关不同造林整地工程对土壤水分影响的测定成果来看,反坡梯田整地方式蓄水保墒效果最好。然而关于其作用机理,特别是其对微区地形、坡面产流和产沙、蓄水面入渗的内在影响,并未引起人们的足够重视。王进鑫等[1]对其影响机制进行了研究。

2 公式

图 1 是反坡梯田[2]造林整地工程的断面示意图。设集水区斜坡水平距为 L(m),反坡坡度为 β,田面内侧坡 70°~75°。若整地时挖方量与填方量相等,则整地后集水区坡面由 CB 线变为上凹下凸的 AGEHO 折线。其平均坡度 θ,则为过 AB 和 OC 线段中点的连线 DF 与水平面的夹角。

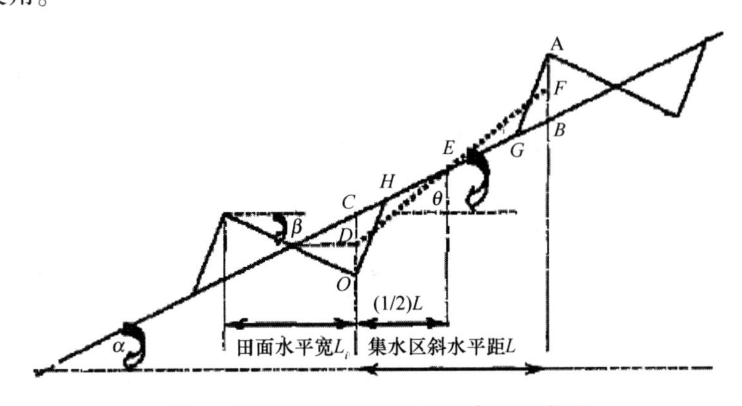

图 1 反坡梯田造林整地工程断面示意图

由图解法可求得 $OC = \frac{1}{2}L_i(\mathrm{tg}\alpha + \mathrm{tg}\beta)$,由于 D 为 OC 线段的中点,故:

$$CD = \frac{1}{4}L_i(\text{tg}\alpha + \text{tg}\beta) \tag{1}$$

$$CE = \frac{1}{2}\frac{L}{\cos\alpha} \tag{2}$$

由于角$\angle DCE = 90° + \alpha$，平均坡度$\theta$的余弦，即：

$$\cos\theta = \frac{1}{2}\frac{L}{DE} \tag{3}$$

因此，若能求出DE，即可算出平均坡度θ。由平面三角中的余弦定理可知：

$$DE = \sqrt{CE^2 + CD^2 - 2CD\cos\angle DCE} \tag{4}$$

故：

$$\theta = \cos^{-1}\left[\frac{L}{2\sqrt{CE^2 + CD^2 + 2CDCE\sin\alpha}}\right] \tag{5}$$

依据式(1)、式(2)和式(5)，即可求得不同地面坡度α，反坡坡度β、集水区斜坡水平距L、蓄水区田面水平宽度L_i条件下，微集水区的平均坡度θ。通常β取20°，蓄水区田面水平宽度L_i在1~2 m之间。因此，即可计算出不同集水区斜坡水平距L和地面坡度α时，微集水区的平均坡度θ(表1)。

表1　不同地面坡度和集水区斜坡水平距条件下微集水区平均坡度θ的变化

蓄水区田面水平宽L_i(m)	集水区斜坡水平距L(m)	不同原地面坡度α对应的θ值					
		10°	15°	20°	25°	30°	35°
1.0	1.0	24.06	30.28	36.05	41.39	46.34	50.94
	2.0	17.30	23.07	28.63	33.98	39.10	44.02
	3.0	14.92	20.47	25.89	31.16	36.29	41.27
	4.0	13.70	19.13	24.46	29.69	34.80	39.80
	5.0	12.97	18.32	23.59	28.78	33.88	38.89
	6.0	12.48	1.8	23.01	28.17	33.26	38.27
2.0	1.0	35.63	41.98	47.52	52.36	56.64	60.46
	2.0	24.06	30.28	36.05	41.39	46.34	50.94
	3.0	19.62	25.58	31.24	36.61	41.70	46.53
	4.0	17.30	23.07	28.63	33.98	39.10	44.02
	5.0	15.88	21.52	27.00	32.31	37.44	42.40
	6.0	14.92	20.47	25.89	31.16	36.29	41.27

注：反坡坡度β=20°，θ值不大于35°为带状整地适宜区域，反之为不适宜区域。

从表1可以看出，在地面坡度一定的情况下，造林整地后微集水区平均坡度θ随着集水

区斜坡水平距 L 的减小或蓄水区田面水平宽 L_i 的增加而急剧增大。

3 意义

从产流、汇流的机制与理论模型出发,结合理论分析与微型径流小区观测,对反坡梯田造林整地工程在改变微集水区地形特征以及由此而引起坡面产流状况发生变化的内在机制进行了研究。建立了地面坡度的集水区模型,从而可知坡度增大所引起的产流量增加,可能是依据传统坡面径流观测成果所设计的造林整地工程,在严格按照设计施工且暴雨不超标的情况下,仍然达不到相应设计标准所预期的拦蓄效果的根本原因。此研究可为造林整地工程设计提供理论依据,确保工程的安全性与高效性,而且有助于将造林整地工程的“被动拦蓄”作用提升到“集水与拦蓄并重”的新阶段。

参考文献

[1] 王进鑫,黄宝龙,罗伟祥. 反坡梯田造林整地工程对坡面产流的作用机制. 农业工程学报,2004,20(05):292-296
[2] 王进鑫. 旱区人工林生态系统水分运移调控机制研究. 南京:南京林业大学,2001.

土地利用的预测模型

1 背景

随着全球变化研究的深入,人们日益认识到土地利用导致的土地覆被变化是全球环境变化的重要部分和主要影响因素,是人类社会经济活动与自然生态环境之间联系最为紧密的部分。我国河西走廊等干旱半干旱温带草原与荒漠地区在内的北半球中纬度是人类活动最集中、最强烈的地带之一,在全球变化研究中意义重大。侯西勇等[1]以武威、金昌、张掖、酒泉和嘉峪关5个地区的20个县市区作为研究区,揭示土地利用类型变化和变化类型的特征与规律,并进一步对今后几年土地利用的数量和空间分布情景进行预测和分析。

2 公式

2.1 指数模型方法

土地利用动态度能够刻画一定时段内土地利用类型的数量变化特征,模型如下:

$$K = (U_b - U_a) / \left(U_a \frac{1}{T}\right) \times 100\% \tag{1}$$

$$LC = \left(\sum_{i=1}^{n} \Delta LU_{i-j} / 2 \sum_{i=1}^{n} \Delta LU_i\right) \frac{1}{T} \times 100\% \tag{2}$$

式中,K为研究时段内某单一土地利用类型的动态度;U_a、U_b分别是该土地利用类型期初和期末的面积;LC为综合土地利用动态度;LU_i为期初i类土地利用类型的面积;ΔLU_{i-j}为时段内i类土地利用类型变为非i类(j类,$j=1,2,\cdots,n$)土地利用类型的面积;T为研究时段长。

2.2 马尔可夫(Markov)模型

在土地利用变化研究中,土地利用类型对应Markov过程中的"可能状态",而土地利用类型之间相互转换的面积数量或比例即为状态转移概率,可以利用如下公式对土地利用变化进行预测:

$$S_{(t+1)} = P_{ij} S(t) \tag{3}$$

$$P_{ij} = \begin{bmatrix} P_{11} & P_{12} & \cdots & P_{1n} \\ P_{21} & P_{22} & \cdots & P_{2n} \\ \cdots & \cdots & \cdots & \cdots \\ P_{n1} & P_{n2} & \cdots & P_{nn} \end{bmatrix}$$

$$\left[0 \leqslant P_{ij} < 1 \text{ 且} \sum_{j=1}^{N} P_{ij} = 1, (i,j = 1,2,\cdots,n)\right] \tag{4}$$

2.3 元胞自动机

元胞自动机(Cellular Automata,简称CA)是具有时空计算特征的动力学模型,其特点是时间、空间、状态都离散,每个变量都只有有限多个状态,而且状态改变的规则在时间和空间上均表现为局部特征。CA可用如下模型表示

$$S_{(t+1)} = f(S_{(t)}, N) \tag{5}$$

式中,S为元胞有限、离散的状态集合;N为元胞的邻域;t,$t+1$表示不同的时刻;f为局部空间元胞状态的转化规则。

2.4 CA-Markov模型

Markov与CA均为时间离散、状态离散的动力学模型,但是Markov预测法没有空间变量,CA的状态变量则与空间位置紧密相连。创建转变适宜性图像集,是CA规则的一部分,每一元胞各种可能状态(即土地利用类型)发生变化的容易程度可用下式计算:

$$TR_i = I_i + D_i + V_i \tag{6}$$

式中,TR为元胞的转变适宜性;i为土地利用类型;I_i,D_i分别是i土地利用类型20世纪90年代的面积增加量和减少量,“$I_i + D_i$”代表了i类土地利用类型的基本变化能力;V_i为对1990—2000年与2000—2010年两个时期土地利用变化驱动力差异的定量化,用于修正基本变化能力;计算出的TR标准化为0~255值域后参与CA-Markov模型进行模拟运算。

3 意义

基于河西走廊1990年、2000年土地利用矢量数据,通过空间叠加和构建土地利用分布与变化的1 km-Grid数据集,研究20世纪90年代土地利用分布与变化的数量特征和空间格局特征。应用土地利用的预测模型,并利用马尔可夫模型和元胞自动机技术对今后几年土地利用分布情景进行预测。从而可知在西部大开发背景下,迫切需要加强对林地、草地和水域的有力保护,限制盲目无节制的开垦和滥伐乱牧行为,以缓和生态环境进一步恶化的趋势。迫切需要加强对林地、草地和水域的保护,控制和阻止盲目开垦耕地的行为,推进退耕还林还草工程,促进区域生态环境质量的保护和改善。

参考文献

[1] 侯西勇,常斌,于信芳. 基于CA-Markov的河西走廊土地利用变化研究. 农业工程学报.2004,20(05):286-291.

水流泥沙含量的估算模型

1 背景

在土壤侵蚀研究与水土流失治理中,水流中泥沙含量的测量具有重要意义。在传统的测量过程中,所检测对象的差异、进行检测的条件以及检测人员的不同等各种因素的随机性,均影响仪器的准确性和重复性。而检测信号的处理方法可显著提高测量仪器的精度。李小昱等[1]研究了基于统计理论的数据融合方法,用单传感器重复采样,不要求测量数据所服从的分布和相应的概率密度函数等先验知识,仅依据传感器所提供的有限次测量数据,就可计算出均方误差最小的水流泥沙含量的测量结果。

2 公式

泥沙与水的混合是固液两相的混合,由于泥沙与水的密度不同,采用荷重传感器测量,可将测得泥沙混合液质量的变化转换成泥沙含量的变化。图1是依据上述原理而设计的水流泥沙含量测量仪的原理框图。

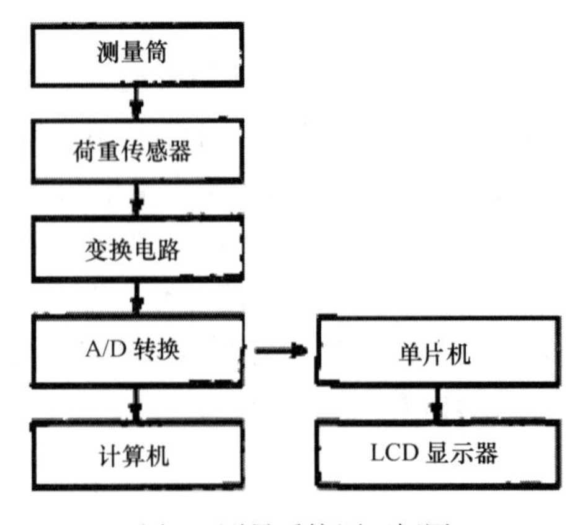

图1　测量系统原理框图

通过标定试验数据的回归分析,可知水流泥沙混合液质量与泥沙含量之间呈线性关系:

$$y = 1.606x - 1628.984$$

$$F = 37386.78 \gg F_{0.01}(1,19) = 8.18$$

式中,x 为泥沙混合液质量,kg;y 为泥沙含量,kg/m^3。

加权因子引入后,水流泥沙含量测定的加权平均值为:

$$M = \sum_{i=1}^{n} W_i M_i \tag{1}$$

而

$$\sum_{i=1}^{n} W_i = 1 \tag{2}$$

总均方误差为:

$$\sigma^2 = \sum_{i=1}^{n} W_i^2 \sigma_i^2 \tag{3}$$

式(3)中是各加权因子 W_i 的多元二次函数,根据多元函数求极值的理论,利用拉格朗日乘数法,可求出总均方误差最小时所对应的加权因子为:

$$W_i = 1 \Big/ \left(\sigma_i^2 \sum_{i=1}^{n} \frac{1}{\sigma_i^2} \right) \tag{4}$$

此时所对应的最小均方误差为:

$$\sigma_{\min}^2 = 1 \Big/ \left(\sum_{i=1}^{n} \frac{1}{\sigma^2} \right) \tag{5}$$

所以,根据式(4)可求出各测量数据的对应权数,再通过加权平均计算,就可获得一组测量数据最小方差的测量结果。若有 k 组这样的测量数据,设 k 组数据的均值为:

$$\overline{M}(k) = \frac{1}{k} \sum_{q=1}^{n} M_q \quad (k = 2,3,4,\cdots,n) \tag{6}$$

则此时水流泥沙含量的融合值为:

$$\overline{M} = \sum_{i=1}^{n} W_i \overline{M_i}(k) \tag{7}$$

式中,$\overline{M_i}(k)$ 为 k 组数据中第 i 组数据在其方差最小时的测量结果。

k 组数据取算术平均值后的总均方差为:

$$\overline{\sigma}^2 = \frac{1}{k} \sum_{i=1}^{n} W_i^2 \sigma_i^2 \tag{8}$$

同理,可以由多元函数求极值理论求出 ${\sigma_{\min}}^2$,并据此确定最优加权因子 W_i。由式(5)、式(8)得到:

$$\overline{\sigma}^2 = \frac{1}{k \sum_{i=1}^{n} \frac{1}{\sigma_1^2}} = \frac{\sigma_{\min}^2}{k} \tag{9}$$

由式(9)可以看出,$\overline{\sigma}_{\min}^2$ 一定小于 ${\sigma_{\min}}^2$,并且 $\overline{\sigma}_{\min}^2$ 将随 k 的增加而进一步减小。

3 意义

根据水流泥沙含量的估算模型,计算可知水流泥沙混合液质量与泥沙含量之间呈线性关系,这为采用荷重传感器测量水流中的泥沙含量提供了理论依据,为测量系统变换电路的设计提供了技术参数。基于统计理论的数据融合法的测量次数少,但测量结果明显优于算术平均值法,使测量结果的准确性和重复性大大提高,这也为单片机系统数据处理的方法提供了科学的依据。采用荷重传感器测量水流泥沙含量,并以基于统计理论的数据融合法处理测量结果,这为水流泥沙含量的快速、准确测量提供了一种新的、有效的方法。

参考文献

[1] 李小昱,雷廷武,王为,等. 基于统计理论数据融合的水流泥沙含量测量仪. 农业工程学报,2004,20(05):110-113.

农村配电网的检修优化模型

1 背景

农网配电线路的检修主要包括：消除线路巡视过程中发现的缺陷，对农村配电设备进行的定期清扫、取样试验、大修和小修等。制定农村配电网的检修计划既要考虑缺陷的严重程度和检修任务的紧迫程度，又要计及相互关联的线路段检修停运次数及停电电量的影响，这实际上是一个多目标的组合优化问题。鉴于遗传算法的鲁棒性、灵活性、通用性以及特别适合于解决组合优化问题等特点，王永清和杨明皓[1]提出了基于遗传算法的配电网检修计划优化模型，并通过将农村配电网检修计划问题转化成典型的旅行商问题进行基因编码形成染色体。

2 公式

图 1 所示为配电网拓扑图中细线方框内部分。

需要优先考虑的因素可以用重要性权重因子 M_i 描述[2]：

$$M_i = v_i \sum_{j=1}^{m} (a_{ij} f_j) + b d_i (i = 1, 2, \cdots, N) \tag{1}$$

式中，i 为线路段号；j 为缺陷类别序号；N 为待检修的线路段数；m 为缺陷类别总数；v_i 为线路段 i 的重要因数；a_{ij} 为第 i 个线路段上第 j 类缺陷的个数；f_j 为第 j 类缺陷严重程度及检修任务紧急程度等级参数；d_i 为非检修停运标识符，如果线路段 i 有非检修停运任务 $d_i = 1$，否则为 0；b 为使非检修停运线路段优先检修的经验常数，通常可以取所有线路段检修任务数的最大值。

线路段重要因数 v_i 等于该线路段影响负荷占系统总负荷之比与线路段影响用户数占系统总用户数之比的平均值：

$$v_i = \frac{1}{2}\left(\frac{L_i}{L_{sum}} + \frac{C_i}{C_{sum}}\right) \tag{2}$$

式中，L_i、C_i 分别为线路段 i 的影响负荷和用户数；L_{sum}、C_{sum} 分别为系统中的总负荷和总用户数。

其中，某线路段的停电负荷为该线路段的平均负荷与该线路段所有强迫停运线路段

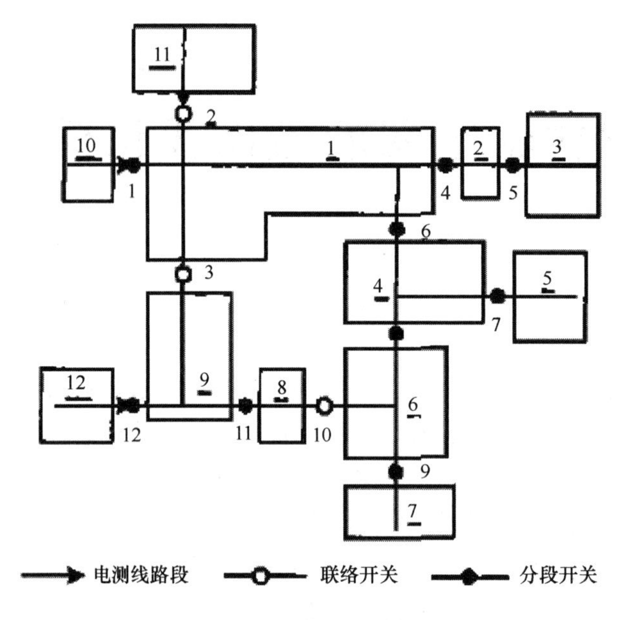

图1　网络拓扑结构

(因某线路段检修而被迫停运的线路段称为该检修线路段的强迫停运线路段)的平均负荷之和,即:

$$L_i = l_i + \sum_{j \in \alpha_i} l_j \tag{3}$$

式中,L_i为线路段i的停电负荷;α_i为线路段i的强迫停运线路段集合;l_i为表示线路段i的平均负荷(C_i同理)。

假设图1所示网络中,线路段1、2、3都有待处理的缺陷。如果检修能力满足同时检修3个线路段的缺陷,并按功率方向逐级恢复供电,既可以减少停电负荷量又可以减少停电次数。此时检修停电电量W可以描述为:

$$\begin{aligned} W &= l_1T_1 + l_2\max(T_1,T_2) + l_3\max(T_1,T_2,T_3) \\ &= L_1T_1 + L_2[\max(T_1,T_2) - T_1] + L_3[\max(T_1,T_2,T_3) - \max(T_1,T_2)] \end{aligned} \tag{4}$$

式中,T_1、T_2、T_3分别为3个线路段的检修时间;l_1、l_2、l_3分别为3个线路段的负荷;L_1、L_2、L_3分别为3个线路段的停电负荷。

检修计划用决策向量$R=[R_1,R_2,\cdots,R_K,\cdots,R_N]$表示,向量中各元表示待检修的线路段号,各元排列的序号k(下标)为线路段检修的顺序号。检修决策问题的目标函数可以表示为:

$$\min C = \sum_{k=1}^{N} L_{R_k}(T'_{R_k} - T'_{R_{k-x_{R_k}}}) \sum_{k=1}^{N} M_{R_k}k \tag{5}$$

式中,L_{R_k},T'_{R_k}分别为线路段R_k的停电负荷和检修实际停运时间;x_{R_k}为相继检修和检修能力约束的布尔变量,当第 k 位检修线路段是第 $k-1$ 位检修线路段的强迫停运线路段且检修能力可以满足这两个线路段同时检修时取值为 1,否则为 0; M_{R_k} 为线路段 R_k 的权重因子,k 为线路段检修的顺序号。线路段检修实际停运时间为:

$$T'_{R_k} = \begin{cases} \max(T_{R_k}, T'_{R_{k-1}}), x_{R_k} = 1 \\ T_{R_k} xR_k = 0 \end{cases} \tag{6}$$

式中, T_{R_k} 为线路段 R_k 所有缺陷的检修时间。

为增加遗传算法中各检修计划适应度的差别,用目标函数式(5)构造的非线性适应度函数为:

$$f = e^{\lambda/C} \tag{7}$$

式中,C 为目标函数值;λ 为常数,可以取第一代个体目标值 C 的平均值。

由于常规算子采用固定的变异概率 p_m,当 p_m 取值过小致使算法的搜索空间变小,取值过大又不利于算法的收敛。王永清和杨明浩[1]对变异的概率做了适当的改进,采用的自适应变异算子为:

$$P_{g,p} = \begin{cases} \exp\left[\dfrac{f_{\max} - f_q}{g^{1/\beta}(f_{\max} - f_{avg})}\right] & f_g \leq f_{avg} \\ p_m & \text{其他} \end{cases} \tag{8}$$

式中,$p_{g,q}$ 为第 g 代第 q 个染色体的变异概率;$f_{\max}$,f_{avg},f_{q} 分别表示本代群体中个体适应度的最大值、均值和第 q 个染色体的适应度值;β 为待定正常数。

3 意义

根据研究影响制定农村配电网检修计划的因素,提出了制定配电网检修计划的遗传算法优化模型,运用解决旅行商问题的编码方法对待检修的线路段进行编码形成染色体,并对遗传变异算子进行改进,提出了新的自适应变异算子。采用该模型和算法得到的检修计划既能保证重点问题优先检修又能减少检修停电电量和检修停电次数。有效地保证了遗传操作在可行解空间进行,提出的自适应变异算子既扩大了遗传操作的搜索空间又保证了算法的可靠收敛,对实际农村配电网检修计划的计算表明提出的模型和算法是有效的。

参考文献

[1] 王永清,杨明皓. 基于遗传算法的农村配电网检修计划. 农业工程学报,2004,20(05):266-269

[2] 武斌. 配电自动化 DMS/GIS 集成系统的开发及线路检修模块的研究. 北京:中国农业大学,2001,29-39.

光伏阵列的效率模型

1 背景

在中国西北、西藏和内蒙古等远离电网的偏远农村地区,生活用水和农业用水比较困难,而这些地区同时又是太阳能资源非常丰富的地区。为了提高光伏阵列的效率,在太阳电池效率没有根本性突破的条件下,一个有效的方法就是采用太阳电池的最大功率跟踪技术。郑诗程等[1]采用了16位微处理器80C196MC构成了一种简单的数字式光伏变频调速系统,采用频率微分逼近法实现了太阳电池真正的最大功率跟踪(TMPPT)功能,提高了系统的性价比;因此在负载一定时,可以减少太阳电池的数量,从而降低整个系统的成本。

2 公式

本系统所采用的主电路及硬件控制框图如图1所示,主电路采用三相桥式逆变电路,主功率器件采用智能功率模块IPM75RSA060,由16位微处理器80C196MC构成系统控制核心。

由于系统无中线,三次谐波电流互相抵消,故叠加后不会增加系统的谐波含量,系统相电压波形为马鞍形,线电流波形为正弦型。叠加后波形最大值(取正半周)为60°和120°两点处的值,即:

$$\sin 60^\circ = \sin 120^\circ = 0.866$$

设波形叠加前的调制深度$M=1$,则由:

$$M_1 \sin 60^\circ = 1$$

可得:

$$M_1 = 1/0.866 = 1.15$$

设直流侧电压值为U_d,当调制深度为M时,则逆变器输出电压的基波有效值为:

$$v = \frac{MU_d}{\sqrt{2}} \tag{1}$$

又设$v/f=c$,则由式(1)可得:

$$\frac{MU_d}{\sqrt{2}} = cf \tag{2}$$

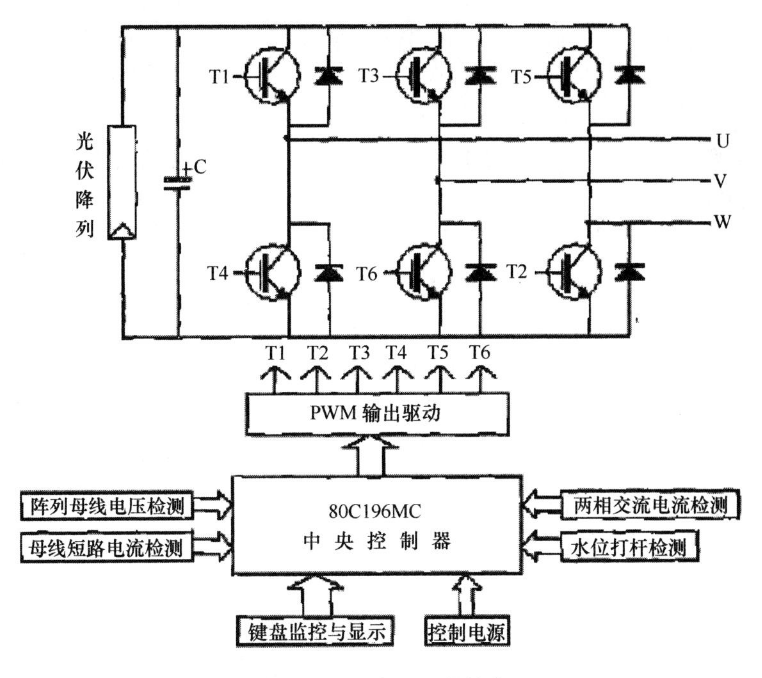

图 1　主电路及硬件结构

即：

$$M = \sqrt{2}\,\frac{cf}{U_d} \tag{3}$$

式中，c 为常数；f 为电机的工作频率。

系统通过实时检测直流侧电压值 U_d进行在线补偿，则由补偿算法可得补偿后的调制深度为：

$$M = \sqrt{2}\,\frac{cf}{U_d}U_{ref} \tag{4}$$

式中，U_{ref}为参考电压值。

3　意义

根据太阳电池的功率-伏特（P-V）特性曲线以及负载的工作特性，采用频率微分逼近法实现了太阳电池真正的最大功率跟踪（TMPPT）功能，建立了光伏阵列的效率模型，提高了系统的性价比。因此，在负载一定时，可以减少太阳电池的数量，从而降低整个系统的成本。运行结果证明系统运行稳定可靠，效率高于传统恒压跟踪（CVT）方式；系统具有完善的保护功能，可以实现无人值守工作。

参考文献

[1] 郑诗程,苏建徽,沈玉粱,等. 具有 TMPDT 功能的数字式光伏水泵系统的设计. 农业工程学报, 2004,20(05):270-274

离心泵的三维紊流模型

1 背景

叶轮是离心泵内部的关键过流部件，进行叶轮内流动分析和研究对于提高离心泵的效率，改善离心泵性能具有特别重要的意义。目前，用数值模拟方法研究叶轮内部流场已成为改进和优化叶轮设计的一个重要手段。刘胜柱等[1]对离心水泵内部典型工况下的三维紊流流动进行了数值计算与分析，获得了离心泵叶轮通道内的速度场、压力场，分析了叶片型式对流速分布、压力分布以及泵性能的影响，并提出了三维紊流数值分析基础上的离心泵叶轮改型设计方法。

2 公式

选用与叶轮主轴一起旋转的非惯性坐标系来描述相对运动，考虑 Boussinesq 涡黏性模型，在以角速度 ω 旋转的相对直角坐标系 (x,y,z) 中，雷诺时均的 N-S 方程的具体表达式如下：

$$E_x + F_y + G_z = S$$

其中，

$$E = \left[\rho_u \rho_{uu} - \mu_{eff}\frac{\partial u}{\partial x}\rho_{uv} - \mu_{eff}\frac{\partial v}{\partial x}\rho_{uw} - \mu_{eff}\frac{\partial w}{\partial x}\right]^T$$

$$F = \left[\rho_v \rho_{vu} - \mu_{eff}\frac{\partial u}{\partial y}\rho_{vv} - \mu_{eff}\frac{\partial v}{\partial y}\rho_{vw} - \mu_{eff}\frac{\partial w}{\partial y}\right]^T$$

$$G = \left[\rho_w \rho_{wu} - \mu_{eff}\frac{\partial u}{\partial z}\rho_{wv} - \mu_{eff}\frac{\partial v}{\partial z}\rho_{ww} - \mu_{eff}\frac{\partial w}{\partial z}\right]^T$$

$$S = \begin{bmatrix} \frac{\partial}{\partial x}\left(u_{eff}\frac{\partial u}{\partial x}\right) + \frac{\partial}{\partial y}\left(u_{eff}\frac{\partial v}{\partial x}\right) + \frac{\partial}{\partial z}\left(u_{eff}\frac{\partial w}{\partial x}\right) - \frac{\partial p^*}{\partial x} - 2\rho wv \\ \frac{\partial}{\partial x}\left(u_{eff}\frac{\partial u}{\partial y}\right) + \frac{\partial}{\partial y}\left(u_{eff}\frac{\partial v}{\partial y}\right) + \frac{\partial}{\partial z}\left(u_{eff}\frac{\partial w}{\partial y}\right) - \frac{\partial p^*}{\partial y} + 2\rho wu \\ \frac{\partial}{\partial x}\left(u_{eff}\frac{\partial u}{\partial z}\right) + \frac{\partial}{\partial y}\left(u_{eff}\frac{\partial v}{\partial z}\right) + \frac{\partial}{\partial z}\left(u_{eff}\frac{\partial w}{\partial z}\right) - \frac{\partial p^*}{\partial x} \end{bmatrix}$$

式中，记号 ρ 为流体的密度；u,v,w 分别是相对速度在 x,y,z 方向上的分量；p^* 为包括紊动能和离心力的折算压力;μ_{eff}为等效黏性系数,等于分子黏性系数μ和 Boussinesq 涡黏性系数μ_t之和。

为了确定μ_t,选用 Launder 和 Spalding 提出的 k-ε 模型[2]。

在计算域的进口处,给定各方向的速度分量;紊动能k和紊动能的耗散率ε分别由下列经验公式给定:

$$k_{in} = 0.005(u_{in}^2 + v_{in}^2 + w_{in}^2),\varepsilon_{in} = C_\mu k_{in}^{3/2}/l$$

式中,l为进口处的特征长度。

在计算域的进出口处的延长部分,网格是按照一个完整的周期生成的,给定周期性边界条件为:

$$\Phi_{ieft} = \Phi_{right}(\Phi = u,v,w,p,k,\varepsilon)$$

图 1 是改变进水角后叶轮 CFD 分析结果图。

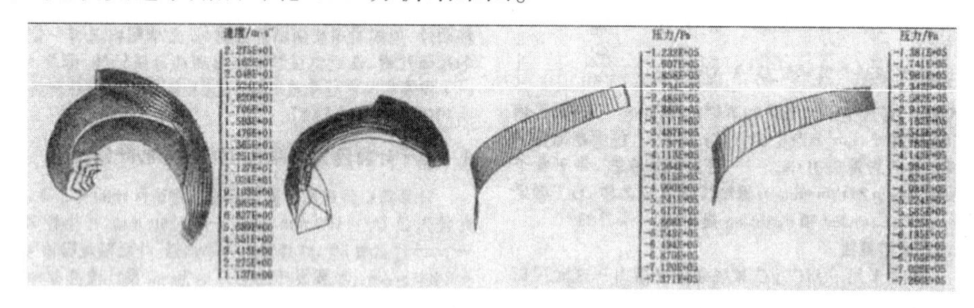

图 1 原型叶轮 CFD 分析结果

3 意义

根据离心泵叶轮通道的几何和流场特点,探讨了离心泵叶轮通道结构化多块网格划分中的一些处理方法。同时应用标准 k-ω 紊流模型加壁面函数法对离心水泵叶轮内部的三维紊流流动进行了雷诺平均 N-S 方程的数值计算与分析。分析了离心泵叶轮叶型对流速分布、压力分布和泵性能的影响,研究了离心泵叶轮通道内流动规律,并以计算流体力学(CFD)分析结果为依据,建立了离心泵的三维紊流模型,对离心泵叶轮进行了叶型优化设计。进行离心泵叶轮内三维紊流数值计算可为离心泵叶轮叶型优化提供详细的数据,应用 CFD 分析技术可提高离心泵叶轮的设计水平。

参考文献

[1] 刘胜柱,郭鹏程,罗兴锜. 离心泵叶轮内的网格生成与计算流体力学分析. 农业工程学报. 2004,20(05):78-81.

[2] Launder D E,Spalding D B. Lectures in mathematical models of turbulence. Academic Press,London,1972.

土地整理的生态效益评价公式

1 背景

土地整理通过生物及工程途径调整土地利用方式、土地利用结构以及土地覆被状况，是人类对农田生态系统的强烈干扰，大规模地改变了地表景观结构，导致自然生态系统组成结构、物质循环和能量流动特征发生了较大变化，其结果将不仅直接影响有效耕地面积和耕地质量，更会对区域生态环境产生深远影响。胡廷兰和杨志峰[1]基于能值理论及其评价方法，结合土地整理的内容和特征，将能值分析方法与土地整理生态效益评价进行整合，提出土地整理生态效益评价的能值分析方法，构建了土地整理生态效益的评价公式。

2 公式

能值分析方法相关概念见表1。

表1 能值分析方法的相关概念及其涵义

概念	单位	涵义
有效能	J、kcal	具有做功能力的潜能，其数量在转化过程中减少
能量	J、kcal	物体做功的能力
能值	emjoules	产品或服务形成所需直接和间接投入应用的一种有效能总量
太阳能值	Sej	产品或服务形成时所需直接和间接投入应用的太阳能总量
能值转换率	emjoules/J、emjoules/g	单位能量(物质质量)所含的能值量
太阳能值转换率	sej/J、sej/g	单位能量(物质质量)所含的太阳能值量
能值功率	sej/a	单位时间的能值流量，通常为一年
能值-货币比率	sej/ $	单位货币相当的能值量
能值货币价值	$	能值相当的市场货币价值，即以能值来衡量财富的价值
宏观经济价值	$	与环境物品投入经济系统的能值量相当的市场货币价值
净能值	-	能源生产所产出的能值减去生产过程耗费的能值
能值投资比率	-	产品或服务形成过程中来自社会经济系统的购买能值投入量与来自自然环境系统的无偿能值投入量之比

其中,能值和能值-货币比率可用公式表达:

$$能值(sej) = 太阳能值转换率(sej/J) \times 能量(J) \quad (1)$$

$$能值 - 货币比率(sej/\$) = \frac{经济的总太阳能值(sej)}{国民生产总值(\$)} \quad (2)$$

据土地整理的影响边界,可以统计出特定土地整理活动实施后由第 i 种土地利用类型转变为第 j 种类型土地利用类型的面积数,由此得到土地利用类型转移矩阵(见表2)。

由于土地利用类型从 A_i 向 A_j 的转变可能导致多种产品和服务改变,令单位面积的产品和服务影响用一维 m 阶矩阵 B_{ij} 表示,则当由土地整理导致的土地利用类型由 A_i 向 A_j 转换面积为 A_{ij} 时,其对产品和服务产生的影响如式(3)所示:

$$C^{ij} = a_{ij} \quad B^{ij} = a_{ij} \quad (B_1^{ij} \quad B_2^{ij} \cdots B_k^{ij} \cdots B_m^{ij}) = (C_1^{ij}\ C_2^{ij} \cdots C_k^{ij} \cdots C_m^{ij}) \quad (3)$$

式中,C^{ij} 为土地整理中土地利用类型从 A_i 向 A_j 转变导致的产品和服务功能变化矩阵;a_{ij} 为土地整理导致的土地利用类型变化量;B^{ij} 为单位面积 A_i 向 A_j 的转变引起的产品和服务的变化矩阵;B_k^{ij} 为单位面积 A_i 向 A_j 的转变引起的第 k 种产品或服务的变化量。

表2 土地利用类型转移矩阵

土地整理前	土地整理后							
	A_1	A_2	…	A_j	…	A_n	合计	占有率(%)
A_1	a_{11}	a_{12}	…	a_{1j}	…	a_{1n}	A_{1B}	P_{1B}
A_2	a_{21}	a_{22}	…	a_{2j}	…	a_{2n}	A_{2B}	P_{2B}
…	…	…	…	…	…	…	…	…
A_i	a_{i1}	a_{i2}	…	a_{ij}	…	a_{in}	A_{iB}	P_{iB}
…	…	…	…	…	…	…	…	…
A_n	a_{n1}	a_{n2}	…	a_{nj}	…	a_{nn}	A_{nB}	P_{1B}
合计	A_{1A}	A_{2A}	…	A_{iA}	…	…	A_{nA}	100%
占有率(%)	P_{1A}	P_{2A}	…	P_{iA}	…	…	100%	

注:表中 a_{ij} 为由土地整理导致的土地利用类型 A_i 向 A_j 转换的面积;A_{iB} 为土地整理前土地利用类型 A_i 的面积;P_{iB} 为土地整理前土地利用类型 A_i 与总土地面积 A 的比例;A_{iA} 为土地整理后土地利用类型 A_i 的面积;P_{iA} 为土地整理后土地利用类型 A_i 与总土地面积 A 的比例。

由土地利用类型转移矩阵和产品或服务转移矩阵,根据产品和服务的太阳能值转换率,可得到土地整理中土地利用类型从 A_i 向 A_j 转变导致的能值变化状况:

$$CE^{ij} = C^{ij}\ ST^{ij} = (C_1^{ij}\ C_2^{ij}C_3^{ij}\ \cdots\ C_k^{ij}\ \cdots\ C_m^{ij}) = \begin{pmatrix} ST_1^{ij} \\ ST_2^{ij} \\ \cdots \\ ST_k^{ij} \\ \cdots \\ ST_m^{ij} \end{pmatrix} \tag{4}$$

式中,CE^{ij}为土地整理中土地利用类型由 A_i向 A_j转变导致的能值变化值;C_k^{ij}为土地整理中土地利用类型由 A_i向 A_j的转变引起的第 k 种产品或服务的变化量;ST^{ij}为土地整理中土地利用类型从 A_i向 A_j转变导致相应变化的产品和服务的能值含量矩阵;ST_k^{ij}为土地整理中土地利用类型从 A_i向 A_j转变导致相应变化的第 k 种产品和服务的能值含量,其余同前。

其中,

$$ST_k^{ij} = T_k E_k \tag{5}$$

式中,T_k为第 k 种产品和服务的太阳能值转换率;E_k为单位质量第 k 种产品和服务的能量含蓄量。

由此,对于整个土地活动而言有:

$$CE = \sum_i \sum_j CE^{ij} = \sum_i \sum_j (C_1^{ij}\ C_2^{ij}C_3^{ij}\ \cdots\ C_k^{ij}\ \cdots\ C_m^{ij}) = \begin{pmatrix} ST_1^{ij} \\ ST_2^{ij} \\ \cdots \\ ST_k^{ij} \\ \cdots \\ ST_m^{ij} \end{pmatrix} \tag{6}$$

式中,CE 为土地整理导致的能值变化,其余同前。

对于只有自然环境系统参与影响的,采用土地整理前后研究区自然环境系统投入的无偿能值的数量变化来衡量土地整理的生态效益:

$$V_{el} = R_{em}CE = R_{em}\sum_i \sum_j CE^{ij} = R_{em}\sum_i \sum_j C^{ij}ST^{ij} \tag{7}$$

式中,V_{el}为土地整理的生态效益货币化值;R_{em}为能值-货币比率;其余同前。

对于具有这种性质的物品和服务,可通过在土地整理导致的能值货币价值中扣除社会经济投入变化得到土地整理的生态效益,如下方法求得其生态效益:

$$V_{el} = R_{em}\ CE - M_{in} = R_{em}\sum_i \sum_j CE^{ij} - M_{in} \tag{8}$$

式中,M_{in}为土地整理前后社会经济系统投入的变化量(包括资金、技术、人力、机械等投入等)。当投入增加时,$M_{in} > 0$;当投入不变时,$M_{in} = 0$;当投入减少时,$M_{in} < 0$;其余同前。

3 意义

根据土地整理内容的研究,分析了生态效益评价在土地整理中的地位,通过对土地整理效应特征和边界的辨析,以能值理论为基础,提出了以自然环境系统的无偿能值投入变化量为表征的土地整理生态效益评价方法,构建了土地整理的生态效益评价公式。基于国际上新近提出并日益得到广泛应用的能值理论,提出了土地整理生态效益评价的能值分析方法,以产品或服务的自然环境系统的无偿能值投入变化量为表征,构建了土地整理生态效益评价公式,为土地整理实践活动的进一步开展提供了生态绩效评估方面的技术支持。

参考文献

[1] 胡廷兰,杨志峰. 农用土地整理的生态效益评价方法. 农业工程学报,2004,20(05):275-280.

液体农药的喷洒飘移方程

1 背景

液体农药的喷洒是一个复杂的物理过程,影响喷雾质量的因素错综复杂。飘移是影响雾滴到达预定目标、造成农药浪费和环境污染的重要因素,也是衡量喷雾质量的主要指标之一。由于标准喷头所适用的喷雾压力已限定了范围,并且不同压力下的流量也是一定的,所以在分析中以喷头的推荐压力为准,将喷头大小、喷雾压力、流量看成是一个独立的变量,在对优化结果赋值时再根据喷头所适用的压力范围进行调整,使多参数问题简化。祁力钧等[1]分析喷头类型、大小以及风速与飘移的相关性。

2 公式

表 1 为喷头型号和风速与飘移性的相关关系[2],假设飘移量 Q 与喷头型号 T、风速 S 之间存在如下关系:

$$Q = f(S,T)$$

为了进一步说明 S、T 与 Q 的关系,将它们与 Q 的关系分别考察。图 1 是不同型号喷头和风速与飘移量的关系曲线。

表 1 不同大小标准压力喷头在不同风速下的飘移量(%喷头喷量) 单位:%

喷头	压力(KPa)	流量(L/min)	风速(m/s)	2		3		4		5	
			取样距离(m)	2	3	2	3	2	3	2	3
01-F110	450	0.5		22.42	11.73	33.64	23.76	42.87	32.06	48.25	38.32
02-F110	350	0.88		10.43	4.45	18.82	12.41	24.32	16.98	26.28	19.72
03-F110	300	1.22		6.35	2.78	10.69	7.25	14.45	9.90	17.76	12.13
04-F110	250	1.52		4.11	1.44	8.18	5.21	11.48	7.75	14.08	9.75
06-F110	200	2.04		2.70	0.95	5.63	3.34	7.77	5.01	9.51	6.27

为了考察它们对飘移量的影响程度,假设用如下方程来回归求出两个变量各自的

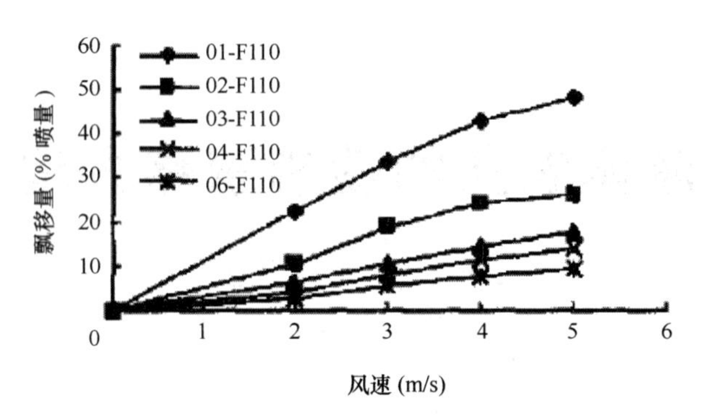

图1　标准扇形喷头风速对飘移量的影响

权重：

$$Q_F = \alpha T + \beta S + c$$

式中，α，β 为系数；c 为常数。

表2中的样本参数来自表1。表3是表4的标准化值，以消除因各参数单位不同而影响它们之间的比较。

标准化公式为 $\frac{x_i - \overline{X}}{\sqrt{S_{ii}}}$；其中，$S_{ii} = \frac{1}{n}\sum(x_i - \overline{X})^2$ 为变量的方差。

表2　回归参数样本

Q(%喷量)	22.4	10.43	6.35	4.11	2.7	33.64	18.82	10.69	8.18	5.63
S(m/s)	2	2	2	2	2	3	3	3	3	3
T(L/min)	0.5	0.88	1.22	1.52	2.04	0.5	0.88	1.22	1.52	2.04
Q(%喷量)	42.87	24.32	14.45	11.48	7.77	48.25	26.28	17.76	14.08	9.51
S(m/s)	4	4	4	4	4	5	5	5	5	5
T(L/min)	0.5	0.88	1.22	1.52	2.04	0.5	0.88	1.22	1.52	2.04

表3　回归参数样本标准值

Q(%喷量)	1.51	0.29	-0.13	-0.36	-0.50	2.66	1.15	0.32	0.06	-0.20
S(m/s)	2.85	2.85	2.85	2.85	2.85	4.74	4.74	4.74	4.74	4.75
T(L/min)	0.11	0.79	1.40	1.94	2.88	0.11	0.79	1.40	1.94	2.88
Q(%喷量)	2.28	0.95	0.25	0.03	-0.23	2.67	1.09	0.48	0.22	-0.11
S(m/s)	6.64	6.64	6.64	6.64	6.64	8.54	8.54	8.54	8.54	8.54
T(L/min)	0.11	0.79	1.40	1.94	2.88	0.11	0.79	1.40	1.94	2.88

求出的回归参数和回归方程的显著性结果如表4。

表4 回归参数值和显著性

	参数值	t 值	显著性 P
α	-0.80	-7.85	<0.001
β	0.42	4.14	0.000 7
c	1.81E-08	1.82E-07	-

则所求回归方程为：

$$Q = 1.82^{-8} + 0.42S_f - 0.80^{T_f}$$

回归方程的 $r^2 = 0.82$，$p = 10^{-5}$，总体回归效果十分显著。

用 Q 代表飘移量，S 代表风速，T 代表型号，X 代表类型，则非线性回归方程形式为：

$$Q = 0.6(1 - 0.5X)S - 0.37(1 - 0.66X)T - 0.52X$$

3 意义

在试验的基础上，应用数学建模方法分析不同喷雾参数与飘移量之间的相关关系，并通过回归分析，确定它们对飘移量的作用程度，从而分离主要参数，为参数优化提供依据。研究结果说明，喷头类型、喷头大小和风速都对飘移有显著的影响，但作用强度不同，由强到弱依次为风速、喷头类型和大小。且运用已有的飘移试验数据，分析不同影响因素与飘移之间的相关程度，并在定量分析的基础上运用数学建模的方法分析它们对雾滴飘移的作用强度，从而为喷雾参数优化和控制喷雾飘移提供依据。

参考文献

[1] 祁力钧，胡锦蓉，史岩，等．喷雾参数与飘移相关性分析．农业工程学报，2004，20(05)：122-125.
[2] 安希忠，林秀梅．实用多元统计方法．长春：吉林科学技术出版社，1992.

天窗机构的优化模型

1 背景

连杆机构可以承受很高的载荷,能保证运动传递的强制性,被广泛应用于农业技术、仪器制造和机械制造等领域。与气动技术相结合的气动连杆机构成本低,坚实耐用,在高温、潮湿、污染严重的恶劣环境中优势明显,而且有易于实现遥控、自动化或半自动化等优点,已广泛运用到矿山、冶金、建筑、交通运输、轻工、国防等部门中。刘淑珍等[1]结合上述问题,对气动四联杆天窗机构进行了优化设计,且根据优化各种选配四连杆天窗机构在华东型连栋塑料温室上安装运行。

2 公式

本结构的杆件模型、有关参数含义以及受力情况如图 1 所示。

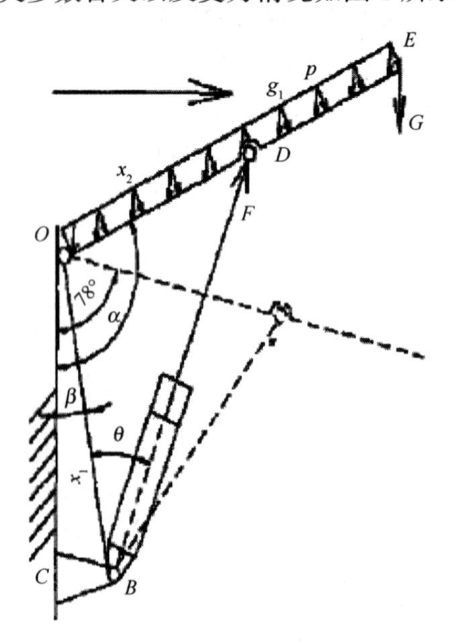

图 1　气动四连杆天窗结构简图

风载荷计算公式为：

$$P = pA \tag{1}$$

式中，P 为天窗风载荷，N；A 为天窗面积，m^2，根据温室设计图纸计算得 $A = 22.8\ m^2$；p 为作用在天窗上的静风压，N/m^2。

$$p = q_z(GC_p) - q_z(GC_{pi}) \tag{2}$$

式中，q_z为高度 z 处动压值，N/m^2；G 为阵风作用因子，根据美国温室标准暴露分类选 C 类，天窗最大开启高度为 5.95 m，查表并用线性插值计算得 $G = 1.2906$；C_p，C_{pi}分别为外压、内压系数，按风载最大即正风向时天窗开到极限位置时计算，根据温室结构尺寸并借鉴美国温室风载设计计算方法，当 $\alpha = 180°$时，$C_p = 0.8$，$C_{pi} = -0.7$。

$$q_z = 0.61K_z\ (IV)^2 \tag{3}$$

式中，K_z为高度 z 处速度暴露系数，根据美国温室设计标准天窗开启高度 $5\ m < Z < 5.95\ m$，查表用 Metlab 线性插值得 $K_z = 0.888$；I 为重要性系数，因浙江属沿海台风多发地区，取 $I = 1$；V 为基本风速，根据温室管理者经验，当风速达到 5 级以上，一般不打开天窗，设计中取 $v = 8\ m/s$（相当于 5 级风）。

如果假设天窗运动速度很小，可视为匀速运动。那么以整个天窗为分离体，根据力矩平衡原理，作用于天窗的力与对过点 O 的转轴的合力矩为零，即：

$$Fx_1\sin\theta - \frac{1}{2}lP - \frac{1}{2}lG_1\sin\alpha - G_2 l\sin\alpha = 0 \tag{4}$$

式中，F 为气缸对天窗的作用力，N；l 为窗杆长度，m；$\sin\theta = x_2\sin(\alpha - \beta)/BD$；

$$BD = \sqrt{x_1^2 + x_2^2 - 2x_1x_2\cos(\alpha - \beta)}$$

优化设计在保证结构紧凑的条件下，以天窗开到最大角度位置时，气缸输出推力最小为目标，即：

$$\min F = \left[\frac{1}{2}Pl + \left(\frac{1}{2}G_1 + G_2\right) \times l \times \sin\alpha\right] \times \sqrt{x_1^2 + x_2^2 - 2x_1x_2\cos(\alpha - \beta)} \div [x_1x_2\sin(\alpha - \beta)] \tag{5}$$

须设计的变量有：气缸在温室主拱旁边竖向撑杆上的铰接位置（即 x_1 的长度和角 β）、气缸在天窗窗杆上的铰接位置（即 x_2长度）、天窗开启最大角度 α（图 1）；气缸行程 s，mm；推起天窗的气缸个数，n。

在气动天窗四联杆机构设计中，考虑安装调整的便利性和运动安全，气缸缩回时的最短长度 L_1与气缸伸出时的最大长度 L_2分别满足：

$$L_1 = \sqrt{x_1^2 + x_2^2 - 2x_1x_2\cos(78° - \beta)} > a + s$$

$$L_2 = \sqrt{x_1^2 + x_2^2 - 2x_1x_2\cos(\alpha - \beta)} < a + 2s$$

式中，L_1为气缸缩回时的最短长度（即天窗处于关闭状态时 BD 的长度），mm；L_2为气缸伸出时的最大长度（天窗开到最大位置时 BD 的长度），mm；S 为气缸的理论工作行程，mm；a 为气缸安装结构附加尺寸,mm。因此,气缸的实际工作行程要比理论工作行程小一些。

根据天窗机构实际尺寸,设计变量 x_1 和 x_2 的取值范围为:

$$0.5 \leqslant x_1 \leqslant 1.5(m);0.45 < x_2 < 0.9(\mathrm{m})$$

根据开窗高度要求,2.422 <α< 3.14(弧度)。

设由 n 个均匀分布(确保各气缸受力情况相同)气缸推动天窗,则与气缸铰接窗杆的受力情况相似。以 O 为原点,OE 为 x 轴,分析可知窗杆在铰接点 D 处的总弯矩最大(图1),即:

$$M_{\max} = \frac{1}{n}$$

$$\left[G_2(0.95 - x_2)\sin\alpha + \frac{1}{2}g_1 \times 2.4 \times (950 - x_2)^2\sin\alpha + \frac{1}{2}p \times 2.4 \times (950 - x_2)^2\right]$$

则窗杆强度条件为:

$$\frac{M_{\max}}{W} + \frac{F_N}{S} \leqslant [\sigma] = 170\mathrm{MPa}$$

式中,$M_{\max}$ 为窗杆最大总弯矩,N·m;W 为窗杆截面模量,m^3;FN 为轴向力,N(OD 和 DE 段间的轴力不等,这里取两段内轴力之和);S 为窗杆横截面积,m^2。

即:

$$\left[G_2(0.95 - x_2)\sin\alpha + \frac{1}{2} \times g_1 \times 2.4 \times (0.95 - x_2)^2\sin\alpha + \frac{1}{2} \times p_1 \times 2.4 \times (0.95 - x_2)^2\right]$$

$$+ (G_1 + G_2)\cos\left(\alpha - \frac{\pi}{2}\right)/S \leqslant 170 \times 10^6 \times n \times W$$

由于 $n = 2$,则每个气缸承受的最大载荷即气缸所需最大输出推力 $f_{推}$ 为 $F/2$。根据双作用气缸输出推力计算公式[2],可求得活塞直径:

$$D = \sqrt{\frac{4f_{推}}{\pi p_{工作}\eta} \times 10^{-6}}$$

式中,$p_{工作}$ 为气缸工作压力,取 $p_{工作} = 0.6$ MPa;η 为气缸工作效率,取 0.8。其结构均可采用活塞直径为 63 mm 的气缸,活塞杆直径为 40.5 mm,材料为低碳钢。

只校核天窗开到最大位置时各构件的稳定性。稳定条件为:

$$p_{实际} \leqslant \frac{p_c}{k}$$

式中,p 实际为实际压力载荷,N;k 为稳定安全系数(取 $k = 4$)。

根据杆件弹性稳定的临界载荷计算公式[3],得杆件的临界压力:

$$p_c = \frac{\pi^2 EI}{(\mu L)^2}$$

式中,p_c 为临界压力载荷,N;E 为弹性模量,$\mathrm{N/mm}^2$;I 为惯性矩,mm^4;L 为杆件长度,m;μ 为

杆件约束条件系数。

3 意义

根据对华东型连栋塑料温室气动四联杆天窗机构的静力学分析,考虑温室天窗开启机构的强度条件、安装裕量、边界限制等约束条件,构建了天窗机构的优化模型,这是以气缸输出推力最小为目标的优化模型,得到的两组优化结果均能满足稳定性要求。通过改变载荷参数和结构参数,优化模型也可用于其他塑料温室的气动天窗四联杆机构设计。根据优化结果选配的气动四联杆天窗机构已在华东型连栋塑料温室中安装运行,与原有的齿轮齿条机构相比,天窗开度和开窗高度均增加;开到最大角度的时间缩短,并解决了该系统气缸的选配问题。

参考文献

[1] 刘淑珍,苗香雯,崔绍荣,等. 连栋塑料温室气动四联杆天窗机构优化设计与选配. 农业工程学报, 2004,20(05):258-261.

[2] 吴振顺. 气压传动与控制. 哈尔滨:哈尔滨工业大学出版社,1995.

[3] 单辉祖. 材料力学. 北京:高等教育出版社,1999.

粮食干燥机的水分检测模型

1 背景

受气候条件影响，东北地区和华北地区每年秋收后都要收购大量的潮粮（高水分粮食），其中仅东北地区每年收购潮粮就在 250×10^8 kg 以上。为保证粮食的安全，潮粮入库前必须进行干燥处理。滕召胜等[1]在国家粮食局的大力支持下，研制了一个基于多路水分传感器信息融合的粮食干燥机水分在线检测系统，取得了良好的应用效果。系统采用 8 个利于现场安装取样的插杆式水分快速测定传感器，对干燥机出粮口的流动粮食进行现场连续采样，作为测量结果和控制依据。

2 公式

每当有新的采样数据进入测量列，单片机都对这 N 个最近的采样数据进行算术平均值计算。即各传感器的水分测量结果 $\overline{M_p}$ 为：

$$\overline{M_p} = \frac{1}{N}\sum_{q=1}^{N} M_{pq} \tag{1}$$

式中，$p = 1, 2, \cdots, 8$；M_{pq} 为传感器 p 的第 q 次水分采样结果。

2 组水分传感器的算术平均值测量结果可表示为如下测量方程：

$$M = H\hat{M}^{+} + V \tag{2}$$

式中，M 为水分算术平均值测量结果；H 为系数矩阵；$\hat{M}^{+}$ 为出粮口粮食水分典型值；V 为测量噪声。

设第 1 组非失效传感器的测量数据为：

$$M_{11}, M_{12}, \cdots, M_{1m} \qquad m \leqslant 4$$

第 2 组非失效传感器的测量数据为：

$$M_{21}, M_{22}, \cdots, M_{2n} \qquad n \leqslant 4$$

则 2 组测量数据的算术平均值分别为：

$$\overline{M_{(1)}} = \frac{1}{m}\sum_{i=1}^{m} M_{1i} \tag{3}$$

$$\overline{M_{(2)}} = \frac{1}{n}\sum_{i=1}^{n} M_{2i} \tag{4}$$

相应的,2 组测量数据的近似误差分别为

$$\hat{\sigma}_{(1)} = \sqrt{\frac{1}{m-1}\sum_{i=1}^{m}(M_{1i} - \overline{M_{(1)}})^2} \tag{5}$$

$$\hat{\sigma}_{(2)} = \sqrt{\frac{1}{n-1}\sum_{i=1}^{n}(M_{2i} - \overline{M_{(2)}})^2} \tag{6}$$

同时考虑 1 组、2 组的测量结果,并设系数矩阵 $H = \begin{bmatrix} 1 \\ 1 \end{bmatrix}$,则测量方程(2)可变成:

$$M = \begin{bmatrix} \overline{M_{(1)}} \\ \overline{M_{(2)}} \end{bmatrix} = \begin{bmatrix} 1 \\ 1 \end{bmatrix} \hat{M}^{+} + \begin{bmatrix} V_{(1)} \\ V_{(2)} \end{bmatrix} \tag{7}$$

式中,$V_{(1)}$、$V_{(2)}$ 分别为 $\overline{M_{(1)}}$,$\overline{M_{(2)}}$ 的测量噪声,即剩余误差。

测量噪声的协方差为:

$$R = E[VV^T] = \begin{bmatrix} E[V_{(1)}^2] & E[V_{(1)}V_{(2)}] \\ E[V_{(2)}V_{(1)}] & E[V_{(2)}^2] \end{bmatrix} = \begin{bmatrix} \hat{\sigma}_{(1)}^2 & 0 \\ 0 & \hat{\sigma}_{(2)}^2 \end{bmatrix} \tag{8}$$

式中,V^T 为 V 的转置矩阵。分批估计后得到的水分融合值的方差为:

$$\hat{\sigma}^{+} = [(\hat{\sigma}^{-})^{-1} + H^T R^{-1} H]^{-1} = \left\{ [1 \quad 1] \begin{bmatrix} \frac{1}{\hat{\sigma}_{(1)}^2} & 0 \\ 0 & \frac{1}{\hat{\sigma}_{(2)}^2} \end{bmatrix} \begin{bmatrix} 1 \\ 1 \end{bmatrix} \right\} \tag{9}$$

$$= \frac{\hat{\sigma}_{(1)}^2 \hat{\sigma}_{(2)}^2}{\hat{\sigma}_{(1)}^2 + \hat{\sigma}_{(2)}^2}$$

式中,H^T 为 H 的转置矩阵。

由分批估计导出的出粮口水分检测信息融合值 $\hat{M}^{+}$ 为:

$$\hat{M}^{+} = \frac{\hat{\sigma}_{(1)}^2 \hat{\sigma}_{(2)}^2}{\hat{\sigma}_{(1)}^2 + \hat{\sigma}_{(2)}^2} [1 \quad 1] \begin{bmatrix} \frac{1}{\hat{\sigma}_{(1)}^2} & 0 \\ 0 & \frac{1}{\hat{\sigma}_{(2)}^2} \end{bmatrix} \begin{bmatrix} \overline{M_{(1)}} \\ \overline{M_{(2)}} \end{bmatrix} \tag{10}$$

$$= \frac{\hat{\sigma}_{(2)}^2}{\hat{\sigma}_{(1)}^2 + \hat{\sigma}_{(2)}^2} \overline{M_{(1)}} + \frac{\hat{\sigma}_{(1)}^2}{\hat{\sigma}_{(1)}^2 + \hat{\sigma}_{(2)}^2} \overline{M_{(2)}}$$

式(10)为基于多传感器参数估计信息融合的出粮口粮食水分含量测量结果。

3 意义

根据粮食干燥机的工况特点，提出了粮食干燥机的水分检测信息模型，并研制了一种基于多路水分传感器实时观测信息融合的粮食干燥机水分在线检测系统，通过系统的工作原理、硬件构成和软件设计，给出了信息融合算法。系统以单片机 80C196KC 为信息处理核心，采用大屏幕中文液晶显示。实际运行表明，系统具有信号传输距离远、测量准确、运行可靠、智能化程度高等特点，能够满足粮食干燥机水分在线检测的要求。

参考文献

[1] 滕召胜，宁乐炜，张海霞，等．粮食干燥机水分在线检测系统研究．农业工程学报，2004，20(05)：130-133

日光温室的太阳辐射模型

1 背景

日光温室的墙体和后屋面为重质实心材料，对太阳辐射主要是吸收和反射。与土壤一样，在白天吸收太阳辐射而蓄热，夜间向室内放热，从而保证寒冷季节夜间室内气温不至于降得太低太快。在实际生产中，温室的长度并不是远远大于跨度，因此，对于长度较短的日光温室，如果忽略山墙的作用，则会忽略山墙内外侧接受的太阳辐射，也忽略其在室内各个面产生的阴影。因此有必要分析山墙接受的太阳直接辐射和由其产生的阴影，分析其与温室长度的关系。李小芳和陈青云[1]计算了日光温室室内各个面的太阳直接辐射。

2 公式

2.1 墙体的太阳直接辐射

日光温室墙体外侧的太阳直接辐射 I_w(W/m^2) 可按下式计算：

$$I_w = I_0[1 + 0.033\cos(360x/370)/R_0^2 P_2^m \cosh\cos(A - \gamma)]^{[2]} \quad (1)$$

墙体内侧的太阳直接辐射 I'_w(W/m^2) 可按下式计算：

$$I'_w = I_w R_k^{[2]} \quad (2)$$

式中，I_0为太阳常数，W/m^2；x 为日序号(1 月 1 日时 $x=1$，12 月 31 日 $x=365$ 或 $x=366$)；R_0 为日地平均距离修正系数；P_2为大气透明度；m 为大气质量数；h 为太阳高度角；A 为太阳方位角；γ 为墙体法线在水平面上的投影与正南向的交角，称壁面方位角。

如图 1 和图 2 所示，日光温室 X 轴与正南方向的夹角为日光温室方位角 α。

2.2 日光温室坐标设立及山墙节点投影坐标

为了计算山墙体高度不同的各个节点的投影位置，先将日光温室的山墙顶端曲面转化为平面，将曲面划分为 N 个小折面，当 N 足够大时，即可逼近曲面[2]。

给定一个整数 N 有：

$$\Delta X = (XI - P)/N \quad (3)$$

地面等分点 i 的横坐标 X_i为：

$$X_i = P + i\Delta x \quad (4)$$

式中，X_i 为温室的跨度，m；P 为后屋面投影长度，m；Δx 为相邻两节点的距离，m。

西墙任一节点 C 在水平面的投影点 C'的 X 坐标为 X_{CE}，Z 坐标为 Z_{CE}，其关系表达为：

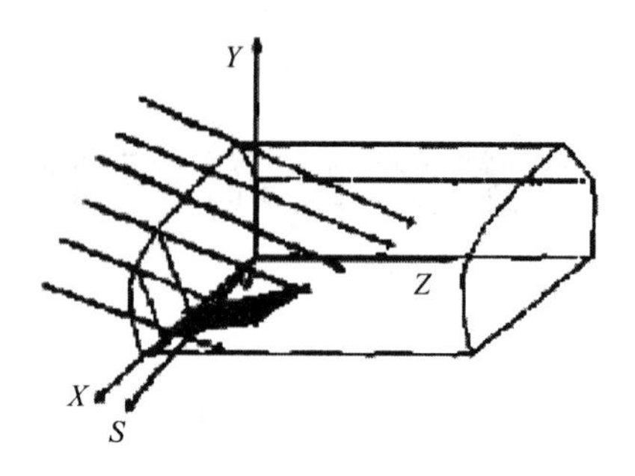

图 1　日光温室坐标墙体阴影示意图

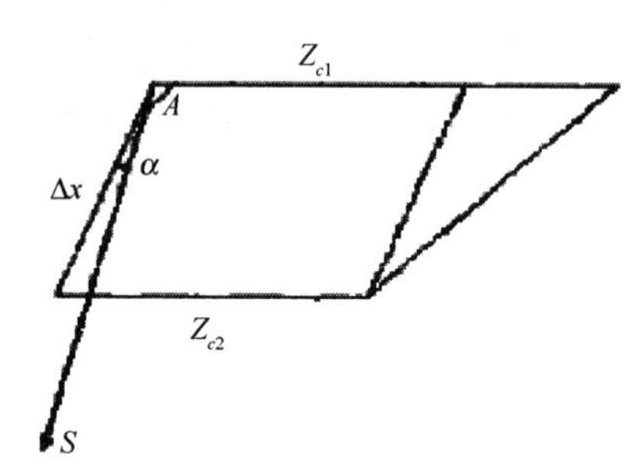

图 2　小折面阴影面积示意图

$$X_{CE} = X_i - H \text{ ctg}h \cos(A - \alpha) \tag{5}$$

$$Z_{CE} = H \text{ ctg}h \sin(A - \alpha) \tag{6}$$

东墙任一节点 C 在水平面投影点在 X 轴方向的投影坐标 X 坐标同于西墙,Z 坐标为 Z_{CW}为,则有:

$$Z_{CW} = YI - H \text{ ctg}h \sin(A - \alpha) \tag{7}$$

式中,H 为山墙任一节点的高度,m;YI 为温室长度,m。

2.3　X 轴及 Y 轴方向阴影的判断依据

如果节点 i 的 X 轴投影 $X_C<0$,则阴影点落在北墙上,阴影点位置 X_w可用下式计算:

$$X_w = X_C H/(X_C - XI) \tag{8}$$

如果节点 i 的 X 轴投影 $X_w>Z_n$,则阴影落点在后屋面上,阴影点位置 X_r可用下式计算:

$$X_r = (X_C - XI)/H\ (X_w - Z_n)/(X_C/H \sin\beta - \cos\beta) \tag{9}$$

式中,Z_n为北墙的高度,m;β 为后屋面仰角。

2.4　小折面在地面阴影的面积

图 2 为图 1 的某一小折面的投影面积图。A 为太阳方位角,温室方位角为 α 时,考虑到 α 不一定为 0,则山墙在地面上产生的阴影面积如下。

平行四边形面积:

$$S_1 = \Delta x\ Z_{c2}\ \sin(A + \alpha) \tag{10}$$

三角形面积：

$$S_2 = \frac{1}{2}(Z_{c1} - Z_{c2})\ \Delta x\ \sin(A + \alpha) \tag{11}$$

山墙在地面的阴影总面积：

$$S_g = \sum_{i=1}^{N1} (S_1 + S_2) \tag{12}$$

式中，$N1$ 为在地面上产生阴影的小折面总数。

2.5 小折面在北墙和后屋面投影面积

根据式(8)、式(9)相邻两节点的阴影如果落在后屋面 S_w 和北墙 S_r 上将形成一个梯形，梯形的面积为：

$$S_w = \frac{1}{2}(X_{w1} - X_{w2})\ (Z_{C1} + Z_{C2}) \tag{13}$$

$$S_r = \frac{1}{2}(X_{r1} - X_{r2})\ (Z_{C1} + Z_{C2}) \tag{14}$$

山墙的阴影百分比：

$$S_{yy} = \frac{S_y}{XI\ YI} \times 100\% \tag{15}$$

式中，S_y 为表示分别在地面、北墙、后屋面上的多个小折面产生的阴影面积之和。

3 意义

根据日光温室的太阳辐射模型，计算日光温室室内各个面的太阳直接辐射，从而可知山墙内侧的太阳直接辐射日变化规律不同于室内其他各个面。对于长度较短的温室，如果忽略山墙的作用，将会忽略山墙内外侧太阳辐射对室内得热的影响，同时忽略山墙在室内各个面产生的阴影，从而高估了室内其他面的太阳辐射得热，高估值随着温室长度的递减而递增，给日光温室热环境的分析带来误差。同时还测量了日光温室各个面的热流量，分析了山墙的蓄热放热过程及其随温室长度变化对室内得热的影响。因此，对长度较短的温室，必须考虑山墙对室内得热的影响。此项研究同时也为日光温室长度的确定和室内作物布局提供理论依据。

参考文献

[1] 李小芳，陈青云. 日光温室山墙对室内太阳直接辐射得热量的影响. 农业工程学报，2004，20(05)：241-245

[2] 陈青云，吴毅明. 计算机在建筑环境分析中的应用. 北京大学出版社，1994.77-79.

作物的蒸发蒸腾量公式

1 背景

由于地表水资源日益衰减,沙漠绿洲农业生产的发展主要靠地下水资源的深度开采来维持,导致地下水位不断下降,矿化程度持续上升。采用新型高效灌溉技术,扩大节水耐盐作物的种植面积,是巩固沙漠绿洲、发展农业生产的重要措施。膜下滴灌技术的出现,为解决该问题提供了一条新思路。张振华等[1]对膜下滴灌棉花和玉米需水量以及作物系数在各生育阶段的分布规律进行了深入的研究。

2 公式

FAO 按照 Penaman—Monteith 方程的要求,给出了参考作物蒸发蒸腾量的新定义。计算 ET_0 的 FAO Penman—Monteith 公式为:

$$ET_0 = \frac{0.408\Delta(R_n - G) + \gamma \dfrac{900}{T + 273}u_2(e_s - e_d)}{I\Delta\gamma + (1 + 0.34u_2)}$$

式中,ET_0为参考作物蒸发蒸腾量,mm;R_n为作物表面的净辐射量,MJ/(m^2·d);G 为土壤热通量,MJ/(m^2·d);u_2为 2 m 高处日平均风速,m/s;e_s为饱和水汽压,kPa;e_d为实际水汽压,kPa;Δ 为饱和水汽压与温度曲线的斜率,kPa/℃;γ 为干湿表常数,kPa/℃。

根据实测充分供水处理作物需水量以及由上述 FAO Penman—Monteith 公式计算得到的相应时段参考作物蒸发蒸腾量结果,二者的比值即为该阶段膜下滴灌条件下的作物系数。

从表 1 可以看出,膜下滴灌条件下棉花的株高和叶面积指数的发展过程比较一致,在苗期受当地低温的影响,棉花的发育缓慢,此时的株高和叶面积指数都较低。

表 1 棉花的株高和叶面积指数

生长指标	出苗后天数(d)						
	20	40	50	55	65	80	100
株高(cm)	8.7	18.9	30.5	38.97	59.6	60.4	57.4
LAI	0.12	0.32	0.85	1.74	2.15	1.93	1.84

据实测的土壤水分含量、灌水量及降雨资料，采用水量平衡方程计算出膜下滴灌充分供水处理棉花、玉米在不同生育阶段的作物需水量、耗水强度、作物系数和阶段耗水模数(表 2 和表 3)。

表 2 充分供水处理棉花的蒸发蒸腾规律

生育阶段(始末日期)	苗期 5 月 5 日至 6 月 15 日	蕾期 6 月 16 日至 7 月 13 日	花铃前期 7 月 14 日至 8 月 7 日	花铃后期 8 月 8 日至 9 月 4 日	吐絮期 9 月 5 日至 10 月 10 日	全生育期 5 月 5 日至 10 月 10 日
蒸发蒸腾量(mm)	63.20	59.40	91.00	65.67	38.50	317.77
生长天数(d)	42	27	25	28	36	158
耗水强度(mm/d)	1.50	2.20	3.64	2.35	1.07	2.01(平均)
ET_0(mm)	247.78	137.51	136.7	122.20	86.40	730.59
Kc	0.26	0.43	0.67	0.54	0.45	0.43(平均)
阶段耗水模数(%)	19.89	18.70	28.64	20.67	12.10	100.00

表 3 充分供水处理玉米的蒸发蒸腾规律

生育阶段(始末日期)	苗期 5 月 5 日至 6 月 15 日	拔节期 6 月 16 日至 7 月 2 日	抽雄吐丝期 7 月 3 日至 7 月 27 日	灌浆期 7 月 28 日至 8 月 20 日	浮熟期 8 月 21 日至 9 月 10 日	全生育期 5 月 5 日至 9 月 10 日
蒸发蒸腾量(mm)	68.69	138.25	152.68	107.40	40.00	507.02
生长天数(d)	31	27	25	24	21	128
耗水强度(mm/d)	2.22	5.12	6.11	4.48	1.90	3.96(平均)
ET_0(mm)	175.64	156.29	138.11	119.38	80.03	669.45
Kc	0.39	0.88	1.11	0.90	0.50	0.75(平均)
阶段耗水模数(%)	13.54	27.27	30.11	21.18	7.90	100.00

3 意义

依据 FAOPenman—Monteith 公式,即作物的蒸发蒸腾量公式,计算出作物生育期内参考作物蒸发蒸腾量,结合实测的充分供水条件下作物耗水量,对膜下滴灌条件下大田作物的需水规律和作物系数进行了研究。确定了该地区膜下滴灌棉花和玉米各个生育阶段的作物系数,并建立了作物系数和有效积温及播种后天数的函数关系。该结果为沙漠绿洲灌区膜下滴灌条件下棉花、玉米的水分管理提供了科学依据。

参考文献

[1] 张振华,蔡焕杰,杨润亚,等. 沙漠绿洲灌区膜下滴灌作物需水量及作物系数研究. 农业工程学报,2004,20(05):9-100.

土壤的物理信息模型

1 背景

在农业生产过程中，土壤不仅为植物的生长提供物理支撑，也是植物生长的营养库。大量研究结果已经表明，土壤含水率与压实度是影响农作物生长的两个至关重要的物理参数。土壤压实度不仅与种子的发芽破土率与植物的根系发育状况密切相关，同时也直接影响着土壤水分的运移过程。林剑辉等[1]在前人的基础上，借助于虚拟仪器的强大智能化信息处理功能，研制了一个同步获取土壤介电与力学信息的实验系统。该系统不仅可对同步获取的多种土壤物理信息分别进行统计分析与处理，还可实时地对不同土壤参数信息进行互相关分析。

2 公式

此试验系统中所用到的传感器结构如图 1 所示，主要包括 3 个传感器：压力传感器、介电传感器和深度传感器。

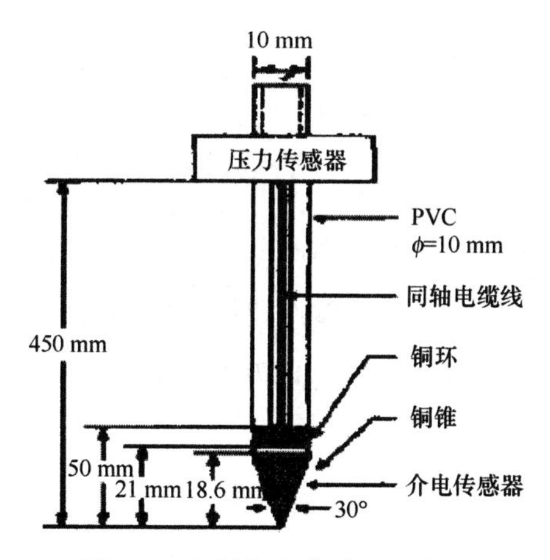

图 1 双变量复合传感器示意图

介电传感器的电极结构包括一个金属圆环与圆锥顶尖，圆锥内部为一空腔，电缆通过空腔与两个电极相连接。双变量复合传感器输出的电信号可根据 Roth 公式：

$$\varepsilon^{\alpha} = \varepsilon_a^{\alpha} f_a + \varepsilon_s^{\alpha} f_s + \varepsilon_w^{\alpha} \theta \tag{1}$$

或 Gardner 修正公式：

$$\sqrt{\varepsilon} = 1 + \frac{(\varepsilon_s - 1)}{\rho_p} + 8\theta \tag{2}$$

获得土壤容积含水率与土壤容重。式(1)中，ε 为水-土粒-空气混合物的相对介电常数；ε_a、ε_s、ε_w分别表示空气、土粒和水的相对介电常数；f_a、f_s和 θ 分别表示空气、土粒与水的容积系数；α 取决于土壤质地，其取值在 0~1 之间。式(2)中，ρ 表示土粒干容重；ρ_p为含水土壤混合物的空隙系数。

锥体顶部结构完全按照 ASAE 标准设计，所测得压力传感器信息根据圆锥指数的数学定义转换成标准圆锥指数(Cone Index)并由此估计土壤容重：

$$DD = [(CI/C_1)C_2 + (MC - C_3)^2]^{1/C_4} \tag{3}$$

式中，DD 为干土容重，kg/cm^3；CI 为圆锥指数组，kPa；C_1，C_2，C_3，C_4表示根据土壤类型估计的常数。

由式(1)或式(2)与式(3)联合得到：

$$S_{dielectrics} = f_1(\theta_v, \rho, \alpha)$$
$$S_{force} = f_2(\theta_v, \rho, \alpha) \tag{4}$$

式中，$S_{dielectrics}$为介电传感器输出信号；S_{force}为压力传感器输出信号；v 为容积含水率；ρ 与 α 分别与式(1)定义相同，即分别为土粒干容重与质地系数。

自定义参数按如下公式计算：

$$SDI = k\frac{D}{P} \tag{5}$$

式中，SDI 为自定义参数；k 为常数，与实验条件相关；D 为介电信号；P 为压力信号。

相关函数的计算中，则把介电信号与压力信号看成两个离散序列，按信号处理的方法做如下计算：

$$r_{DP}(m) = \sum_{n=-\infty}^{\infty} D(n)P(n+m) \tag{6}$$

式中，r_{DP}为介电信号 $D(n)$ 与压力信号 $P(n)$ 的互相关函数；$D(n)$ 介电信号；$P(n+m)$ 为压力信号；n，m 表示离散序列，m 取 0~400。

3 意义

针对土壤物理实验中多变量信息同步实时获取的客观需要，建立了土壤的物理信息模型，应用一个自行设计的双变量传感器和虚拟仪器(VI)技术，研制了一台能够同时测量土壤力学特性与介电特性的智能化测试系统。该系统既能在 0~40 cm 深度之间提供土壤圆锥指数分布与含水率分布剖面,而且还可运用信号处理中的相关理论分析双变量传感器输出信号间的相关特性。该系统为在实验室中分析土壤介电特性和力学特性研究提供了一个智能化的基础实验平台,并已在与德国波恩大学农业工程研究所的合作中,成功地应用于田间实际测量中。

参考文献

[1] 林剑辉,孙宇瑞,马道坤. 同步获取土壤介电与力学参数的实验系统. 农业工程学报,2004,20(05):147-150.

贮藏锥栗的淀粉降解模型

1 背景

锥栗营养丰富,品质上乘,具有健脾、补肾、健胃强体等保健功能,是中国南方重要的木本粮食果树。淀粉对锥栗的贮藏性和保持其品质起着重要作用,也是衡量锥栗品质的重要指标之一。贮藏过程中由于淀粉的降解,品质也不断下降,孙沈鲁和陈锦权[1]以锥栗中淀粉含量为指标,测定贮藏期淀粉含量的变化,通过回归拟合推算出贮藏过程锥栗中淀粉的降解速率,并将淀粉降解速率与 Arrhenius 方程式相关联,建立淀粉降解速率与贮藏的温度的关系方程式,对锥栗的贮藏进行描述。

2 公式

在锥栗中,淀粉占总物质量的大部分,因此对于淀粉而言,可以假设反应速度与淀粉量无关,或者说淀粉的降解反应速率是淀粉含量的零级反应,描述如下:

$$-\frac{\mathrm{d}Q}{\mathrm{d}t}=k \tag{1}$$

式中,“-”表示递减的趋势;Q 为淀粉含量;$\mathrm{d}Q/\mathrm{d}t$ 表示淀粉含量的变化速率;t 表示时间;k 表示常数。对式(1)分离变量并积分得到:

$$Q=-kt+C \tag{2}$$

将初始条件 $t=0$ 时,$Q=Q_0$代入式(2)得到 $C=Q_0$,因此有:

$$Q=Q_0-kt \tag{3}$$

根据 Arrhenius 方程[2,3],反应速率常数 k 与温度的关系可以表示为:

$$\frac{\mathrm{d}[\ln(k)]}{\mathrm{d}T}=\frac{E_a}{RT^2} \tag{4}$$

式中,E_a为活化能;R 为气体常数;T 为绝对温度,将上式积分得到:

$$\ln k=\ln k^*-\frac{E_a}{RT} \tag{5}$$

或者写成:

$$k=k^*\exp\left(-\frac{E_a}{RT}\right) \tag{6}$$

将3种不同品种的锥栗分别在1℃、5℃和10℃下进行贮藏，分别测定淀粉含量并进行线性回归，得到不同的降解反应速率常数 k 和初始淀粉含量 Q_0（表1）。

表1　锥栗淀粉的降解速率参数

温度(℃)	长芒		黄榛		油榛	
	k	Q_0	k	Q_0	k	Q_0
1	0.055 69	34.278 3	0.059 40	33.363 8	0.063 15	35.431 8
5	0.064 51	34.840 3	0.065 96	32.721 9	0.064 40	35.124 6
10	0.064 85	34.919 6	0.068 10	32.360 0	0.067 28	34.049 6

将式(6)代进式(3)得到锥栗贮藏过程中淀粉含量随温度和时间的响应关系为：

$$Q = Q_0 - k^* \exp\left(-\frac{E_a}{RT}\right) t \tag{7}$$

式中，Q_0为锥栗中淀粉的初始含量；Q 为贮藏期间锥栗中淀粉含量。

3　意义

将3个不同锥栗品种在1℃，5℃，10℃等不同温度下贮藏120 d，研究了贮藏过程淀粉含量的变化和淀粉降解速率，将降解速率与贮藏温度、品质变化和贮藏时间相关联，建立了锥栗贮藏方程。根据该方程，淀粉的含量随贮藏时间和贮藏温度的提高而降低，在试验范围内，低温度效果比高温度效果好。

参考文献

[1]　孙沈鲁，陈锦权．锥栗贮藏温度对淀粉降解速率的影响．农业工程学报，2004，20(05)：222-224

[2]　Olsson P. Improved economy and better quality in the distribution of chilled foods [A]. In：Zeuthen，P. et al. (eds) Processing and Quality of foods (3). Elsevier Applied Publishers，London，1990.

[3]　Spiess W E L，Folkers D. Time-temperature surveys in the frozen food chain[A]. In：Zeuthen，P. et al. (eds) Thermal Processing and Quality of foods. Elsevier Applied Publishers，London，1990.

苹果汁脱色的吸附模型

1 背景

苹果清汁在贮存过程的不稳定性主要表现为褐变和后混浊。选用适宜的树脂对果汁吸附,能有效去除果汁中引起褐变和后混浊的不良成分,从而提高果汁的澄清度和稳定性。LSA—800B 树脂是一种国产大孔吸附树脂,近几年来,它在苹果清汁生产中已有较多的应用。仇农学和郭善广[1]研究了该树脂对苹果汁脱色的吸附动力学特性,确定了不同温度下的吸附等温线,得到了 Langmuir 和 Freundlich 模型的吸附热动力学参数值,确定了该树脂对苹果汁的吸附是一个物理过程,用几何逼近法测定了果汁脱色过程中的动力学参数。

2 公式

2.1 平衡模型

吸附达到平衡时,液相中溶质的浓度为 C,固相中溶质的浓度为 Q。吸附等温线描述的是一定温度下平衡态吸附剂中溶质的浓度 Q(1/g 树脂)与液相中溶质浓度 C(对果汁吸附定义为吸附终结和开始时其吸光度 A 与 A_0的比值,无量纲)的关系。

Langmuir 模型可表述为:

$$Q/Q_0 = K_{ad}C/(1 + K_{ad}C) \tag{1}$$

式中,Q_0为吸附剂表面的最大吸附浓度,1/g;K_{ad}为吸附平衡常数。

在一定的温度和固定的吸附剂—溶质系统中,Q_0和 K_{ad}是常数。方程式(1)的线性形式可表述为:

$$1/Q = 1/Q_0 + 1(K_{ad}Q_0C) \tag{2}$$

Freundlich 模型可用下式表述:

$$Q = K_fC^n \tag{3}$$

式中,K_f为吸附常数,1/g;n 为吸附指数。

K_f和 n 同样由温度和吸附剂—吸附溶质系统确定。

2.2 动力学模型

吸附和解吸反应大多可描述为：

$$A + B \underset{K_d}{\overset{K_a}{\rightleftharpoons}} A - B \tag{4}$$

式中，K_a为吸附速率常数，min^{-1}；K_d为解吸速率常数，min^{-1}；A 为吸附剂；B 为吸附质；$A—B$ 为吸附质吸附于吸附剂上。Langmuir 把吸附和解吸的动力学公式表述为[2]：

$$r_a = K_a C(1 - \theta) \tag{5}$$

$$r_d = K_d \theta \tag{6}$$

式中，$\theta(Q/Q_0)$为覆盖系数$(0 \leqslant \theta \leqslant 1)$；$C$ 为溶质的平衡浓度，无量纲；r_a为吸附速率，min^{-1}；r_d为解吸速率，min^{-1}。

θ 对时间(t)作图后可描述吸附速率，它分为初始阶段和后期缓慢阶段。初始阶段的回归分析曲线产生的斜率 K_0(min^{-1})可作为初始阶段的吸附速率；后期缓慢阶段的截距即为平衡覆盖系数(θ_e)：

$$\theta = K_0 t \tag{7}$$

$$\theta = \theta_e \tag{8}$$

联立方程式(7)和式(8)可导出：

$$t_{ie} = \theta_e / K_0 \tag{9}$$

式中，t_{ie}为初始平衡时间，min。用式(7)替换式(5)和式(6)中的 θ 可导出：

$$r_a = K_a C(1 - K_0 t) \tag{10}$$

$$r_d = K_d K_{0t} \tag{11}$$

在平衡态时 r_a等于 r_d，即：

$$K_a C(1 - K_0 t) = K_d K_0 t \tag{12}$$

平衡时的覆盖系数(θ_e)可表示为：

$$\theta_e = \int_0^{t_{ie}} (r_a - r_d)\,\mathrm{d}t \tag{13}$$

由式(10)和式(11)分别替换 r_a和 r_d得：

$$\theta_e = \int_0^{t_{ie}} [K_a C(1 - K_0 t) - K_d K_{0t}]\,\mathrm{d}t \tag{14}$$

积分上式并由式(12)整理得：

$$\theta_e = (1/2)\, C K_a t_{ie} \tag{15}$$

$$\theta_e = (1/2)\, K_d K_0\, (t_{ie})^2 / (1 - K_0 t_{ie}) \tag{16}$$

由式(9)，可将式(15)、式(16)整理为：

$$K_a = 2K_0 / C \tag{17}$$

$$K_d = 2(1 - K_0 t_{ie}) / t_{ie} \tag{18}$$

2.3 结果与分析

树脂对苹果汁的吸附效率由下式计算：

$$吸附效率(\%) = [(A_0 - A)/A_0] \times 100 \tag{19}$$

式中，A_0为果汁的初始吸光值，%；A 为果汁经吸附 1 440 min 后的吸光值，%。

图 1 表示的是吸附效率在不同的树脂浓度和不同温度下的变化。可以看出吸附效率随着温度的升高而呈升高的趋势。

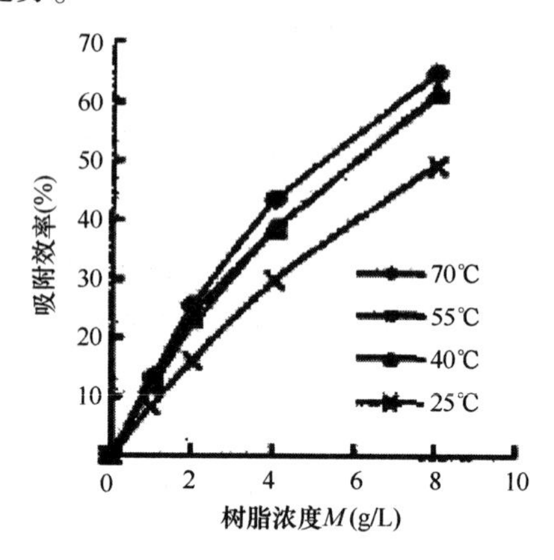

图 1　树脂浓度(M)和温度对吸附效率的影响

Freundlich 模型方程：

$$\ln Q = \ln K_f + n\ln C \tag{20}$$

表 1 给出了利用树脂对苹果汁吸附脱色试验中的热动力学参数 Gibbs 自由能 ΔG(kJ/mol)，焓变 ΔH(kJ/mol)和熵变 ΔS[kJ/(mol·K)]的值。

表 1　树脂吸附脱色过程热动力学参数

温度(℃)	K_{ad}	ΔG (kJ/mol)	ΔH (kJ/mol)	ΔS [kJ/(mol·K)]	r^2
25	1.274 1	−0.958 7			
40	1.472 2	−0.630 5			
55	1.526 2	−1.412 8	4.155 7	0.016 2	0.939 3
70	1.678 4	−1.206 3			

ΔG 由下式计算：

$$\Delta G = - RT\ln K_{ad} \tag{21}$$

式中，K_{ad}为吸附平衡常数(由 Langmuir 模型得出)；T 为绝对温度，K；R 为气体常数，8.3144×10^{-3}，kJ/(mol·K)。

K_{ad}和热力学参数 ΔH 及 ΔS 的关系可由 Van't Hoff 公式描述：

$$\ln K_{ad} = \Delta S/R - \Delta H/RT \tag{22}$$

这样 ΔH 和 ΔS 可分别由图 2 中 Van' t Hoff 直线的斜率和截距得到。

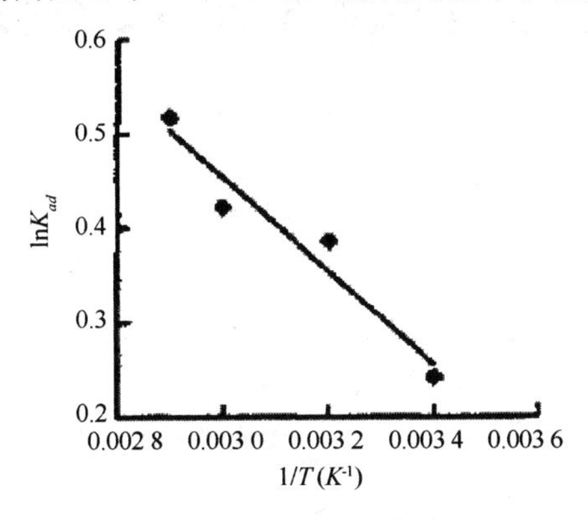

图 2　Van' t Hoff 直线

3　意义

根据苹果汁脱色的吸附模型，计算得到不同温度(25～70℃)和不同树脂浓度(1 g/L，2 g/L，4 g/L，8 g/L)条件下，LSA—800B 树脂对苹果汁吸附脱色的动力学过程。从而可知该树脂吸附平衡曲线符合 Langmuir 和 Freundlich 模型，获得了不同温度下的模型参数值(K_{ad}、Q_0、K_f和 n)。吸附焓变化(DH)值为 4. 16 kJ/mol，说明这一过程是吸热过程。因此，按照苹果汁生产的合理工艺要求和超滤后果汁的实际温度，使用吸附树脂对苹果汁吸附脱色的适宜温度和树脂浓度分别为 55℃，2～4 g/L。

参考文献

[1]　仇农学，郭善广．LSA—800B 吸附树脂对苹果汁吸附脱色的动力学研究．农业工程学报，2004，20(06)：15-19.

[2]　Langmuir I. The adsorption of gases on plane surfaces of glass，mica and platinum．Journal of the American Chemical Soceity，1918，40：1361-1403.

覆盖材料的浑水入渗模型

1 背景

随着节水农业和径流林业的发展,地面覆盖材料的应用日益增多,从节水农业的角度来看,保墒率和成本往往是选择保墒材料种类的重要标准,然而对径流林业来说,由于蓄水区和保水区相重叠,覆盖保墒与含沙径流——浑水入渗之间存在着矛盾。王进鑫等[1]研究不同覆盖材料对浑水入渗的影响,不仅可为选择合适的覆盖材料以及协调二者之间的关系提供理论依据,而且亦可利用已有的浑水或传统清水入渗资料,推求覆盖条件下的浑水入渗过程及速率。

2 公式

对于覆盖条件下的浑水累积入渗量,用何种模型来描述是需要解决的问题。依据实测资料,采用蒋定生提出的复合函数模型式(1)、Kostiakov 的幂函数模型式(2)(表 1)及 Horton 复合指数函数模型式(3)分别建模(表 1):

$$I(t) = i_c t + a_f t^{b_f} \tag{1}$$

式中,$I(t)$为历时t时的累积入渗量,mm;i_c,i_1分别为土壤稳定入渗速率和第 1 分钟末土壤的入渗速率,mm/min;a_f,b_f为特性常数[2],其中:

$$a_f = (i_1 - i_c)/b_f$$

$$I(t) = a_k t^{b_k} \tag{2}$$

式中,$I(t)$为历时t时的累积入渗量,mm;a_k,b_k为特性常数。

$$I(t) = i_c t - a_h e^{-b_h} \tag{3}$$

式中,$I(t)$为历时t时的累积入渗量,mm;a_h,b_h,i_o,i_c为特性常数,其中i_o为当t趋于零($t \to 0$)时土壤的初始入渗速率,mm/min,i_c为土壤稳定入渗速率,mm/min;$a_h = (i_o - i_c)/b_h$。

表 1　覆盖条件下浑水累积入渗量与入渗历时关系模型

建模类型	土壤质地	覆盖材料	模型参数			检验值			
			i_{cj}	a_{fi}	b_{fi}	R	F	$R_{0.01}$	$F_{0.01}$
复合函数模型式(1)	安塞轻壤	对照 CK	0.75	9.171 9	0.353 73	0.972 8	193.6	0.683 5	9.33
		地膜 PF	0.50	6.266 4	0.317 18	0.973 2	197.0		
		渗水膜 WPPF	0.64	6.765 2	0.263 97	0.970 7	179.5		
		干草 Hay	0.67	6.405 9	0.274 88	0.985 5	371.1		
		泡膜塑料 SPF	0.70	9.694 2	0.306 65	0.958 1	123.1		
	淳化中壤	对照 CK	0.38	14.935 7	0.342 85	0.966 3	239.5	0.561 48.29	
		地膜 PF	0.23	11.458 5	0.278 68	0.977 4	363.4		
		渗水膜 WPPF	0.23	11.674 0	0.340 67	0.967 9	267.8		
		干草 Hay	0.29	12.981 8	0.312 63	0.972 4	295.3		
		泡膜塑料 SPF	0.28	17.462 4	0.320 19	0.961 9	210.4		

建模类型	土壤质地	覆盖材料	模型参数			检验值			
			i_{cj}	a_{fi}	b_{fi}	R	F	$R_{0.01}$	$F_{0.01}$
考斯加可夫模型式(2)	安塞轻壤	对照 CK	—	6.383 7	0.636 95	0.999 9	54 991.7	0.863 5	9.33
		地膜 PF	—	4.145 4	0.630 15	0.999 2	7 007.9		
		渗水膜 WPPF	—	4.067 0	0.659 20	0.998 3	3 133.7		
		干草 Hay	—	3.980 5	0.670 49	0.996 9	1 784.5		
		泡膜塑料 SPF	—	6.284 9	0.617 39	0.999 9	90 179.4		
	淳化中壤	对照 CK	—	11.254 8	0.499 85	0.998 1	4 503.9	0.561 4	8.29
		地膜 PF	—	7.342 8	0.484 77	0.999 2	11 223.1		
		渗水膜 WPPF	—8.325 8	0.499 44	0.999 0	8 355.6			
		干草 Hay	—	8.618 5	0.506 34	0.999 7	31 412.7		
		泡膜塑料 SPF	—	12.544 2	0.470 75	0.997 3	3 147.1		

对表 1 所采用的各模型求导,即可得到入渗速率(i)与入渗历时(t)之间的关系。其模型为:

$$i_j(t) = i_{cj} + a_{fi}b_{fi}t^{b_{fi}-1} \tag{4}$$

$$i_j(t) = a_{kj}b_{kj}t^{b_{kj}-1} \tag{5}$$

式中,$i_j(t)$为特定土壤及覆盖材料 j 条件下 t 时刻浑水入渗速率,mm/min;i_{cj}为特定土壤及覆盖材料 j 条件下浑水的稳定入渗速率,mm/min;a_{fj},b_{fj},a_{kj},b_{kj}为特定土壤及覆盖材料 j 条件下浑水累积入渗量与历时模型式(1)、式(2)中的参数。

以模型式(2)和式(5)为模板,以对照中的各参数为基准,对不同覆盖条件下入渗速率模型的参数进行标准化处理,即令 $\alpha_j = a_{kj}/a_o$,$\beta_j = b_{kj}/b_o$,则可得出一定土壤质地条件下,覆盖与不覆盖对浑水入渗速率影响的通用模型表达式：

$$i_j(t) = \alpha_j \beta_j a_o b_o t^{\beta_j b_o - 1} \tag{6}$$

式中，α_j，β_j为j种覆盖材料在特定土壤条件下对浑水入渗速率的特征阻抗参数；a_o，b_o为特定土壤非覆盖条件下10%含沙量浑水累积入渗量模型参数。

依据上述通式和表2中的参数，即可利用某一土壤条件下的浑水入渗试验，推求出该土壤条件下不同覆盖材料的浑水入渗速率计算模型。

表2　不同覆盖材料在特定土壤条件下对浑水入渗速率的特征阻抗参数

覆盖材料j	轻壤土		中壤土	
	α_j	β_j	α_j	β_j
地膜PF	0.643 82	0.989 32	0.632 73	0.969 83
渗水地膜WPPF	0.757 11	1.034 93	0.739 15	0.99 18
干草Hay	0.656 38	1.052 66	0.775 70	1.012 98
泡膜塑料SPF	0.954 29	0.969 29	1.049 68	0.941 78

3　意义

通过覆盖材料的浑水入渗模型，模拟覆盖、双环入渗试验，对两种土壤质地带新造人工林地、50%覆盖度条件下，地膜、渗水膜、干草、塑料泡膜4种地面覆盖材料对浑水入渗性能的影响及其机制进行了研究。覆盖材料的浑水入渗模型的计算结果表明，在浑水特性一定条件下，地面覆盖对浑水入渗性能的影响，既与土壤质地有关，又与覆盖材料的透水性和孔隙结构有关；4种地面覆盖材料，降低了土壤的入渗性能、延长了达到稳渗的历时。通过统计分析，得出了与覆盖材料性质和土壤质地有关的特征阻抗参数，为利用常规的浑水入渗资料推求覆盖条件下浑水入渗提供了可能。

参考文献

[1]　王进鑫，黄宝龙，王迪海．不同地面覆盖材料对壤土浑水径流入渗规律的影响．农业工程学报，2004，20(06)：68-72.

[2]　Hillel D. 土壤物理学概论．尉庆丰，荆家海，王益权译．西安：陕西人民教育出版社，1988，79-207.

圆弧滑动的稳定性模型

1 背景

圆弧滑动稳定性计算是对建筑物地基、自然土坡进行分析的比较常用的方法。在设计过程中,计算速度和精度,直接影响着设计方案的比选,安全系数过大会增加建筑物造价,安全系数过小或计算中对最危险情况发生遗漏,工程就可能发生危险甚至造成重大损失。由于计算技术的原因,在实际应用中,多采用分条法进行计算。针对分条法计算的弱点,王立新和李丹[1]导出了圆弧滑动的物理数学模型,根据该模型采用积分法代替分条法,并进行了编程实验,取得很好结果。

2 公式

黏结力矩不必用积分办法,直接用解析几何的办法求出弧长,弧长乘黏结系数乘半径就为黏结力矩,消除了分条法累计折线上的黏结力所带来的误差。重力力矩及摩擦力矩积分公式推导如下:

$$\begin{cases} y = kx + m \\ y = b - \sqrt{R^2 - (x - a)^2} \end{cases}$$

式中,k 为线段斜率;m 为线段截距;a,b 为圆心坐标;R 为半径。则重力力矩 M_G 可表为:

$$M_G = \int_{x_1}^{x_2} \gamma\{(kx + m) - [b - \sqrt{R^2 - (x - a)^2}]\}(x - a)\mathrm{d}x$$

$$= \gamma \int_{x_1}^{x_2} [(kx + m) - b(x - a) + \sqrt{R^2 - (x - a)^2}(x - a)]\mathrm{d}x$$

$$= \gamma \left[\frac{k}{3}x^3 + \frac{m - ak - b}{2}x^2 + (ab - am)x - \frac{[R^2 - (x - a)^2]^{\frac{3}{2}}}{3}\right]_{x_1}^{x_2}$$

式中, x_1 , x_2 分别为线段左、右端横坐标。摩擦力为:

$$f = G\cos\theta\mu = \mu G\frac{(b - y)}{R} = \frac{\mu}{R}G\sqrt{R^2 - (x - a)^2}$$

$$= \frac{\mu\gamma}{R}\{(kx + m) - [b - \sqrt{R^2 - (x - a)^2}]\}\sqrt{R^2 - (x - a)^2}$$

$$=\frac{\mu\gamma}{R}[kx R^2-(\bar{x}-a)^2+(m-b)R^2-(\bar{x}-a)^2-(x-a)^2+R^2]$$

可得摩擦力距为：

$$M_f=\int_{x_1}^{x_2} fR\mathrm{d}x$$

$$=\mu\gamma\int_{x_1}^{x_2}[kx R^2-(\bar{x}-a)^2+(m-b)R^2-(\bar{x}-a)^2-(x-a)^2+R^2]\mathrm{d}x$$

$$=\mu\gamma\{\frac{-K}{3}[R^2-(x-a)^2]^{\frac{3}{2}}+(m-b+ka)[\frac{(x-a)}{2}R^2-(\bar{x}-a)^2+\frac{R^2}{2}arcsin\left(\frac{x-a}{3}\right)]-\frac{(x-a)^3}{3}+R^2x\}_{x_1}^{x_2}$$

3 意义

根据导出的海工建筑物圆弧滑动的物理数学模型,采用定积分方法对圆弧滑动的稳定性计算进行了编程实验,分析可知此方法与传统的分条法相比,具有精度高的特点,且易于在微机中实现。而提出的线段排序、容重求差、递归调用的编程方法有效地解决了圆弧滑动的复杂断面问题。用目前的奔腾微机 1s 时间可计算 10 多个断面,计算精细程度也高。由于计算速度高,可在几分钟的时间内完成对数千个不同圆心位置、不同半径的圆弧的扫描计算,求出所有最小安全系数。

参考文献

[1] 王立新,李丹. 用定积分法进行圆弧滑动稳定性计算及其编程. 海岸工程,1999,18(3):23-26.

波浪的掀沙公式

1 背景

波浪是沿岸底质移动的重要动力因素。由于海浪的掀沙作用,使近岸海底的大量底质发生移动,从而导致港区和航道的淤浅。由于我国沿海大都为沙质海岸,沿岸存在着波动泥沙流和河流携带大量泥沙入海,它们对海港和其他沿岸水运工程建设大为不利。因此,对建设中涉及的底质移动临界水深问题应当引起重视。赵新品[1]通过对某港的示踪沙试验,初步探讨了这一问题。

2 公式

对于底质在波浪作用下的移动临界水深,日本学者石原、椹木、佐藤、田中等曾做过许多实验,并根据放射性示踪沙的现场观测结果,得出了下面的经验公式:

$$\frac{H_0}{L_0} = \alpha \left(\frac{d}{L_0}\right)^n sh \frac{2\pi h_i}{L}\left(\frac{H_0}{H}\right)$$

式中,H_0,L_0 分别为深水波波高和波长;d 为底质粒径;h_i 为底质移动临界水深;H 和 L 分别为水深 h_i 处的波高和波长;α 和 n 为表 1 所规定的常数。

表 1　各学者对泥沙移动临界水深公式中 n,α 常数的比较

学者	佐藤、岸	栗原、筱原等	石原、椹木	佐藤、田中	
n	1/2	1/2	1/4	1/3	
α	10.2	1.56~2.44	0.171	0.565	1.35
移动形式	完全	表层	表层	表层	安全

一般假定海浪从深水向浅水传播中其周期不变,所以仍为 6s。据下式:

$$L_0 = 1.56\,T^2$$

得到深水波长为 $1.56 \times 6^2 = 56.16$(m)。经查得深水平均波高 $\overline{H}_0 = 1.6$(m)。又据式:

$$H_{0灉} = 1.60\overline{H}_0$$

得到深水有效波高 $H_{0灉}$ 为 $1.60 \times 1.6 = 2.6$(m)。

将上述波要素值和底质的平均粒径 $\bar{d} = 0.125$ mm 代入得：

$$\frac{2.6}{56.16} = \alpha\left(\frac{0.125 \times 10^{-3}}{56.16}\right) sh \frac{2\pi h_i}{L}(\frac{2.6}{H})$$

3 意义

根据波浪的掀沙公式,计算波浪掀沙临界深度的大小,直接关系到海岸工程的设计施工和使用寿命。此处从理论到实践对这一问题进行了探讨,提出用深水有效波高来计算波浪的掀沙深度。在进行波浪作用下底质移动临界水深的探讨时,除了着眼于现场观测、模拟及原体试验和理论分析外,还应做好调访工作。另外,还要从防波堤的多年分期施工中根据堤基附近及港区的流沙状况进行校正,按照变化的情况,进行施工方案的修改等。

参考文献

[1] 赵新品．波浪掀沙临界深度初探．海岸工程,1999,18(4):46-49.

轮渡码头的装卸模型

1 背景

随着海上运输业的高速发展，轮渡码头以其快捷、便利、灵活的特点，越来越受到青睐，轮渡码头的设计也日益受到重视，组成轮渡码头设计的装卸工艺设计便日显重要。对于轮渡码头的装卸工艺设计，目前还没有多少成型的步骤和成文的规范要求，这为设计工作带来很多不便。赵瑞芬[1]现就长岛港轮渡码头装卸工艺设计，将轮渡码头装卸工艺设计的步骤和内容结合数学模型做一简单介绍。

2 公式

轮渡码头泊位通过能力是指年通过车辆和旅客的数量，可以通过下式计算：

$$P_t = n \times N \times K_r \times T_y$$

式中，P_t 指车辆（旅客）年通过能力，n 指航班数，N 是每船满载装车（旅客）数，K_r 是船的满载系数，T_y 是泊位的作业天数。

客运站面积要根据每班渡轮所载的旅客数以及每个旅客所需面积数等由下式计算：

$$AK = K \times K_r \times N$$

式中，AK 指客运站面积，K 是每个旅客所需面积数（依据资料综合考虑）；K_r 是旅客最大入站系数；N 是客运站能容纳的旅客数。

轮渡码头的装卸工艺图和其他码头相同，主要包括：平面布置和工艺流程图。

长岛港工艺图有：旅客上下船工艺图和车辆上下船工艺图（图 1），长岛轮渡工艺平面布置图（图 2）。

3 意义

根据轮渡码头的装卸模型及图形，计算可得出装卸工艺设计最关键的是工艺方案选择以及施工图设计。前者决定港口的装卸成本、费用及港口效益，后者设计的好坏，决定工艺方案是否顺利实施和轮渡码头装卸的安全性。所以，在进行这两个步骤时要做到认真、细致，要经过多方案分析比选，以便设计出安全、经济、美观、适应的装卸工艺。随着社会的发

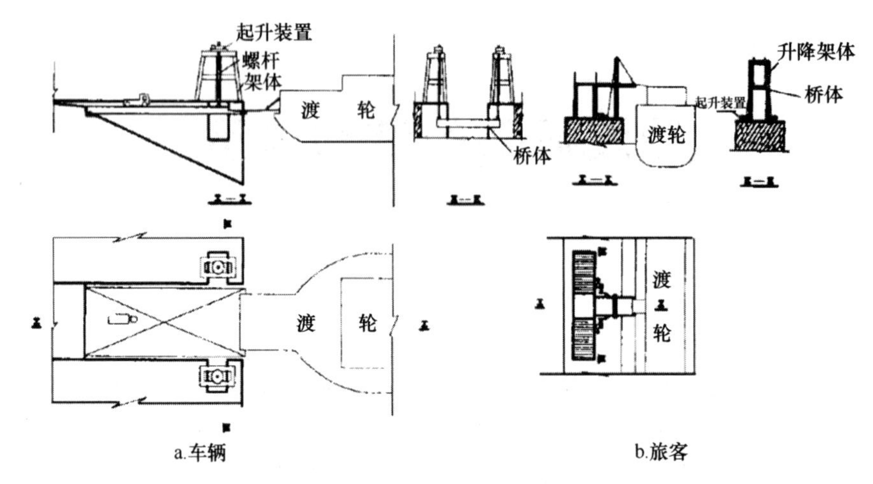

图 1　上下船工艺图

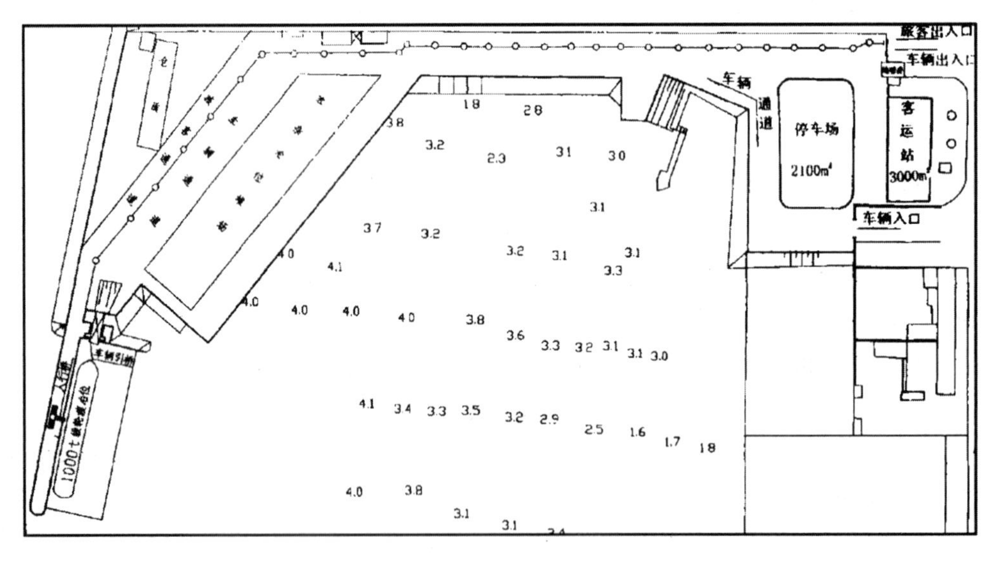

图 2　长岛轮渡工艺平面布置图

展，设计也在发生着变化，轮渡码头装卸工艺设计必将越来越完善。

参考文献

[1]　赵瑞芬．长岛轮渡码头装卸工艺设计．海岸工程，1999，18(4)：59-63.

海底工程的环境评价模型

1 背景

针对海底输油管道工程在施工阶段、生产运营阶段及发生溢油事故情况以及对周围海洋环境和海洋资源的影响范围和程度,提出管道施工、生产运营各阶段及发生溢油事故等情况下的污染防治对策,为海底管道工程建设的可行性和环境保护提供科学依据,并作为发生溢油事故时对海底管道主管机关协调赔偿责任的依据。王荣纯和张瑞安[1]利用公式就埕岛油田海底管道工程海域环境现状及质量评价展开了探讨。

2 公式

单站单项水质参数采用标准指数评价:

$$S = C/C_s ; S_{pH} = pH - pH_{sm} DS$$

$$pH_{sm} = \frac{1}{2}(pH_{su} + pH_{sd}) ; DS = \frac{1}{2}(pH_{su} - pH_{sd})$$

$$S_{DO} = \begin{cases} DO_f - \dfrac{DO}{DO_f - DO_s} DO \geqslant DO_s \\ 10 - \dfrac{9DO}{DO_s} DO < DO_s \end{cases}$$

式中,S 为标准指数;C 为某项水质参数的实测值;C_s 为与 C 对应的一类海水水质标准;pH_{su},pH_{sd} 分别为一类海水 pH 值标准的上、下限值;DO_f 为饱和溶解氧,DO_s 为一类海水溶解氧值。

单站综合水质采用多项水质参数综合指数评价:

$$ISWQ = \frac{1}{n}\sum_{i=1}^{n} S^{(1+4\delta_i W_i)} ; \delta_i = \begin{cases} 1 & S>1 \\ 0 & S>1 \end{cases}$$

式中,$ISWQ$ 为海水综合指数,W 为污染种类权值,W_i 为 i 项水质参数的权值,f_i 为第 i 项水质参数的分权值。

污染物指标 pH 值,COD,DO,TIN,TIP,OiL,Pb,Hg 的分权值 f 分别为 5.4,6.7,7.0,7.5,7.3,9.0,7.4,8.6。

工程海域水质采用特定海域水质指数评价：

$$IGSQ = \sum_{i=1}^{M} I_i W_i + [1.5\sum_{j=1}^{M} (I O_j - r)^2 W_j]^{1/2}$$

IGSQ = max [I_i](当 max [I_i] < IGSQ 时),式中,$IGSQ$ 为特定海域水质指数,I 为 $ISWQ$;W 为测站权值,r 为标准,N 为超标测站数。

评价模式:底质评价采用污染指数法进行,采用环境监测通用的模式。

污染指数的计算：

$$P_i = \frac{C_i}{S_i}$$

式中, P_i 为污染的质量分指数; C_i 为污染物实测值; S_i 为污染物标准值。

计算环境质量指数：

$$Q = \sum_{i=1}^{n} W_i P_i$$

式中,Q 为底质环境质量指数; W_i 为各因子权重值,是采用质量指数分配率方法求得。

3 意义

利用实测资料,采用《中国近海水质评价方法》对工程海域环境现状进行分析和质量评价,建立了海底工程的环境评价模型,计算可知工程海域水体主要污染为有机污染和石油污染;主要污染物为无机氮、无机磷、石油类、铅。靠近采油平台、油井组的站位水质差,远离平台、井组水质较好,说明海上石油开发带来了一定的污染。但工程海域内的底质尚未受到污染。为保护海洋资源和海洋环境,要进一步加强海洋综合管理。

参考文献

[1] 王荣纯,张瑞安. 埕岛油田海底管道工程海域环境现状及质量评价. 海岸工程,1999,18(4):22-28.

防波堤的设计公式

1 背景

东营港是1995年被国务院批准的一类开放口岸。随着它的不断发展，愈来愈需要一个稳定、安全、可靠的港内水域供来往船舶使用。港内水域受许多因素影响，消除或减小这些因素的影响是防波堤与口门布置的关键。正确布置防波堤，科学地确定防波堤口门的投影角度，合理地选择口门宽度，对东营港的发展与建设具有十分重要的意义。张华昌和饶永红[1]就东营港防波堤平面设计及整体模型展开了试验研究。

2 公式

当水深大于某一深度时，在波浪作用下海底泥沙不再移动，这个水深称为泥沙移动的临界水深，表层泥沙向波浪行进方向开始移动处的水深被称为表层移动临界水深，随水深变浅泥沙移动明显变化处的深度被称为完全移动临界水深，各相应计算公式表达如下。

表层移动：

$$\frac{H_0}{L_0} = 1.35\left(\frac{d}{L_0}\right)^{\frac{1}{3}}\left(\sinh\frac{2\pi h}{L}\right)\left(\frac{H_0}{H}\right)$$

完全移动：

$$\frac{H_0}{L_0} = 2.4\left(\frac{d}{L_0}\right)^{\frac{1}{3}}\left(\sinh\frac{2\pi h}{L}\right)\left(\frac{H_0}{H}\right)$$

式中，H_0，L_0 分别为深水波高和深水波长；h 为相应的临界水深；H，L 分别为水深 h 处的波高和波长；d 为泥沙粒径。

对拟建防波堤口门处泥沙的起动波高进行计算，计算公式为：

$$H* = M\left[\frac{L\sinh\left(\frac{4\pi D}{L}\right)}{\pi g}\left(\frac{\rho_s-\rho}{\rho}\right)g\,d_{50} + \beta\frac{\epsilon_k}{d_{50}}\right]^{\frac{1}{2}}$$

$$M = 0.12\,(L/d_{50})^{\frac{1}{3}}$$

式中，$H*$ 为泥沙起动波高，L 为计算点波长，$d_{50}=0.1\text{mm}$，$\epsilon_k = 2.56\text{cm}^3/s^2$，$\beta=0.039$，$\rho_s = 1.97\text{t/m}^3$，$\rho=1.026\text{t/m}^3$，$D$ 为计算点水深，T 为波周期。

3 意义

在东营港港区现状的基础上,结合胜利油田黄河海港的远期规划,对南防波堤的走向、口门位置进行了多方案设计,并结合防波堤的设计公式,对各方案进行了比较,选出了最佳方案。此最佳方案,兼顾了南北两堤的掩护条件,布局较为合理,试验模型制作符合要求,测量数据准确可靠,能够反映港区实际情况;同时利用有色溶液模拟悬沙,对港区现状及按各方案布置防波堤时的港内冲淤进行了定性分析,为东营港的远期规划提供了科学依据。

参考文献

[1] 张华昌,饶永红. 东营港防波堤平面设计及整体模型试验. 海岸工程,1999,18(4):50-58.

近岸波浪的折射变形模型

1　背景

当波浪由深水向近岸浅水域传播过程中,在地形、水深、水流等因素的影响下,空间各点波速将发生变化,导致同一波峰线上不同点处波速不相同,从而使波峰线不断弯曲及波向线不断变化,这种现象称为波浪的折射。对实际海区的波浪折射变形研究,数学模型是一种既简单又有效的研究手段。随着计算机的飞速发展,数学模型在近岸波浪折射变形中已获得了广泛的应用。李孟国和蒋德才[1]结合相关的研究对近岸波浪传播折射变形的数学模型进行了系统的归纳,这一举措对学科发展有一定的积极意义。

2　公式

射线理论(亦称几何波动理论,特征线理论),其基本方程为:

$$\frac{\mathrm{d}\theta}{\mathrm{d}s} = -\frac{1}{C}\frac{\mathrm{d}C}{\mathrm{d}n}$$

或

$$\frac{\mathrm{d}\theta}{\mathrm{d}s} = \frac{1}{k}\frac{\mathrm{d}k}{\mathrm{d}n}$$

$$\frac{\mathrm{d}^2\beta}{\mathrm{d}s^2} + P\frac{\mathrm{d}\beta}{\mathrm{d}s} + Q\beta = 0$$

或

$$\frac{1}{\beta}\frac{\mathrm{d}\beta}{\mathrm{d}s} = \frac{\mathrm{d}\theta}{\mathrm{d}n}$$

$$H = K_r K_s K_f H_0$$

$$T = const$$

$$\omega^2 = gkth(kh)$$

式中,θ 为波向(波向线与 x 轴的夹角),T 为周期(常值),C 为波速,k 为波数,h 为水深,g 为重力加速度,$\omega(=2\pi/T)$ 为圆频率,H_0为深水波高,H 为沿波向线水深为 h 处经折射后的波高,β 为波向线散开因子(波动强度的量度),K_r为折射因子($K_r r = \beta^{-0.5}$),K_s 为变浅因子,公式为:

$$K_s = \left[1 + \frac{2kh}{sh(2kh)} th(kh)\right]^{-0.5}$$

K_f 为摩擦因子,文献[2]给出了一具体表达式:

$$K_f = \left[\frac{16\pi}{3}\left(\frac{f H_0 \Delta s}{L_0} \frac{K_s^2}{sh^2(kh)}\right) + 1\right]^{-1}$$

P,Q 为系数,表达式如下:

$$P = -\frac{1}{C}\frac{\mathrm{d}C}{\mathrm{d}n}$$

$$Q = \frac{1}{C}\left[\sin^2\theta \frac{\partial^2 C}{\partial x^2} - \sin 2\theta \frac{\partial^2 C}{\partial x \partial y} + \cos^2\theta \frac{\partial^2 C}{\partial y^2}\right]$$

式中,L_0 为深水波长,f 为摩擦系数,Δs 为沿波向线的一段弧长;s,n 为以波数矢量定义的正交坐标,其与笛卡尔直角坐标(x,y)的关系为:

$$x = s\cos\theta - n\sin\theta, y = s\sin\theta - n\cos\theta, dx = \cos\theta ds, dy = \sin\theta \mathrm{d}s$$

$$\frac{\mathrm{d}}{\mathrm{d}s} = \cos\theta \frac{\partial}{\partial x} + \sin\theta \frac{\partial}{\partial y}, \quad \frac{\mathrm{d}}{\mathrm{d}n} = -\sin\theta \frac{\partial}{\partial x} + \cos\theta \frac{\partial}{\partial y}$$

若以 y 为自变量,则方程组为:

$$\begin{cases} \dfrac{\mathrm{d}x}{\mathrm{d}y} = \mathrm{ctg}\theta \\ \dfrac{\mathrm{d}\theta}{\mathrm{d}y} = \dfrac{1}{C}\left(\dfrac{\partial C}{\partial x} - \mathrm{ctg}\theta \dfrac{\partial C}{\partial y}\right) \\ \dfrac{\mathrm{d}\beta}{\mathrm{d}y} = \dfrac{U}{\sin\theta} \\ \dfrac{\mathrm{d}U}{\mathrm{d}y} = -\dfrac{1}{\sin\theta}(PU + QB) \end{cases}$$

式中,U 为水平均匀流速。

张峻岫[3]以上述各式为基本方程,采用 Griswold 法和 FOX 法求解,可得:

$$\left.\begin{aligned}
&\frac{d^2\beta}{dt^2}+P_t\frac{d\beta}{dt}+Q_t\beta=0\\
&P_t=-2(\cos\theta\frac{\partial C}{\partial x}-\sin\theta\frac{\partial C}{\partial y})\\
&=-2\frac{\partial C}{\partial h}(\cos\theta\frac{\partial h}{\partial x}+\sin\theta\frac{\partial h}{\partial y})\\
&Q_t=C(\sin^2\theta\frac{\partial^2 C}{\partial x^2}-\sin\theta\frac{\partial^2 C}{\partial x\partial y}+\cos^2\theta\frac{\partial^2 C}{\partial y^2})\\
&=C\frac{\partial C}{\partial h}(\sin^2\theta\frac{\partial^2 h}{\partial x^2}-\sin\theta\frac{\partial^2 h}{\partial x\partial y}+\cos^2\theta\frac{\partial^2 h}{\partial y^2})\\
&+C\frac{\partial^2 C}{\partial h^2}(\sin\theta\frac{\partial h}{\partial x}-\cos^2\theta\frac{\partial h}{\partial y})^2
\end{aligned}\right\}$$

施勇和张东生[4]使用四阶 Runge-Kutta 法得相对时间变化的射线理论方程，即波向线方程式：

$$\left.\begin{aligned}
&\frac{dx}{dt}=C\cos\theta,\quad \frac{dy}{dt}=C\sin\theta\\
&\frac{d\theta}{dt}=\frac{\partial C}{\partial h}[\sin\theta\frac{\partial h}{\partial x}-\cos\theta\frac{\partial h}{\partial y}]
\end{aligned}\right\}$$

龚崇准等以线性势波理论的基本方程为基础，采用小参数展开方法得到折射方程式：

$$y'S^2=k^2$$

$$y'\left(\frac{NH^2}{k^2}y'S\right)=0$$

波能平衡方程法的基本方程为波数矢量无旋方程式和波能守恒方程式：

$$\frac{\partial k\sin\theta}{\partial x}-\frac{\partial k\cos\theta}{\partial y}=0$$

$$\frac{\partial}{\partial x}(C_g H^2\cos\theta)+\frac{\partial}{\partial y}(C_g H^2\sin\theta)=D$$

式中，C_g 为群速，D 为底摩擦能耗因子；上式在平直等深线即变成 Snell 定律，即：

$$\frac{\sin\theta}{C}=const$$

波浪在流场 $\vec{V}=(u,v)$ 上传播时，其表视(绝对)频率 σ 、波速 C_a 和固有频率 ω 、波速 C 满足下述关系：

$$\sigma=\omega+uk\cos\theta+vk\sin\theta$$

$$C_a=C+u\cos\theta+v\sin\theta$$

依以上两式,对射线理论方程的改进方程为:

$$\frac{\mathrm{d}\theta}{\mathrm{d}s}=-\frac{1}{C_a}\frac{\mathrm{d}C_a}{\mathrm{d}n}$$

$$\frac{\mathrm{d}^2\beta}{\mathrm{d}t^2}-\frac{\mathrm{d}\beta}{\mathrm{d}t}\frac{\mathrm{d}C_a}{\mathrm{d}s}+\beta C_a\frac{\mathrm{d}^2C_a}{\mathrm{d}n^2}=0$$

$$H=K_r K_s K_f K_\sigma H_0$$

式中, K_σ 为频率化系数或 Doppler 系数。

波作用量守恒方程法的基本方程有波作用量守恒方程式:

$$\frac{\partial}{\partial x}\left[E\frac{(u+C_g\cos\theta)}{\omega}\right]+\frac{\partial}{\partial y}\left[E\frac{(v+C_g\sin\theta)}{\omega}\right]=D$$

式中,E 为波动能量, $E=\frac{1}{8}\rho g H^2$;ρ 为水的密度;D 为能量耗散项。

波能平衡方程法的基本方程有波能平衡方程式:

$$\frac{\partial}{\partial x}[(u+C_g\cos\theta)H^2]+\frac{\partial}{\partial y}[(v+C_g\sin\theta)H^2]$$

$$+\frac{H^2}{E}\left[S_{xx}\frac{\partial u}{\partial x}+S_{xy}\left(\frac{\partial u}{\partial y}+\frac{\partial v}{\partial x}\right)+S_{yy}\frac{\partial v1}{\partial y}\right]=D$$

式中,D 为能量耗散项; S_{xx} , S_{xy} , S_{yy} 为辐射应力张量的分量。

在不考虑风传递能量及能量损失、假定地形影响下波浪处于定常状态且波动频率于传播中不变,则谱能量平衡方程形式为:

$$\frac{\partial}{\partial x}(S V_x)+\frac{\partial}{\partial y}(S V_y)+\frac{\partial}{\partial\theta}(S V_\theta)=0$$

式中,S 为方向谱; V_x , V_y , V_θ 分别为:

$$V_x=C_g\cos\theta,\quad V_y=C_g\sin\theta,\quad V_\theta=\frac{C_g}{C}[\frac{\partial s}{\partial x}\sin\theta-\frac{\partial s}{\partial y}\cos\theta]$$

波作用量谱密度守恒方程模型的基本方程为:

$$\frac{\partial W}{\partial t}+\frac{\mathrm{d}x}{\mathrm{d}t}\frac{\partial W}{\partial x}+\frac{\mathrm{d}y}{\mathrm{d}t}\frac{\partial W}{\partial y}+\frac{\mathrm{d}k_x}{\mathrm{d}t}\frac{\partial W}{\partial k_x}+\frac{\mathrm{d}k_y}{\mathrm{d}t}\frac{\partial W}{\partial k_y}=0$$

$$\frac{\mathrm{d}k_x}{\mathrm{d}t}=\frac{\partial k_x}{\partial t}+\frac{\mathrm{d}x}{\mathrm{d}t}\frac{\partial k_x}{\partial x}+\frac{\mathrm{d}y}{\mathrm{d}t}\frac{\partial k_x}{\partial y}=\frac{gk^2sh^2(kh)}{2\omega}\frac{\partial h}{\partial y}-k_x\frac{\partial u}{\partial x}-k_y\frac{\partial v}{\partial y}$$

$$\frac{\mathrm{d}k_y}{\mathrm{d}t}=\frac{\partial k_y}{\partial t}+\frac{\mathrm{d}x}{\mathrm{d}t}\frac{\partial k_y}{\partial x}+\frac{\mathrm{d}y}{\mathrm{d}t}\frac{\partial k_y}{\partial y}=\frac{gk^2sh^2(kh)}{2\omega}\frac{\partial h}{\partial y}-k_y\frac{\partial u}{\partial x}-k_y\frac{\partial v}{\partial y}$$

$$\frac{\mathrm{d}x}{\mathrm{d}t}=C_g\cos\theta+u\qquad\frac{\mathrm{d}y}{\mathrm{d}t}=C_g\sin\theta+v$$

式中, $k_x=k\cos\theta$, $k_y=k\sin\theta$, $W=E(k_x,k_y)/\omega$ 为波作用谱密度, $E(k_x,k_y)$ 为波数谱。

3 意义

根据对近岸波浪折射变形研究的各种数学模型进行了较为系统的归纳总结和评述,内容包括线性规则波折射数学模型,非线性规则波折射数学模型,波群折射数学模型,不规则波折射数学模型。波浪折射射线理论方法简单、计算方便、计算量小,适合于近岸大面积开敞水域的波场计算;波浪折射模型没有考虑绕射和反射作用,一般适合于缓变地形海区;由于不规则波与规则波的折射计算结果存在差异,建议尽可能使用不规则波折射模型进行实际波场计算。

参考文献

[1] 李孟国,蒋德才. 近岸波浪传播折射变形的数学模型综述. 海岸工程,1999,18(4):100-109.

[2] 蒋德才,张琦. 考虑底摩擦的波浪折射计算. 青岛海洋大学学报,1988,18(1):1-8.

[3] 张峻岫. 计算水波折射的 Dobson 方法及其应用. 水动力力学研究与进展,1986,1(2):102-111.

[4] 施勇,张东生. 灌河口波浪浅水折射变形数值计算. 河海大学学报,1992,20(1):118-123.

[5] Yamaguchi M, Hatada Y. 1990. A numerical model for refraction computation of irregular waves due to time-varying cur rents and water depth. In: Pr oc. 22th I nt. Conf. on Coastal Eng., ASCE, Nes York, 205-217.

原油含水率的监测模型

1 背景

在油田生产和管理过程,原油含水率的精确测量成为原油外输计量迫切需要解决的关键。由于缺乏先进的自动在线监测手段,海上井口产量和集输交接油量之间存在很大的输差。在对原油含水率的动态监测方法进行了广泛调研的基础上,对人工取样蒸馏化验法、电容法、短波吸收法、微波法(或射频法)、振动密度法进行了细致的对比,结果发现这些测量方法都有一定的局限性。周龙祥和孙月文[1]结合模型分析对胜利海上油田的原油含水率进行计量研究。

2 公式

当具有一定能量的 γ 射线穿过物质时,其强度按指数规律衰减,衰减强度与物质的厚度有关。若用射线探测器的计数来测得射线强度,则有:

$$N_x = N_0 \cdot e^{(-ux)}$$

式中, N_x 是 γ 射线穿过厚度为 X 的介质后的强度; N_0 为初始强度; u 为该介质对 γ 射线的吸收系数。

不同的物质对射线的吸收系数不同,当射线穿过两种物质的混合介质时,如原油和水,在密度不变的情况下,混合介质的等效吸收系数决定于两种物质的相对比份,即:

$$N_x = N_0 \cdot e^{[-u_1 a - u_2 (1-a)]x}$$

式中, N_x 为探测器所测得的射线强度计数; u_1 , u_2 分别为两种被测物质对 γ 射线的吸收系数; x 为射线源与透射探测器之间的距离; a 为两种物质的体积比,上式可表示为:

$$a = A - B\ln N_x$$

在原油不含气的情况下, a 即为原油的体积含水率。

当介质原油中含气时,在某一角度的 γ 射线强度是介质密度的函数。而介质原油的密度与其中油、气、水三种物质的成分有如下关系:

$$\rho = \rho_1 a + \rho_2 (1 - a)(1 - \eta) + \rho_3 \eta$$

式中, ρ 为混合原油的密度; ρ_1 , ρ_2 , ρ_3 分别为水、油、气的密度; a 为含水率; η 为含气率。

已知 γ 射线的透射、散射都与物质的密度有关,也就是说 γ 射线在管道中透射和散射的衰减强度都是含水率和含气率的函数,经推导可用下列方程组表示。

透射:

$$\ln(N_x / N_0) = (1 - \eta)(A + Ba)$$

散射:

$$\ln(M_x / M_0) = (1 - \eta)(a + ba)$$

式中,A,B 是与被测介质有关的常数;a,b 是与介质及散射角 θ 有关的常数;N_0,M_0 是空管道时透射和散射计数;N_x,M_x 是管道里充满原油时的透射和散射计数。

3 意义

通过 γ 射线穿透油、气、水混合物后的透射和散射计数,建立了原油含水率的动态监测模型,经该模型的模拟计算,实现对原油含水率在线计量分析,测量含水率范围为 3%~100%,精度在 2%以内。在实际应用过程中,运行稳定,易于操作,特别是修正了由于原油中含气而对含水率测量带来的误差,技术和性能指标均已超过以往各种含水测量仪。通过实际应用,使海洋石油开发公司的生产管理水平整体上了一个新台阶。

参考文献

[1] 周龙祥,孙月文. 胜利海上油田分队计量研究. 海岸工程,1999,18(4):85-91.

钻井船桩脚的刺穿公式

1 背景

自升式钻井船基础刺穿,是指钻井船在升船压桩过程中,当桩脚施加的压载超过层状地基承载力时,地基土发生冲剪破坏,桩脚穿过硬土层进入软土层后,由于承载力的大幅度下降,造成钻井船桩脚迅速下沉的现象。一旦刺穿发生,就可能造成桩腿损坏、船体倾斜,甚至翻沉。因此,在硬—软层状地基发育海区,钻井船桩脚基础的潜在刺穿危险是对钻井船安全的严重威胁。吴秋云等[1]就刺穿分析方法在渤海石油开发区的应用结合公式展开了分析。

2 公式

对于给定的沙层,δ 和 K_s 均随着黏土抗剪强度的减小而减小。同时定义 δ/K_s 为冲剪参数,并给出砂层极限承载力(Q_u)计算公式如下:

$$Q_u = [6S_u + 2r'H/B(1 + 2D/H)K_s\tan\Phi]A + r'v$$

式中,S_u 为下卧黏土层的不排水抗剪强度;H 为桩脚基础底面至黏土层顶面的距离;B 为桩脚基础直径;D 为直径基础底面贯入海底面以下深度;K_s 为垂向冲剪面上的横向地压力系数;Φ 为沙的内摩擦角;r' 为桩脚基础排开土的有效容重;A 为桩脚基础的底面积;v 为桩脚基础埋入土中的体积。

桩脚基础以纵横比 3∶1 的比率通过沙层向下扩展的概念是 Young 和 Focht 提出的,简称 3∶1 法。位于上覆沙层中的基础的极限承载力表达式如下:

$$Q_u = 6S_u(1 + 0.2D'/B')A' + r'v \leqslant Q_u(沙)$$

式中,D' 为假想基础深度,$D+H$;B' 为假想基础直径,$B' = B + (2/3)H$;A' 为假想基础面积,$A' = A(1 + 2H/3B)$;Q_u(沙)为假设沙层无限厚时的计算极限承载力;其余符号同前。

井位 1 位于辽东湾北部锦州 14 区内,土质分布状况如图 1 所示,为层状地基类型,沙层顶面埋深 8.8 m,为粉沙质细砂,厚 6.0 m,CD 试验角 φ 为 44°,设计 φ 角为 35°,下卧黏土层的不排水抗剪强度值为 70 kPa。

井位 2 位于辽东湾中部的绥中 36 区内,土质分布状况如图 2 所示,海底面以下 9.35~13.65 m 间的粉沙质细砂层预定为渤海七号钻井船桩腿基础的持力层。

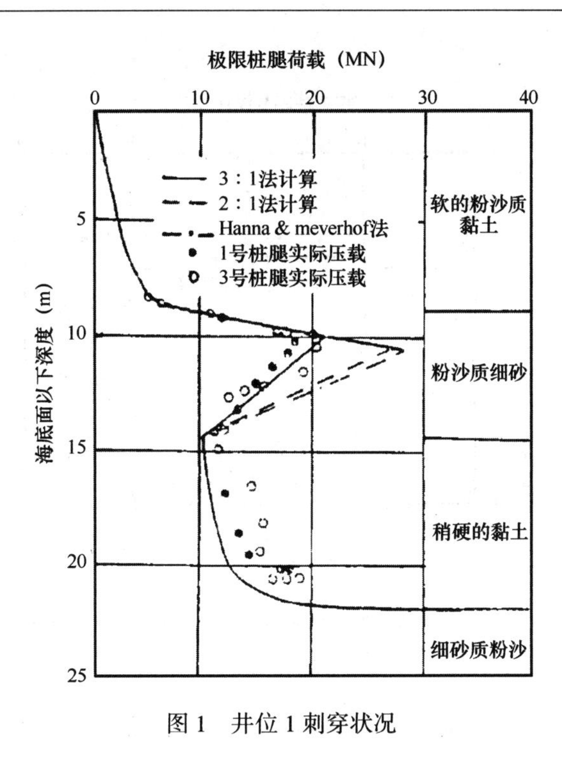

图 1　井位 1 刺穿状况

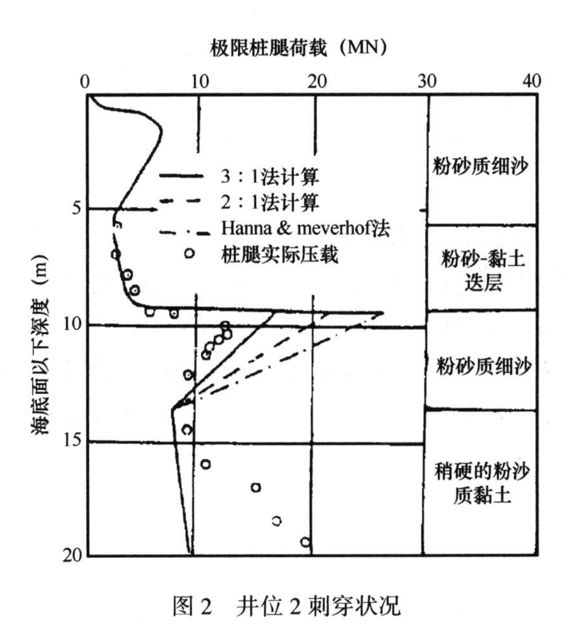

图 2　井位 2 刺穿状况

井位 3 位于渤海湾西部的歧口 18 区内，渤海七号钻井船准备在此升船作业。实际桩腿压载与计算的深度—桩腿极限荷载曲线绘制于图 3 中。从图 3 中可看出，3：1 法给出了正确的预测。

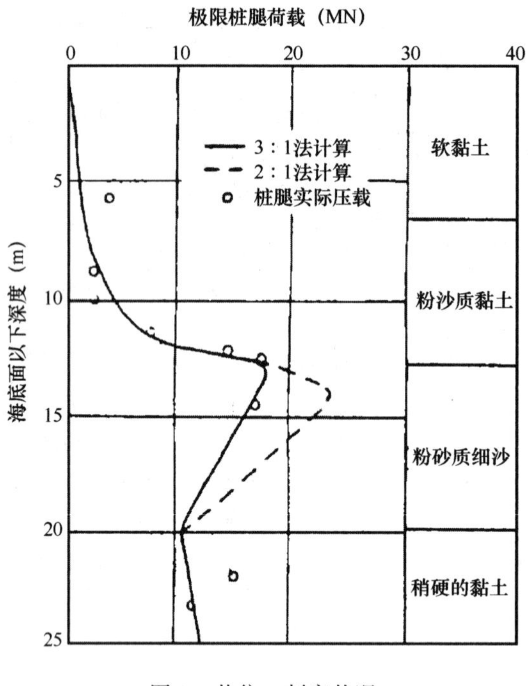

图3　井位3刺穿状况

3　意义

通过钻井船桩脚的刺穿公式应用,在渤海石油开发区,确定土质参数的选取,找出适合渤海石油开发区土质特性的刺穿分析方法,以避免发生钻井船桩脚的刺穿危险。自升式钻井船升船作业时,桩脚基础遇到沙—黏层状地基,即存在潜在刺穿的危险。基础刺穿的发生,会严重影响钻井船的安全作业。对于渤海石油开发区内的沙—黏层状地基,用3:1投影面积法分析自升式钻井船基础刺穿可能性是可行的,取1.5的安全系数是合适的,建议加强对迭层土的工程性质研究。

参考文献

[1]　吴秋云,周扬锐,冯秀丽,等. 自升式钻井船基础刺穿分析方法在渤海石油开发区的应用. 海岸工程,1999,18(4):16-21.

海洋平台的应力测试模型

1 背景

埕北25A井组平台的现场动态应力测试远较陆上结构物应力实测复杂和困难。由于台测点在海平面以下，必须考虑具有一定强度的严密防护及其保护措施，当平台上部建筑全部完工，平台投入使用后再选择合适的时间进行应力实测试验。在试验条件恶劣时，结果无法现场分析、判断，一旦在准备阶段出现失误则无法弥补，因此必须在实测前做好大量准备工作。

侯强等[1]对海洋平台进行了现场动态应力测试，并取得了比较好的结果，为设计人员针对本海区建立较为真实的结构计算模型提供了依据。

2 公式

斜撑测点布置轴向和横向应变计，上测点为X_{11}、X_{12}，下测点为X_{21}、X_{22}，脚标第2位为单号的黏贴轴向应变计，双号的黏贴横向应变计，用于测量斜撑受到的轴向应力。测点布置见表1。

信号波形记录仪表采用上海大华仪表厂生产的笔式自动平衡记录仪，它适用于信号频率较低的记录，具有多档灵敏度和多档走纸速度，很适合于海洋结构物的应力测量。测试结果汇总于表2。

表 1　测点编号及贴片方向汇总表

测量对象		测点	应变计编号	应变计类型		备注
桩	A	A_1	$A_1^0A_1^{45}A_1^{90}$	↓	45°应变片	1. 45°应变花三枚应变计的编号顺序的反钟向如图 90 45 0 ＼ 45°方向为桩和主管的轴线方向 2. B_1^{45} 为补偿片 3. 双号 45°片均为轴向片 4. 斜撑上的 X_{11} 及 X_{21} 为轴向片，X_{12}，X_{21} 为横向片
		A_2	A_2^{45}	|	单向片	
		A_3	$A_3^0A_3^{45}A_3^{90}$	↓		
		A_4	A_4^{45}	|		
	B	B_1	$B_1^0B_1^{45}B_1^{90}$	↓		
		B_2	B_2^{45}	|		
		B_3	B_4^{45}	|		
		B_4	B_4^{45}	|		
	C	C_1	$C_1^0C_1^{45}C_1^{90}$	↓		
		C_2	C_2^{45}	|		
		C_3	$C_3^0C_3^{45}C_3^{90}$	↓		
		C_4	C_4^{45}	|		
主导管	A	D_1	$D_1^0D_1^{45}D_1^{90}$	↓		
		D_2	D_2^{45}	|		
		D_3	$D_3^0D_3^{45}D_3^{90}$	↓		
		D_4	D_4^{45}	|		
	C	D_5	$D_5^0D_5^{45}D_5^{90}$	↓		
		D_6	D_6^{45}	|		
		D_7	$D_7^0D_7^{45}D_7^{90}$	↓		
		D_8	D_8^{45}	|		
斜撑	X	X_1	$X_{11}X_{12}$	⊥	二枚单向片	
		X_2	$X_{21}X_{22}$	|		

表 2　埕北 25A 计量平台桩和导管架应力测试结果

测点		变形性质	最大波幅 $h_{max}-h_{min}$ (mm)	应变标尺 $\xi(\mu\varepsilon)$ (mm)	应变修正系数(η)	应变振幅 $\varepsilon_m(\mu\varepsilon)$	应变振幅 σ_a,τ_a (MPa)	测试时风力(级)	备注
A 桩	A_3^{45}	弯曲	50		0.524	17.7	$\sigma_a=3.60$	5~6 级	测试时都是东南风，浪高不超过 0.50 m；B 测点标志已失，供参考
	A_4^{45}	弯曲	59	0.676	0.527	21.0	$\sigma_a=4.30$		
	$A_3^0-A_3^{90}$	扭转	3		0.263	0.53	$\tau_a=0.08$		
B 桩	B_2^{45} 或 B_4^{45}	弯曲	91.5	0.676	0.529	32.7	$\sigma_a=6.70$		
C 桩	$C_2^{45}-C_4^{45}$	弯曲	47	0.676	0.263	8.4	$\sigma_a=1.70$		
	$C_1^0-C_1^{90}$	扭转	13.8		0.267	2.5	$\tau_a=0.40$		
主导管 A′	D_2^{45}	弯曲	55	0.676	0.523	19.4	$\sigma_a=4.00$	5~6 级	
	$D_1^{90}D_3^0D_3^{90}D_5^{45}$	扭转	67	0.676	0.131	5.9	$\tau_a=0.90$		
主导管 C′	$D_5^{45}-D_1^{45}$	弯曲	13	0.676	0.264	2.3	$\sigma_a=0.50$	5~6 级	
		弯曲	149		0.267	26.9	$\sigma_a=5.50$		
		扭转	79		0.131	7.0	$\tau_a=1.10$		
斜撑	$X_{11}X_{12}$	轴向	134.5	1.695	0.531	37.1	$\sigma_{Na}=7.60$	6 级	
	$X_{211}X_{22}$	拉压	88.5			61.27	$\sigma_{Na}=12.60$		

现将表 2 各栏项目意义注释如下：

“测点”栏中，注上 2 个以上应变计的，是指完成结构某一变形性质应变的测量，必须由它们组成测量电路。

“最大波幅”指在记录的一段波形图中，最大波峰和最大波谷的差值(mm)。

“应变标尺 ξ”用于衡量所记录的波形幅值所代表的应变，它通过给记录系统输入一个标准应变信号 ϵ_0（如± 50με），记录系统的电平将近发生变化，而使记录笔产生静态位移±H(mm)，每单位位移量(mm)所代表的应变值即为应变标尺：$\xi=\frac{\varepsilon_0}{H}(\mu\varepsilon/\text{mm})$。

“应变修正系数 η”：最大波幅和应变标尺的乘数称为仪器的指示应变 G，由于仪器设计的灵敏系数和所使用应变计灵敏系数的不同，过长的导线电阻的影响以及由应变计组成测量电桥电路的不同，都将使测量的实际应变幅 ξ_a 和指示应变 ε_r 存在差异，故必须对 ε_r 进行修正才能得到真实的应变 ε_a，亦即 $\varepsilon_a=(h_{max}-h_{min})\xi\eta(\mu\varepsilon)$，应变修正系数 η 由下式计算：

$$\eta=\frac{K_0}{K}\left(1+\frac{2r}{R}\right)/M$$

式中，K_0 为仪器设计的灵敏系数；K 为应变计的灵系数系数；R 为应变计的原始电阻值(Ω)；$2r$ 为测量导线的电阻值(Ω)；M 为测量电桥的组桥系数，由组桥情况确定。

“应力振幅 σ_a，τ_a，σ_{Na}”的计算：弯曲应力 $\sigma_a = \varepsilon_a$；剪切应力 $\tau_a = \varepsilon_a E/(1+\mu)$；轴向应力 $\sigma_{Na} = \varepsilon_a aE/(1+\mu)$，其中，$E$ 为材料的弹性模量。

3 意义

根据海洋平台的应力测试模型，确定了埕北 25A 井组平台现场应力测试的方法，该模型的计算是对复杂结构的设计进行校核和验证，是最具有说服力的手段，应引起人们高度重视。另一方面，需要现场实测，虽然所获得的只是局部区域的响应信息，且其可靠程度取决于测试手段的选择和技能的运用，但这种现场实测为设计人员正确建立本海区的平台计算模型提供了第一手资料。

参考文献

[1] 侯强，张衍涛，刘永庆．海洋平台现场动态应力测试．海岸工程，2000，19(1)：20-26.

软土沉积的稳定模型

1　背景

黄河是世界著名的水少沙多河流,河口的沉积速度极快,是一个顶点不断向海推进的复构三角洲体系。由此引起了许多国内外学者的极大关注,并先后发表了土层物理力学性质研究、稳定性现象及评价、砂土液化分析等一系列工程地质方面的论文。冯秀丽等[1]将对其软土沉积的稳定性进行定量分析,这对于研究黄河三角洲的不稳定破坏规律有着重要的理论意义,并对本区的近岸开发、海上构筑物的建设有着重要的应用价值。

2　公式

取土层中任一单元土体进行分析,地震荷载用当量静压力 F_v和 F_h表示,其值为土体总重与地震加速度 a_v 和 a_h 的乘积(图 1)。

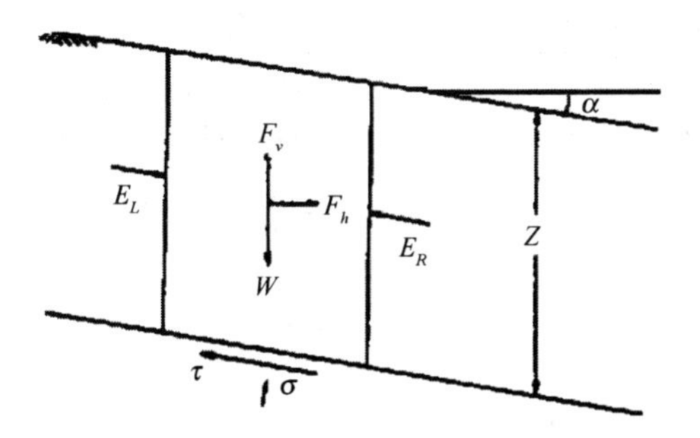

图 1　无限坡分析中单元土体受力状态

由各力的平衡分析,得到斜面上法向应力 σ 和平均剪应力 τ 的表达式如下:

$$\sigma = r'Z\cos2a - rZ\,a_v\cos2a - rZ\,a_h\sin a\cos a$$

$$\tau = r'Z\sin a\cos a - rZ\,a_r\sin a\cos a + rZ\,a_h\cos2a$$

式中,σ,τ 为 AB 斜面法向应力和平均剪应力;r, r' 为研究土体容重、浮容重;Z 为研究土体上覆土层厚度;a 为土层坡度角; a_v,a_h 为垂直、水平地震加速度。

在地震工程中,通常只考虑水平地震加速度的效应,于是上式改为:

$$\sigma = r'Z\cos 2a - rZ\,a_h \sin a\cos a$$

$$\tau = r'Z\sin a\cos a + rZ\,a_h \cos 2a$$

此平均剪应力 τ 即为地震力和重力在土层 AB 面上产生的剪应力,通常用 τ_e 表示。

波浪的周期性加载往往在土层中产生剪应力。根据线性波动理论,假定海底为刚性,海底波浪压力 P_b 的表达式为:

$$P_b = P_0 \sin(\lambda x - \omega t)$$

$$P_0 = \frac{r_w H}{2\cosh \lambda d}$$

式中,P_0 为压力波幅;r_w 为水的容重;λ 为波数,$\lambda = 2\pi/L$;L 为波长;ω 为圆频率;t 为时间;H 为波高;d 为水深,在准静态分析中可用波幅值代替谐振波压力。

根据弹性理论计算得水平海底受谐振波荷载作用时土层中的剪应力幅值为[2]:

$$\tau_{xz} = P_0 \lambda z\, e^{-\lambda z}$$

海底土层因波浪荷载产生的剪应力值 τ_w ,其值为:

$$\tau_w = \frac{r_w \pi H Z}{L\cosh \lambda d}\, \mathrm{e}^{-\lambda z}$$

由极限平衡理论可知,任意面要保持平衡稳定,此面的抗剪强度 S_u 必须不小于外力在此面上产生的剪应力。

根据库伦理论得到:

$$S_u = C + \sigma tg\varphi$$

式中,C 为内聚力;R 为研究面法向应力;U 为内摩擦角。

对于软土,由于其渗透性差,排水慢,所以在室内常选用不固结不排水项来测定其抗剪强度指标 C 和 φ 。对试验过程中不排水、快速加荷条件而言,内摩擦角为:

$$\varphi = \varphi_u = 0$$

因此:

$$S_u = C = C_u$$

3 意义

根据极限平衡理论、线性波动理论等,建立了软土沉积的稳定模型,计算了地震设计烈度 7 度和 8 度地震作用时及 50 年一遇的波浪作用时分别在软土土层中不同深度处产生的地震剪应力和波浪剪应力,与其相应软土层的不排水强度比较可判断,黄河口区软土在 50 年一遇波浪和 7 度、8 度地震作用时能否滑动破坏。由于黄河三角洲特殊的地质地貌及水动力特征,在此区形成了一种工程地质性质较差的软土沉积。总观其自然环境,影响工程稳定性的动力因素主要是地震和波浪。

参考文献

[1] 冯秀丽,庄振业,林霖,等．现代黄河水下三角洲软土稳定性定量分析．海岸工程,2000,19(1):50-53.

[2] Yamamoto T.Sea Bed Instability From Waves,10th Offshore Technology Conference. 1978,1.

海底管线的拖管模型

1 背景

胜利海上埕岛油田在开发初期是把采出的原油通过油轮倒运的方式运到陆地,这种生产方式一方面生产规模受到限制,另一方面受气象条件的制约不能连续生产。从1996年在埕岛油田主力区块各卫星平台间开始普遍敷设海底管线,从1998年开始又进行了海底注水管线的敷设。钱孟祥等[1]利用相关公式对埕岛油田海底管线拖管技术展开了分析。如果说海底输油管道的流向是“收敛”的,那么海底注水管道的敷设和流向则是“放射”的。

2 公式

确定拖管长度首先要考虑使管道前进给予管道的拖力不能超过钢材的许用应力,理论上对于底拖法极限拖管长度可按下式计算:

$$L_{CR} = A[\sigma]\ N_{BP} \cdot \mu$$

式中,L_{CR} 为管道的极限拖管长度,m;A 为外管截面积,cm^2;$[\sigma]$ 为管道许用应力,N/cm^2;N_{BP} 为管道单位长度负浮力,N/m;μ 为摩擦系数。

$$A = \pi \cdot (42.6 - 1.4) \times 1.4 = 181.2\ cm^2$$

$$L_{CR} = 181.2 \times 22680/80.36 \times 1.2 = 42616.70m$$

管道拖运过程或就位时,拖轮的转向会带动管线产生弯曲,管道允许最小转弯半径按下式计算:

$$[R_{min}] = \frac{ED}{2[\sigma]} = 210 \times 10^9 \times 0.426/2 \times 226.8 \times 10^6 = 197.2m$$

以底拖法为例做拖力计算 $F_{拖} = F_{泥} + F_{水}$,如果利用漂浮拖法则仅取 $F_{水}$ 即可。

(1)海床的摩擦力

$$F_{泥} = N_{BP} \cdot \mu \cdot L$$

在此取 μ 取0.6,则 $F_{泥} = 80.4 \times 0.6 \times 780 = 37627N$。

(2)海水的阻力

$$F_{水} = C \cdot \rho \cdot S \cdot W_R^2/2$$

式中,$C = 0.075/(\log Re - 2)^2$,为摩擦系数;雷诺数 $R_e = W_R D/r$;S 为水中拖浮物表面积,

W_R 为水与管道间相对速度。

(3)管道拖航牵引力

$$F_{拖} = F_{泥} + F_{水}$$

3　意义

根据海底管线的拖管模型,应用于埕岛油田海底管线的陆地发送技术,对拖管施工工艺进行了计算和受力分析,结合实际,采用多种拖管方法完善了适应滩海和极浅海海域海管铺设工艺。作为海底管道工程施工的一个重要工序,拖管工艺经过几年来的探索和不断提高,已较为科学完善,并且在实际应用中可以结合实际采用多种拖管方法。海底管线的拖管模型适用于滩海和极浅海域海管铺设。拖管工艺填补了我国滩海海管铺设技术的空白,并为胜利埕岛油田的增油上产做出了突出贡献。

参考文献

[1]　钱孟祥,王志国,韩清国. 埕岛油田海底管线拖管技术. 海岸工程,2000,19(2):29-35.

风暴潮的沿岸输沙公式

1 背景

近年来,山东沿岸连续发生了数次台风风暴潮,给山东沿岸地区造成了严重的经济损失。其中1992年8月31日至9月2日的9216号强热带风暴潮造成的损失尤巨。这次风暴潮过程除了造成沙质海岸的广泛侵蚀之外,还毁坏众多堤坝和房屋,另外还有大量盐田、虾池受损,可见风暴潮造成破坏之严重。陈雪英等[1]就风暴潮造成如此严重损失的原因做一分析,结合相关公式就近年风暴潮对山东海岸及海岸工程的影响进行了研究。

2 公式

表1是山东沿海各站在9216号强热带气旋风暴期间的波浪状况。由表看出,风暴潮期间的波浪较大。

表1 山东沿海各站9216号强热带气旋风暴期间波浪状况

项目	石臼所	小麦岛	石岛	成山头	烟台	蓬莱	龙口
H(m)	3.4	5.9	4.7	4.5	2.7	1.7	2.8
T(s)	6.3	8.7	11.1	7.1	7.2	6.5	6.8
波向	*SE*	*SE*	*SSE*	*SE*	*E—ENE*	*NE*	*NE*
增水时间(h)	72	70	96	92	72	100	48

由于风暴期间在低潮时段也有很高增水,因此,实际波浪作用时间比无风暴潮时作用时间长得多。根据美国海岸防护手册的沿岸输沙公式可得:

$$\theta a_0 H_0 = 2.03 \times 10^6 f H_0^{\frac{5}{2}} F(a_0)$$

$$F(a_0) = [\cos(a_0)]^{1/4} \sin(2a_0)$$

式中,H_0 为波高,m;a_0 为深水波波峰线与岸线夹角;f 为某向波高出现频率。

计算平常年份和风暴潮期间的相同波向的输沙量。其结果见表2。

表 2　常年与风暴潮期间相同波向的输沙量比较

项目	涛岗段	山前段	成厢段	酒馆段	西庄段	龙口段
波向	SE	SE	SSE	ENE	NE	NE
$Q_s(m^3)$	66 983.78	148 472.59	199 885.8	30 328.18	3 065.47	34 883.94
$Q_a(m^3)$	62 022.02	73 501.28	256 263.83	5 140.37	2 512.68	581 398.97
Q_s/Q_a	1.08	2.02	0.78	5.90	1.22	0.06

3　意义

根据沿岸输沙公式的分析计算,确定了风暴潮对山东海岸的侵蚀及对海岸工程破坏的原因,并着重指出,采用较短年限潮位资料导致校核高潮位偏低是海岸工程破坏的重要原因之一。建议利用长系列资料重新推算不同重现期的校核高潮位。1992 年山东海岸侵蚀的主要原因是长时间大风浪作用造成的,个别岸段有其他因素干扰。一些民建海岸工程遭破坏的主要原因是没有按设计标准设计和建设。

参考文献

[1]　陈雪英,王文海,吴桑云. 近年风暴潮对山东海岸及海岸工程的影响. 海岸工程,2000,19(2):1-5.

护面块石的稳定模型

1 背景

关于抛石潜堤护面块石的稳定问题，目前国内外的研究结果尚少，一般认为波浪越顶对堤顶和内外坡肩的破坏作用力较强，和出水堤相比有更大的危险性。由于护面块石的稳定性除与单个块石的重量有关外，还与相邻块石的约束情况有关，而这些约束条件在理论上很难准确确定，且不同的计算公式都有其局限性。因此，通过模型试验确定护面块石的稳定重量十分必要。张华昌[1]进行了抛石潜堤护面块石稳定试验，为验证其块石护面的稳定性，为进一步优化结构设计提供了依据。

2 公式

为了准确确定护面块石的稳定重量，同时将理论计算结果和试验结果做比较，参考有关资料中的潜堤面层块石稳定重量的计算公式进行了计算，计算公式及结果见表1。

表1 潜堤护面块石稳定重量计算

公式结果	计算公式	计算结果(t)	备注
美国赫德逊公式	$W=\dfrac{0.1\gamma_b H^3}{K_D(S_r-1)^3\cot\alpha}$	1.684	$K_D=5.5$
南京水利科学研究院成果	$W=\dfrac{0.1K\gamma_b H^3}{(S_r-1)^3 m^b}K_\lambda K_a$	2.07	$K_\lambda = \exp\left[4.5\left(0.05-\dfrac{H}{L}\right)\right]$ $K_a = \left[\cosh\left(1+\dfrac{a}{H}\right)\right]^{-(0.8+0.05n)}$ $b = 0.24\dfrac{a}{H}+0.76$
荷兰法	$W=0.1\gamma_b K_r^3\dfrac{H^2L}{NH^3}$	0.696	$K_r = \dfrac{\gamma_0}{\gamma_b-\gamma_0}$ $\dfrac{d+h_c}{d} = 2.3\exp(-0.14N)$

续表

公式结果	计算公式	计算结果(t)	备注
苏联规范 CH288-6 公式	$W_Z = We\frac{-7.5Z^2}{HL}$	3.41	$W = \frac{0.1\mu\gamma_b H^2 L}{1+\cot^3 a(S_r-1)^3}$ $S_r = \frac{\gamma_b}{\gamma_0}$
西班牙伊利巴伦公式	$W = \frac{0.1\gamma_b NH^3}{(f\cos a - \sin a)^3(S_r-1)^3}$	2.06	f=2.38 N=0.43

表中$\gamma = \gamma_0 = 10.26\ \mathrm{kN/m^3}$;$\gamma_b = 26.5\ \mathrm{kN/m^3}$;$L_P$为与谱峰周期对应的波长;$H$为$H_{13\%}$波高;$H$=2.75m;m,cotα皆为护面块石坡度。

3 意义

通过抛石潜堤护面块石的稳定模型,确定了抛石潜堤护面块石的稳定重量,并与理论计算结果进行比较,阐明了模型试验的重要性。此次试验是在新规范颁布之前完成的,新规范中要求使用的计算潜堤护面块石重量的公式即为荷兰公式,试验结果和计算结果吻合较好。试验完成后,建设单位根据试验结果和建议对原设计断面进行了修改,并据此进行施工。现在工程建设已结束一年有余,导堤稳定状况良好。

参考文献

[1] 张华昌. 抛石潜堤护面块石稳定试验. 海岸工程,2000,19(2):16-20.

桩位偏移的数值模拟

1 背景

青岛小涧西垃圾处理场配套桥梁工程跨越桃源河，桥梁结构形式为斜交(交角 25°)简支板桥，桥跨布置为 9×20 m，桥面宽 12 m，下部结构采用桩柱式墩台，桩径 1. 2 m，柱径 1. 10 m，桩、柱之间原设计为系梁 1. 0 m×1. 0 m。桩基采用钻孔灌柱桩，设计按端承桩考虑，桩尖落在中风化岩层上。由于桥梁钻孔灌注桩施工中施工监控原因造成部分桩偏移，为确保桥梁基础安全，须对此类现象进行分析。崔金英和罗平[1]通过展开实验对青岛小涧西垃圾场桥梁桩位偏移进行分析验算，提出了相关建议及处理方案。

2 公式

各承台的受力统一计算后分布到各桩。计算中保守地将求出的整体偏移量作为顺桥方向。

6# 排桩承台底面处：

$$\sum N = 3390 + 2 \times 2440 = 8270(\text{kN})$$

$$\sum Q = 3 \times 152 = 456(\text{kN})$$

$$\sum M = \sum Q \times (H + 2) + \sum N \times e^6 = 456 \times (8.47 + 2) + 8270 \times 0.061 = 5278.8(\text{kN} \cdot \text{m})$$

同理可以求出其他排桩的受力。从中可知 6#排桩(选 6B)和 8#排桩(选 8b)为不利情况。

6b 桩

(1)M 法求最大弯矩：桩直径 $d = 1.2\text{m}$，桩长 $L = 17.17\text{m}$。根据文献[2]，取 $m = 5000\text{kN/m}^3$，$b_0 = 0.9(d + 1) = 1.98\text{m}$。桩的变形系数：

$$a = \sqrt[5]{m\,b_0/EI} = \sqrt[5]{5000 \times 1.98/(2.8 \times 10^7 \times \frac{\pi}{64} \times 1.2^4)} = 0.322(\text{m}^{-1})$$

$a_I = 0.322 \times 20 = 6.42 > 4.0$，可按弹性桩计算。

系数 $C_I = a \times \dfrac{M_0}{Q_0} = 0.322 \times 1795.6/1.52 = 3.804$。

经查可得：$C_{\text{II}}=1.099$，$h=0.597$，所以最大弯矩所在深度为 $Z'=\frac{h}{a}=\frac{0.597}{0.322}=1.85$，$M_{max}=C_{\text{II}}\times M_0=1.099\times1759.6=1933.8(\text{kN}\cdot\text{m})$ 。

(2)配筋验算[3]

按偏心受压柱计算取 I_0 为嵌岩面至 M_{max} 所在位置的长度，即 $I_0=13.82\text{m}$。C_{25} 混凝土，Ⅱ 级钢筋，$N=2756.7\text{kN}$，$M=1933.8\text{kN}\cdot\text{m}$，$a_s=40$。

查表选文献[3]得：

$$e_0=\frac{M}{N}=1933.8/2756.7=0.701$$

$$\eta_{ei}=0.81$$

$$N\cdot\eta_{ei}=2756.7\times0.81=2233(\text{kN}\cdot\text{m})$$

8b 桩

(1)用 M 法计算最大弯矩

桩直径 $d=1.2$ m，桩长 $L=24.09$ m。同上取 $m=5000\text{kN/m}^3$，$b_0=1.98\text{m}$。$a=0.322(\text{m}^2)$，系数$C_I=a\times\frac{M_0}{Q_0}=0.322\times1292.4/1.52=2.738$。

经查得：$C_{\text{II}}=1.16$，$h=0.688$，所以最大弯矩所在深度为$Z'=\frac{h}{a}=\frac{0.688}{0.322}=2.14(\text{m})$，$M_{\max}=C_{\text{II}}\times M_0=1.16\times1292.4=1499.2(\text{kN}\cdot\text{m})$。

(2)配筋验算

按偏心受压柱计算，$I_0=21.12\text{m}$，$N=2756.7\text{kN}$，$M=1499.2\text{kN}\cdot\text{m}$，$a_s=40$。

经查得：

$$e_0=\frac{M}{N}=1499.2/2756.7=0.544$$

$$\eta_{ei}=0.79$$

$$N\cdot\eta_{ei}=2756.7\times0.79=2178(\text{kN}\cdot\text{m})$$

3 意义

根据桥梁桩位的偏移公式，桥梁钻孔灌柱桩偏位后，使原系梁受力趋于复杂；通过 M 法求最大弯矩，按偏心受压柱计算出配筋量，将系梁加强，做成承台连接其下三根桩共同工作。承台高度取 1.50 m，承台宽取 1.80 m，长度取 10.80 m。承台截面积 $1.5\times1.8=2.7$ m^2，按受弯构件最小配筋率 0.15% 配筋，$2.7\times0.0015=4\,050$ mm^2。配 30 根 ϕ 16 钢筋，间距 20 cm，钢盘面积为 6 028.80 mm^2，满足要求。

参考文献

[1] 崔金英,罗平. 青岛小涧西垃圾场桥梁桩位偏移分析验算及处理方案. 海岸工程,2000,19(2):65-68.
[2] 交通部第一公路勘察设计院. 桩基工程手册. 北京:中国建筑工业出版社,1987.
[3] 中国建筑科学研究院. 钢筋混凝土结构计算手册. 北京:中国建筑工业出版社,1996

泵站的工程经济模型

1 背景

我国长期实行计划经济，工程投资由国家或上级部门统一拨款，指标由国家统一规定，所采用的经济计算方法均为静态计算方法，资金成本计算不计利息。这种方法最大缺点是忽略了资金的时间价值，不符合实际情况，因而不够合理。在这样的情况下，静态计算方法已经不能适应新的需要，不再适用于工程经济分析。随着社会主义市场经济的建立和发展，动态计算方法必然要完全取代静态计算方法。张文渊[1]仅就我国最近采用的现值法、年等值法、内部回收率法、益本比法四种动态计算方法对泵站工程进行技术经济分析比较。

2 公式

2.1 现值法

设泵站工程一次投资为 V，使用年限为 n 年，每年的运行费用为 U_y，并在年末均匀支付，每年末收益为 G_y，则各项费用现值如下。

总成本现值：

$$C_P = V + \frac{(1+i)^n - 1}{i(1+i)^n} U_y$$

总收益现值：

$$B_P = \frac{(1+i)^n - 1}{i(1+i)^n} G_y$$

总净效益现值：

$$B'_P = B_P - C_P = (G_y - U_y)\frac{(1+i)^n - 1}{i(1+i)^n} V$$

式中，i 为年利率；$\frac{(1+i)^n - 1}{i(1+i)^n}$ 为现值因子(逐年均匀支付)。

如果已知逐年运行费用，且不是相等的，现值因子就应变为 $(1+i)^{-j}$，其中 j 为运行费用支付的计算年序号，例如第二年支付 U_{y2}，则其折算到计算基准年的现值为 $U_{y2}/(1+i)^2$，第 j 年支付 U_{yj}，相应现值为 $U_{yj}/(1+i)^j$，第 n 年支付 U_{yn}，相应的现值为 $U_{yn}/$

$(1+i)^n$,故总运行费用现值为:

$$\sum_{j=1}^{n}[U_{yj}/(1+i)^j]$$

同理,总收益现值为:

$$\sum_{j=1}^{n}[G_{yj}/(1+i)^j]$$

于是有:

$$B'_P=\sum_{j=1}^{n}[G_{yj}/(1+i)^j]-\sum_{j=1}^{n}[U_{yj}/(1+i)^j]-V$$

上式就是不等值支付的总净效益计算式。实际上将每年的支付作为一次支付折算为现值,然后再总加起来,对于仅作为成本分析的工程其成本现值可变为:

$$C_P=V+\sum_{j=1}^{n}U_{yj}/(1+i)^j$$

2.2 年等值法

把一次性支出的费用化整为零,换算到基准年的等值年费用并与基准年各项费用相加,再进行互相比较,设年净收益为 B'_y,则:

$$B'_y=G_y-U_y-\frac{i(1+i)^n}{(1+i)^n-1}$$

式中,$\frac{i(1+i)^n}{(1+i)^n-1}$为还原(补偿)因子或资金回收系数。

2.3 内部回收率法

具体做法是把成本收益都折算成现值或等值,然后令二者相等,这个时候对应的现值因子(或还原因子)中的利率 i 就是内部回收率。内部回收率越大,说明投入资金回收速度越快。以折算成本等值来计算,收支平衡式为:

$$V\frac{i(1+i)^n}{(1+i)^n-1}+U_y=G_y$$

若以折算成现值来计算,收支平衡为:

$$V+\frac{(1+i)^n-1}{i(1+i)^n}U_y=\frac{(1+i)^n-1}{i(1+i)^n}G_y$$

2.4 益本比法

益本比可采用效益、成本的现值计算,也可采用等值计算。以现值计算,益本比为:

$$\frac{B}{C}=\frac{\frac{(1+i)^n-1}{i(1+i)^n}G_y}{V+\frac{(1+i)^n-1}{i(1+i)^n}U_y}$$

以年等值计算,益本比为:

$$\frac{B}{C}=\frac{G_y}{\frac{i(1+i)^n}{(1+i)^n-1}V+U_y}$$

3 意义

通过实例对我国最近采用的现值法、年等值法、内部回收率法、益本比法四种动态计算方法进行分析比较,建立了泵站的工程经济模型。解决了一个泵站工程项目在实施之前出现的需要不同的投资,产生不同效益的若干个不同方案难以抉择的问题,对方案做出评价,从而选择最优方案,这是从现在出发对工程的未来做出的评价,为决策服务。虽然直接效益是主要决策根据,但社会效益也应考虑。在最终决策时应从多方面综合考虑才能选择好最佳方案。

参考文献

[1] 张文渊. 市场经济条件下泵站工程投资决策分析方法. 海岸工程,2000,19(2):77-81.

黄河入海的流路方程

1 背景

清水沟流路自1976年行河以来，经过了淤滩成槽、溯源冲刷发展和溯源淤积3个阶段。至1996年，清1至清6断面主槽面积减小，清水沟流路河道又演变成一条流量稍大点就能漫滩的“枯水型河槽”。1996年汛前，在黄河口清8上游实施了清8改汊工程，改汊后流路缩短。至2000年5月，清4至清7断面主槽面积增加，清8人工汊河已基本形成河槽，至新的入海口门淤积延伸并向东北方向发展，但泥沙淤积向东南一直影响到原入海口门。针对此类问题，余欣等[1]通过实验对黄河入海流路发展趋势进行了初步研究，结合模型展开了分析。

2 公式

模型包括水流连续方程、水流运动方程、沙量连续方程和河床变形方程4个基本方程以及其他一些补充方程。在每一个时段内进行泥沙冲淤计算，在时段末根据该时段内河口输出沙量的大小算出河长增量，并移动出口断面的位置，增设断面，变动模型河长。

(1)基本方程

水流连续方程：

$$\frac{\mathrm{d}Q}{\mathrm{d}x} + q_1 = 0$$

水流运动方程：

$$\frac{\mathrm{d}}{\mathrm{d}x}\left(\frac{Q^2}{A}\right) + gA\left(\frac{\mathrm{d}z}{\mathrm{d}x} + J\right) + U_1 q_1 = 0$$

沙量连续方程(分粒径组)：

$$\frac{\partial}{\partial x}(Q S_k) + \gamma \frac{\partial A_{dk}}{\partial} + q_{sk} = 0$$

河床变形方程：

$$\gamma' \frac{\partial Z_b}{\partial t} = \alpha\omega(S - S^*)$$

上述各式中,x 为流程,t 为时间,k 为泥沙粒径组编号,Q 为流量,A 为过水断面面积,Z 为水位,J 为能坡,q_1 为单位流程上的侧向出(入)流量,U_1 为侧向出(入)流流速在主流方向上的分量,S、S^* 为断面平均含沙量和挟沙力,q_s 为单位流程上的侧向输沙率,A_d 为断面冲淤面积,g 为重力加速度,A_{dk} 为中第组冲淤面积,γ'、Z_b 为床沙干密度及河床高程,ω 为泥沙颗粒沉降速度,α 为恢复饱和系数。

(2)河口延伸概化模式及出口边界条件处理

每一时段内,河口延伸的长度为:

$$\Delta L = \frac{\Delta W_s P}{BH\gamma'}$$

式中,ΔW_s 为河口输出量;B 为滨海区容沙宽度;H 为滨海区平均深度;P 为滨海区淤沙比例,随海洋动力条件而变动;γ' 为滨海区淤积物容重。

(3)补充方程和若干问题处理

①子断面含沙量与断面平均含沙量关系

从沙量连续性方程出发,建立起如下的子断面含沙量与断面平均含沙量经验关系式:

$$S_{k,i,j} = C\,(S^*_{k,i,j}/S^*_{k,i})^{\beta}\,S_{k,i}$$

式中,β 为经验指数,系数 $C = Q_i\,S^{*\beta}{}_{k,i}/(\sum Q_{i,j}\,S^{*\beta}{}_{k,i})$。

②泥沙颗粒沉降速度计算与修正

各粒径组泥沙的自由沉降速度采用张瑞瑾公式:

$$\omega_{0k} = \sqrt{(13.95\frac{V}{D_k})^2 + 1.09\frac{\gamma_s - \gamma}{\gamma}g\,D_k} - 13.95\frac{V}{D_k}$$

考虑到黄河含沙量高,颗粒间的相互影响大,需要对泥沙的沉降速度进行修正,采用褚君达公式:

$$\omega_k = (1 - S_v/S_m)^{3.5}\,\omega_{0k}$$

式中,S_m、S_v 分别为极限体积含沙量、体积含沙量,ω_{0k} 和 ω_k 分别为第 k 组泥沙自由沉降速度和修正沉降速度。

③分组挟沙力计算

泥沙的来源渠道主要是上游随流而来和床面扩散而来,水流挟沙力作为输沙平衡时的含沙量,它的级配应与这两者的级配有关,综合考虑确定为:

$$S^*{}_k = S^*(P_{uk}\,S^*{}_K^{(1)} + S_k)/\sum_{k=kd}^{nfs}(P_{uk}\,S^*{}_K^{(1)} + S_k)$$

$$S^*{}_k = \min\left[\frac{S^*{}_{kd}\,\omega_{kd}}{\omega_k}, S_k + P_{uk}\,h_u\gamma/(\omega_k\Delta t)\right]$$

水流挟沙力采用张瑞谨水流挟沙力公式,式中 k 表示粒径组,kd 为床沙质最小粒径组编号,P_{uk} 为表层床沙级配,h_u 为交换层厚度。

3 意义

通过对清水沟流路现状的分析,经过水动力学泥沙数学模型计算和与以往研究成果的综合对比,建立了黄河入海的流路方程,提出了黄河近期及远期入海流路的发展趋势。流路行河年限主要决定于入海沙量及海域堆沙容积。若在河口河段采取拦门沙清淤、挖河等措施,则清水沟流路行河年限将更长一些。近期黄河口流路推荐继续使用清8流路,通过初步的方案比较,清水沟流路行河50余年之后,黄河改道钓口河较合适。

参考文献

[1] 余欣,李景宗,郭选英. 黄河入海流路发展趋势初步研究. 海岸工程,2000,19(4):18-25.

台风暴雨的预报模型

1 背景

影响青岛地区暴雨的天气系统,主要为气旋、台风和冷锋。青岛地区的台风暴雨次数虽然不多,但台风可以引发风暴潮、巨浪和暴雨,引起洪水、涝灾导致泥石流、山崩、滑坡等,造成空前严重的灾害。以往台风主要采用天气图方法来预报,着重考虑副热带高压的进退来决定台风的路径以及台风暴雨发生的时间和地点,这样往往会出现漏报。耿敏等[1]针对青岛地区台风暴雨预报方法展开了研究,采用 0-1 权重回归方程预报台风暴雨,弥补了上述方法的不足。

2 公式

2.1 因子选取

(1) x_1 :当高空槽在北京—郑州以东、大连— 徐州以西的范围内时, x_1 为 1(若无高空槽则用负变温零线代替),否则 x_1 为 0,概率为 77.8%。

(2) x_2 : $\Delta\theta_{se5-8}$ 表示 500hPa 与 850hPa 上的饱和假相当位温之差。台风暴雨具有对流性质,因此台风气柱的位势不稳定成为台风暴雨的重要条件之一,位势不稳定用 $\frac{\partial\theta_{se}}{\partial Z}=\Delta\theta_{se}=\theta_{se5}-\theta_{se8}$ 作为判据。

当 $\Delta\theta_{se5-8}$ 在 29°~33°N,115°~121°E 的范围内有最小负值区,则 x_2 为 1,否则 x_2 为 0,概率为 88.9%。

(3) x_3 :根据统计得出。当 $\sum(T-T_d)_{5+8}$ 准饱和区在 31°~36°N,115°~120°E 范围内,且数值不大于 9.9℃时, x_3 为 1,否则为 0,概括率为 88.9%。

(4) x_4 :用 x_4 作为 850 hPa 高能区的判据。高空单位质量空气的总能量为:

$$E_t = C_P T + L_q + Agz + 1/2?\ A V^2$$

式中, C_P 为空气的定压比热; T 为空气块的温度,K; L 为水汽凝结潜热常数; q 为空气块的比湿; g 为重力加速度; z 为空气块所在的海拔高度; V 为空气块所在的风速; A 为功热当量。

2.2 预报方程的建立

用 0-1 权重回归方法建立预报方程。该方程为 $y=c_1x_1+c_2x_2+c_3x_3+c_4x_4$,根据 x_i 和

y 的联合频数表,分别求出 4 个因子的历史拟合率,再查权重系数表得:

$$c_1 = 6.9, c_2 = 5.7, c_3 = 9.9, c_4 = 12.2$$

将 c_1, c_2, c_3, c_4 代入方程得:

$$y = 6.9x_1 + 5.7x_2 + 9.9x_3 + 12.2x_4$$

3 意义

根据台风暴雨的预报模型及预报经验,选取相应的预报因子,建立 0-1 权重回归方程,用于预报青岛地区未来 24h 的暴雨。对于台风暴雨,认为来自低纬度洋面的东南(或西南)低空急流是水汽、涡度的输送通道,它向台风提供了形成暴雨所需的水汽和能量,因此把它列为起始场条件。因子选取了代表水汽、位势不稳定、能量及冷空气活动的物理因子。统计得出:台风类暴雨方程的预报准确率为96%。用该方程对 1975 年 6—8 月进行试报,没有出现空漏报现象,效果较好。

参考文献

[1] 耿敏,林滋新,韩春深. 青岛地区台风暴雨预报方法研究. 海岸工程,2001,20(2):52-57.

护岸的稳定性模型

1 背景

护岸工程不仅可以增加海岸带的景观效果，还可以使整个工程在台风、暴风浪等恶劣天气里保持稳定和安全。护岸包括3种结构形式，即斜坡段、大台阶段和圆筒段断面。饶永红等[1]对威海市海滨南路护岸工程断面模型展开了试验，并结合相关公式进行了分析。护底块石在施工期和使用期对整个结构的安全稳定起着至关重要的作用，通过物理模型试验确定护底块石的稳定重量并验证整个断面结构的稳定尤为重要，越浪量的大小也直接影响护岸后方道路和绿化带的安全。

2 公式

护岸的越浪量试验用不规则波进行，模拟通常使用国际上通用的JONSWAP谱；结构的稳定试验用规则波进行。试验工况见表1。

表1 试验工况

试验内容	工况	长度比尺	水位(m)	波浪类型	波高(m)	平均周期(s)
测量越浪量(斜坡段、大台阶段)					$H_b=3.36$	
测量越浪量(圆筒段)	1	1∶20				8.5
	2	1∶30	设计高水位	不规则波	$H_s=2.5$	
斜坡段、大台阶段结构稳定	3	1∶20	设计高水位		$H_s=1.8$	8.5
	4	1∶20	设计低水位	规则波	(按 $H_b=H_{1\%}=2.16$ 考虑)	6.65
			设计高水位	规则波	$H_{5\%}=2.82$	
圆筒段结构稳定	5	1∶30	设计低水位	规则波	(与 $H_s=2.5$ 对应)	8.5
				规则波		
	6	1∶30			$H_{5\%}=1.96$ (按 $H_b=H_{1\%}=2.16$ 考虑)	6.65

JONSWAP 谱：

$$S(f)=\beta_J H_{1/3}^2 T_p^{-4} f^{-5} exp[-\frac{5}{4}(T_p f)^{-4}]\times\gamma^{exp[-(f/f_p-1)^2/2\sigma^2]}$$

$$\beta_J=\frac{0.06238}{0.230+0.0336\gamma-0.185(1.9+\gamma)^{-1}}\times(1.094-0.01915\ln\gamma)$$

$$T_p=\frac{\bar{T}}{1-0.532(\gamma+2.5)^{-0.569}}$$

以上各式中 σ 为峰形参数，$\sigma=\begin{cases}0.07 f\leqslant f_p\\0.09 f>f_p\end{cases}$；$f,f_p$ 分别为波浪频率和谱峰频率；T,T_p 分别为波浪平均周期和谱峰周期；$H_{1/3}$ 相当于有效波 H_s 的 1/3 大波波高；γ 为谱峰升高因子。

3 个断面护岸前最大波浪底流速都按下式计算：

$$V_{max}=\frac{\pi H}{\frac{\pi L}{g} sh \frac{4\pi d}{L}}$$

式中，V_{max} 为最大波浪底流速，m/s；H 表示斜坡段和大台阶段取有效波高 H_s，圆筒段取波高累积频率为 5%的波高，m；L 为与平均波周期对应的波长，m；d 为护岸前水深，m。

计算和试验的结果见表 2。其中护底块石稳定重量的规范值由 V_{max} 直接查得。

表 2　护底块石稳定重量

断面	结构形式	Δh	护岸前水深 d (m)	波长 L (m)	波高 H (m)	V_{max} (m/s)	护底块石稳定重量(kg)	
							规范值	试验推荐值
AA	斜坡	2.0	4.54	30.8	2.16(H_s)	2.21	79.0	150~200
A	斜坡	2.0	4.9	56.2	2.5(H_s)	2.07	66.0	150~200
B	台阶	2.0	4.9	56.2	2.5(H_s)	2.07	66.0	200~250
C	圆筒	1.7	4.1	51.7	2.46($H_{5\%}$)	2.2	78.0	200~250

3　意义

利用护岸的稳定性模型，对 3 种结构形式（斜坡段、大台阶段、圆筒段）的护岸的稳定性和越浪量进行了计算，得到结果是，在 3 种结构形式中，斜坡断面的消浪效果比较理想，护底块石顶面的波浪流速较小。在此基础上，对比分析了与断面结构具体特征紧密联系的消浪效果和结构稳定性的差异，指出斜坡段断面更为经济合理，护底块石对整个结构的稳定起着至关重要的作用，其稳定重量不能笼统地按《防波堤设计与施工规范》（JTJ298-98）的最大波浪底流速方法确定，还要充分考虑护底层厚度等因素。

参考文献

[1] 饶永红,鞠忠勋,倪长健. 威海市海滨南路护岸工程断面模型试验. 海岸工程,2001,20(1):20-30.

混凝土的传质模型

1　背景

混凝土耐久性的各种破坏过程几乎都与混凝土的传质能力有密切关系,所以研究混凝土的传质过程与理论对认识和解决混凝土的耐久性问题有着重要意义。各种介质在混凝土中的传输不是单一的过程。首先是介质有不同的状态,其次是传输方式不同。由于混凝土中介质的传输复杂且影响因素很多,国内外很多学者在研究中对不同的传输过程进行了模拟。万小梅等[1]对混凝土的传质过程及其理论进行了模型分析。

2　公式

渗流线性定律(又称达西定律)[2]给出了渗流能量损失与渗流流速之间的基本关系,因此是渗流理论中最基本的关系式:

$$Q = - \frac{k}{\eta} \frac{\partial P}{\partial x}$$

式中,k 是渗透系数;η 是流体黏性系数;$\partial P / \partial x$ 是流体压力梯度。

渗透系数 k 值的大小受混凝土材料内部微结构的影响,其基本关系为:

$$k = d_c^2 \varphi \theta$$

式中,d_c 是孔径值;φ 是流体流动方向横截面上的孔隙律;θ 是与孔隙曲率和连通情况有关的参数。

Katz 和 Thompson[3]的理论被认为是广泛适用的渗透性模型[4],其在一定程度上解决了上述问题。该模型中的参数均不需调整,而且所需数据都可以在试验中测出:

$$k = \frac{1}{226} \frac{d_c^2}{F}$$

式中,k 为材料本身的渗透性;d_c 是在压汞试验中得到的临界孔径值;F 是构成因子,其值等于孔隙中氯盐电导率与孔隙介质本身的电导率之比[5](电导率可由试验获得):

$$F = \frac{\rho_m}{\rho_p} = \frac{\sigma_p}{\sigma_m} = \frac{D_p}{D_m}$$

式中,ρ_m 和 ρ_p 分别是砂浆和孔溶液的电阻率;σ_p 和 σ_m 分别是孔溶液和砂浆的电导率;D_p和

D_m 分别是孔溶液和砂浆的扩散系数。

混凝土渗透性的大小不仅依赖于开放孔隙率,而且受孔隙发生连通亦即孔径分布特性的影响。结合达西定律,给出了如下公式:

$$k = \frac{1}{8}\left(\int_0^{\infty} r\mathrm{d}A\right)^2 \approx \frac{\varphi^2}{50}\left(\int_0^{\infty} r\mathrm{d}V\right)^2$$

式中,$\mathrm{d}V = n\mathrm{d}A/\varphi$;$V$ 是孔隙体积;n 是弯曲因子;A 是孔隙面积; φ 是体积孔隙率;r 是等效孔径。

扩散是指气体或液体中的粒子由于浓度差进行的运动,其过程可分为稳态扩散和非稳态扩散两种,分别用 Fick 第一定律和 Fick 第二定律[5]进行描述。

对稳态扩散,Fick 第一定律为:

$$J = D\partial c/\partial x$$

对非稳态扩散,Fick 第二定律为:

$$\partial c/\partial t = D\,\partial^2 c/\partial x^2$$

式中,J 是离子扩散量;D 是扩散系数;c 是离子浓度;x 是扩散方向上的距离。

在宏观水平上,则可以将混凝土看成是均匀的。这里需引入一个"等效扩散系数"的概念,也就是在多孔介质中不以实际扩散的孔隙截面积而是以垂直于扩散方向上的总面积为基础的扩散系数,记为 D_e 。D_e 与气体在实际气相中的扩散系数 D 的关系为:

$$D_e = \frac{DP}{\beta}$$

式中,P 是面孔隙率,是垂直于扩散方向的截面上孔面积所占的比例。对于各向同性的材料,面孔隙率与体积孔隙率相等。β 是弯曲系数($\beta \geqslant 1$)。

当以 Knudsen 扩散为主时,不同气体在同一扩散体系中的扩散系数有如下关系:

$$\frac{D_A}{D_B} = \sqrt{\frac{M_B}{M_A}}$$

式中, D_A 和 D_B 分别是 A,B 两种气体的扩散系数; M_A 和 M_B 分别为 A,B 两种气体的摩尔质量。

在建立离子扩散模型时,同样离不开对混凝土孔结构特征的研究。有人提出了一个基于微结构的饱水水泥浆体的模型公式[6]:

$$\frac{D}{D_0} = H(\varphi - 0.18) \times 1.8\,(\varphi - 0.18)^2 + 0.07\,\varphi^2 + 0.001$$

式中,D 是由迁移试验得到的有效离子扩散率; D_0 是某一种离子的扩散率; φ 是毛细孔隙率;$H(x)$是一种符号函数,当 $x>0$ 时,$H(x) = 1$,当 $x \leqslant 0$ 时,$H(x) = 0$。

对于扩散,给出了如下的公式:

$$J_d = -D_d(C_v)\frac{\mathrm{d}C_v}{\mathrm{d}x}$$

式中，J_d 是氯离子的等效扩散系数；D_d 是混凝土本身的扩散系数；C_v 是混凝土中参与扩散的自由氯离子浓度。

在以迁移为主导过程的情况下，可用 Nernst-Plank 方程的特例 Nernst-Plank 方程[5]找到离子扩散系数 D_j 与迁移电流 i_m 之间的关系：

$$\frac{i_m}{Z_j FA} = Z_j \frac{F D_j}{RT} C_j \frac{\partial\varphi}{\partial x}$$

式中，Z_j 是 j 离子的电价；F 是 Faraday 常数；A 是离子迁移方向上的横截面积；R 是气体常数；T 是绝对温度；C_j 是 j 离子浓度；$\partial\varphi$ 是电势变化；∂x 是距离变化。

3 意义

根据混凝土的传质模型，对当今几个有代表性的混凝土传质过程进行计算，结果可知其中影响传质的主要因素为：混凝土的微结构特征、介质的自身性质及外界条件。混凝土耐久性下降最根本的原因是侵蚀介质通过各种方式进入混凝土体。介质在混凝土中的传输过程与混凝土的孔隙率、孔隙结构有密切关系，同时受介质的种类、浓度与状态以及外界温度、压力、电压等影响。研究混凝土的传质过程与理论，对认识和解决混凝土的耐久性问题有着重要意义。

参考文献

[1] 万小梅，张芳如，赵铁军．混凝土的传质过程及其理论．海岸工程，2001，20(2)：73-78.

[2] 闻德荪，魏亚东，李兆年，等．工程流体力学(水力学，下)．北京：高等教育出版社，1991. 258-260.

[3] Katz A Z, Thompson A H. Prediction of Rock Electrical Conductivity from Mer curyInjectio n Measuremnt. Jour na l o f Geographical Research, 1987, 92(B1): 599-607.

[4] Garboczi E J. Permeability, Diffusivity and Micro structural Parameters: a Critical Review. Cement and Concrete Research, 1990, 20: 591-601.

[5] 巴德 A J. 电化学方法原理及应用．北京：化学工业出版社，1986. 150-151，138-140

[6] Jacque M and Jan P S. Materials Science of Concr ete: Sulfa te At tack Mechanisms. TheAmerican Ceramic Society, Wester ville, 1999.

土质边坡的稳定模型

1 背景

均匀土质的边坡稳定性计算通常使用圆弧滑动法,但在土石方工程的施工中发现,在无地下水或地下水量很小的情况下,许多斜坡出现的滑坡面近似为平面,对于这类斜坡的稳定性计算,若仍采用圆弧滑动法,就难免出现偏差。单辉和葛磊[1]展开实验对均匀土质边坡稳定性进行分析,根据土力学原理,推导出一种确定斜坡临界滑动面和计算斜坡稳定系数的新方法。

2 公式

假定斜坡的倾角为β,高度为h,坡顶作用有均布载荷q,土体是均匀的,其容重为·,内摩擦角为Φ,内聚力为c(图1)。下面确定土体的临界滑动面AB。

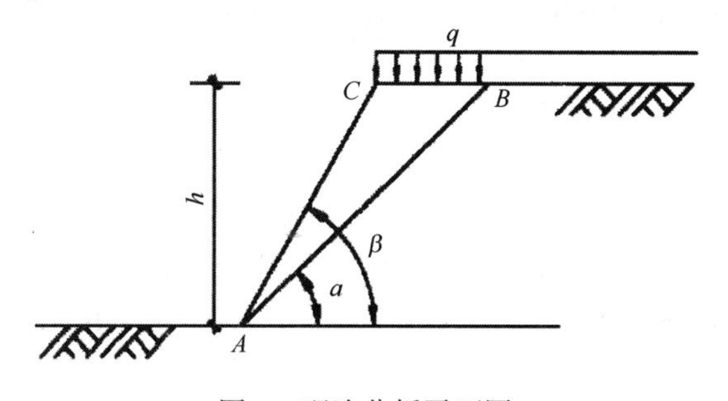

图1 理论分析平面图

分析图1可知,每延米滑动土体的重为:

$$G = \frac{1}{2h^2} \cdot (\text{ctg}\alpha - \text{ctg}\beta)$$

作用于BC的载荷为:

$$Q = qh(\text{ctg}\alpha - \text{ctg}\beta)$$

滑动力为:

$$F_H = (G + Q)\sin\alpha$$

抗滑力:

$$F_K = (G + Q)\cos\alpha \mathrm{tg}\Phi + ch/\sin\alpha$$

抗滑安全系数:

$$K = F_K/ F_H$$
$$= \frac{(G + Q)\cos\alpha \mathrm{tg}\Phi + ch/\sin\alpha}{(G + Q)\sin\alpha}$$
$$= \mathrm{tg}\Phi/\mathrm{tg}\alpha + ch/(G + Q)\sin^2\alpha$$
$$= \mathrm{tg}\Phi/\mathrm{tg}\alpha + c/(1/2 \times h \cdot + q)(\sin\alpha\cos\alpha - \mathrm{ctg}\beta\sin^2\alpha)$$

将上式对 α 求导数:

$$\frac{\mathrm{d}k}{\mathrm{d}\alpha} =- \mathrm{tg}\Phi\, csc^2\alpha - \frac{\frac{c}{h \cdot /2 + q}}{(\sin\alpha\cos\alpha - \mathrm{ctg}\beta\sin^2\alpha)^2} \times (\cos 2\alpha - \mathrm{ctg}\beta\sin 2\alpha)$$

令 $\frac{\mathrm{d}k}{\mathrm{d}\alpha} = 0$,两边同乘以一 $\sin^2\alpha$,得:

$$tg\Phi + \frac{\frac{c}{h \cdot /2 + q}}{(\cos\alpha - \mathrm{ctg}\beta\sin\alpha)^2} \times (\cos 2\alpha - \mathrm{ctg}\beta\sin 2\alpha) = 0$$

整理得:

$$\cos 2\alpha - \mathrm{ctg}\beta\sin 2\alpha =- \frac{\mathrm{tg}\Phi(h \cdot /2 + q)}{c}(\cos\alpha - \mathrm{ctg}\beta\sin\alpha)^2$$

令:

$$a =- \mathrm{tg}\Phi(h \cdot /2 + q)/c$$

则有:

$$\cos 2\alpha - \mathrm{ctg}\beta\sin 2\alpha = a(\cos 2\alpha - \mathrm{ctg}\beta\sin\alpha)^2$$
$$\cos^2\alpha - 1 - 2\mathrm{ctg}\beta\sin\alpha\cos\alpha = a(\cos\alpha - \mathrm{ctg}\beta\sin\alpha)$$

两边同除以 $\cos^2\alpha$,得:

$$(a\,\mathrm{ctg}^2\beta + 1)\, tg^2\alpha + (2\mathrm{ctg}\beta - 2a\mathrm{ctg}\beta)\, tg\alpha + (a - 1) = 0$$

解以上三角方程式,得:

$$a = \mathrm{arctg}\{[0.5(a - 1)\sin^2\beta + (1 - a)^{\frac{1}{2}}\sin\beta]/(a\sin^2\beta + \sin^2\beta)\}$$

如图 2 所示,坡高为 h;坡顶作用有均布载荷 q;土体是均匀的,容重为 · ;内聚力为 c;内摩擦角为 Φ(推导过程略)。

令:

$$A = [(q + h \cdot)\, ctg\theta - c](\sin\theta - tg\Phi\cos\theta)/(\sin\theta\mathrm{tg}\Phi + \cos\theta - c \times \mathrm{ctg}\theta)$$
$$B =\cdot\, \mathrm{ctg}\theta(\sin\theta - tg\Phi\cos\theta)/(\sin\theta\mathrm{tg}\Phi + \cos\theta)$$

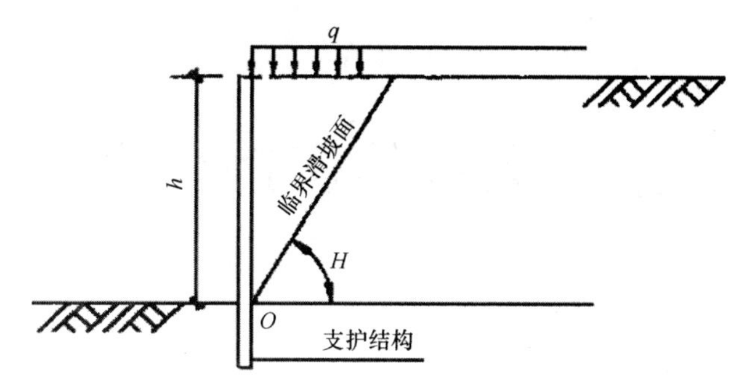

图 2　水平推力对支护结构在 O 点处产生弯矩示意

则土体对支护结构的水平推力为：

$$G = Ah - 0.5B\,h^2$$

土体对支护结构在 O 点处所产生的弯矩为：

$$M = 1/2A\,h^2 - 1/3B\,h^3$$

3　意义

根据土力学原理，推导出一种在不考虑渗流力的情况下，确定斜坡临界滑动面和计算斜坡稳定系数的新方法，建立了土质边坡的稳定模型。而且该方法和模型在若干土石方工程中得到应用。土坡稳定计算方法——准平面滑动法，适合于一般临时性土方开挖工程的贫地下水均匀土质条件下的边坡稳定性计算，较圆弧滑动法更简便、实用。经多处工程实际应用，表明该计算方法安全可靠。

参考文献

[1]　单辉，葛磊．均匀土质边坡稳定性计算的一种新方法．海岸工程，2001，20(2)：34-39.

猪场风机的调速公式

1　背景

随着市场经济的不断发展,养猪业在中国已得到了迅速的发展,并已形成了一个集约化养殖的产业。但是,中国的养猪生产水平与发达国家相比还有一定差距。造成这些差距的原因很多,猪场环境差是重要的原因。环境条件差不仅容易使家畜患病,而且降低其饲料利用率,延长生长时间,增加生产成本。在众多的环境因素中,最主要的因素就是温度和湿度。杨冬平和孟超英[1]通过研究对中小型养猪场风机调速系统进行了分析。

2　公式

以仔猪为例,初生仔猪最适宜的环境温度为30~32℃,临界温度35℃,随着日龄的增长,环境温度逐步下降(见表1)。合适的环境温度,不仅与日龄有关,而且与猪的体重、健康状况和饲养密度有关。

表1　不同阶段仔猪的适宜温度

生后日龄(d)	适宜温度(℃)
1~3	30~32
4~7	28~30
8~30	25~28
31~60	22~25

如果采用一定的电路,在一个整周期波形中,去掉其中的半个周期分,如图1中的阴影部分所示,在一个周期的范围内,将只有半个周期的交流电通过电机,用这种波来控制电机运转,可以使电机的实际功率下降为原来的二分之一。

在电机的主电路中安装电子开关,电子开关的导通与截止由单片机输出的方波控制,从而达到控制电机供给功率的目的,进而控制电机转速。输入输出及控制波形如图2所示,中间为单片机输出控制方波。

单片机采集到数据经过内部的算法处理后,与原设定的数值进行比较,在I/O口输出一个高电平,经反向器反向后,送出一个低电平,使光电耦合器导通。同时给双向可控硅发

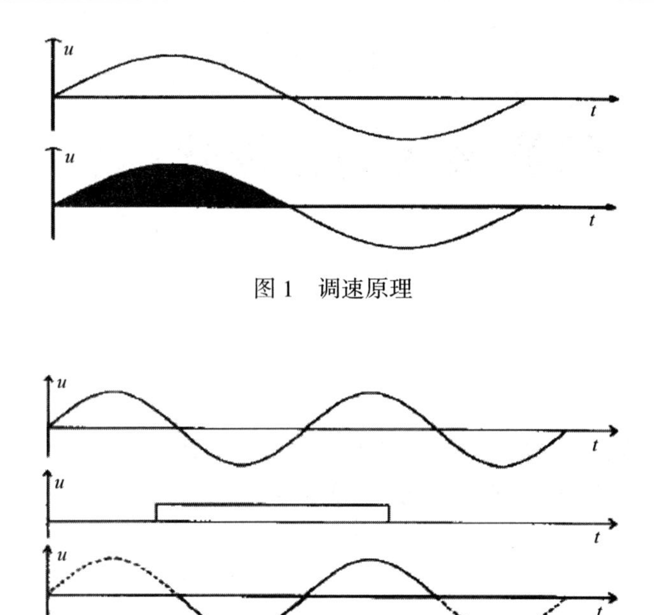

图 1　调速原理

图 2　输入、输出及控制波形

出控制电平,使工作电路导通工作,从而控制风机的运转。在给定时间内,负载风机得到的功率可用下式表示:

$$P = U \cdot I \cdot nN$$

式中,P 为负载得到的实际功率;n 为给定时间内导通的正弦波个数;N 为给定时间内所对应的正弦波个数;U 为正常时正弦交流电所对应的电压有效值;I 为正常时正弦交流电所对应的电流有效值。

3　意义

根据适应中小型养猪场环境控制的需要,建立了猪场风机的调速公式,将此公式应用到一种新型的单相风机调速控制系统。该系统使用单片机来控制单相交流通风机,通过改变风机的供给功率,达到调速、控制通风的目的,且结构简单,成本低廉,实际应用效率较高。在不同时期,不同条件下能够按照用户要求设定温度,并且能够自动将环境控制在用户设定的条件下,不仅降低了人的劳动强度,而且在提高生产效率上有重要的实际意义。

参考文献

[1]　杨冬平,孟超英. 中小型养猪场风机调速系统. 农业工程学报,2005,21(5):189-191.

保鲜果蔬的光催化模型

1 背景

大多数果蔬产品成熟过程中,乙烯起着重要的调节作用。这种作用是通过增加乙烯有效浓度和组织对乙烯敏感性的改变而实现的。由于乙烯具有促进蔬果老化和成熟的作用,因此,既要保鲜果蔬产品,就必须尽可能地降低贮藏时乙烯的浓度。叶盛英等[1]采用溶胶-凝胶(sol-gel)法制备纳米 TiO_2 薄膜作光催化剂,利用自行设计的气固相光催化实验系统,研究乙烯浓度、紫外光作用时间对光催化降解反应的影响,对光催化降解乙烯反应动力学进行探讨,以期为开发具有我国自主知识产权的高效清除乙烯的果蔬保鲜技术设备提供理论依据。

2 公式

从衬底材料上刮下所制备的 TiO_2 薄膜粉末,用日本理学 D/Max-1200 型 X 射线衍射(XRD)仪进行薄膜样品的晶相组成测定分析;催化剂比表面积(BET)用 Coulter 公司 SA3100 型全自动氮吸附比表面仪测定,用下式计算比表面积粒径:

$$D_{sp} = \frac{6}{S_w \rho}$$

式中, D_{sp} 为比表面积粒径,μm; ρ 为钛金属的密度,4.507 g/cm^3; S_w 为比表面积,m^2/g。

关闭紫外线灯,所配制一定浓度的乙烯气体流入光催化反应器,直到气—固吸附平衡,此时反应器进、出口浓度相同。然后,打开紫外线灯,每隔 5 min 测量反应器出口乙烯气体浓度。用下式计算乙烯降解率:

$$\lambda = \frac{C_1 - C_2}{C_1} \times 100\%$$

式中, λ 为乙烯降解率,%; C_1 为光照前乙烯体积含量,μL/L; C_2 为光照后乙烯体积含量,μL/L。

气—固相光催化过程一般可用 Langmuir-Hinshelwood 动力学方程来表征,即:

$$r = \frac{dC}{dt} = -\frac{kKC}{1 + KC}$$

式中，r 为反应速率，μL/(L · min)；C 为气相的浓度，μL/L；t 为反应时间，min；k 为反应速率常数，μL/(L · min)；K 为表观吸附平衡常数，L/μL。

$t = 0$ 时，$C = C_0$；t 时刻，底物的浓度为 C，积分得：

$$t = \frac{1}{tK}\ln\frac{C_0}{C} + \frac{1}{k}(C_0 - C)$$

式中，C_0 为气相的进口浓度，μL/L。

两边分别除以 $(C_0 - C)$，得到以下方程：

$$\frac{l}{C_0 - C} = \frac{\ln(C_0/C)}{kK\cdot(C_0 - C)} + \frac{1}{k}$$

对进气浓度 1.358 μL/L ≤ C_0 ≤ 45.272 μL/L 的实验数据做 $1/(C_0/C)$ 对 $\ln(C_0/C)/(C_0 - C)$ 的图，如图 1 所示，可见 Langmuir–Hinshelwood 动力学方程基本适用于 TiO_2 薄膜气相光催化乙烯过程。

由上式可得乙烯降解的半衰期，当 $C/C_0 = 0.5$ 时，$t_{1/2}$ 为：

$$t_{1/2} = \frac{0.693}{kK} + \frac{0.5C_0}{k}$$

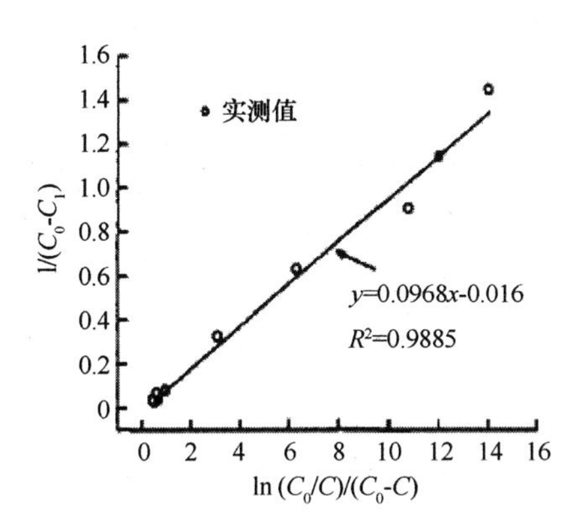

图 1　乙烯光催化降解动力曲线

3　意义

根据保鲜果蔬的光催化模型，使用溶胶—凝胶法制备的纳米 TiO_2 薄膜作光催化剂，利用自行设计的气固光催化实验系统，研究了乙烯浓度、紫外光作用时间对光催化降解反应的影响，探讨了乙烯的光催化降解的动力学。从而可知在此所制备的 TiO_2 锐钛矿型含量为 48.766%，比表面积为 47.186 m^2/g，具有良好的光催化性能；光催化降解乙烯比直接紫外线光降解效果显著,光照 10 min 时光催化乙烯降解率比直接紫外线光降解提高 23.76%;乙烯的降解率随着其浓度的增加而降低;乙烯的光催化降解的动力学可以用 Langmuir-Hinshelwood 动力学方程加以描述。

参考文献

[1] 叶盛英,贺明书,岑超平,等 . TiO_2纳米粒子气固相光催化降解乙烯初探 . 农业工程学报,2005,21(5):166-169.

红曲大米的辐照灭菌模型

1 背景

红曲是大米接种红曲霉属菌种繁殖而成的一种紫红色米曲,可作为药品和食品的着色剂,并具有降血压、抗氧化、降胆固醇和降血糖等作用。在红曲的加工生产过程中,很难控制霉菌等致病微生物的数量,易导致微生物超过允许标准。常规的加热灭菌方法,易影响红曲的色泽,使产品品质下降,而化学方法容易产生残毒。孙志明等[1]开展了红曲的辐照灭菌工艺、灭菌效果及主要成分影响等方面的研究,旨在为红曲辐照灭菌新方法应用提供理论依据和适宜辐照加工工艺。

2 公式

采用化学剂量计测定辐照剂量,测量仪器采用 UV-754 分光光度计,在 350 nm 波长下测量剂量计溶液的吸光度变化值(ΔA),并根据下列公式计算出吸收剂量:

$$D = k \cdot \Delta A$$

式中,D 为吸收剂量,kGy;ΔA 为吸光度变化值,无量纲;k 为剂量响应转换因子,kGy。

一般细菌的指数存活曲线可用如下数学形式表示:

$$\log(N/N_0) = -KD$$

式中,D 为吸收剂量,kGy; N_0 为辐照前的初始菌数,g^{-1};N 为辐照剂量 D 后的存活细菌数,g^{-1};K 为直线部分的斜率,即 $1/D_{10}$。

γ 射线辐照红曲具有较好的灭菌效果(表 1),经 4 kGy 剂量辐照后 7 d,红曲中的杂菌和霉菌含量分别从 10 000 个/g 和 667 个/g 下降至 257 个/g 和 80 个/g,灭活率分别达到 97.4%和 88%,且随着辐照剂量的增加,含菌量同步下降。

表 1　红曲的辐照灭菌效果

辐照剂量 (kGy)	杂菌和霉菌的存活数(kg^{-1})		杂菌和霉菌的存活率(%)	
	杂菌	霉菌	杂菌	霉菌
0	10 000	667	100	100
2	3 670	600	36.7	90.0

续表

辐照剂量(kGy)	杂菌和霉菌的存活数(kg^{-1})		杂菌和霉菌的存活率(%)	
	杂菌	霉菌	杂菌	霉菌
4	257	80	2.57	12.0
6	<10	63	<1	9.4
8	<10	27	<1	4.0
10	<10	<10	<1	<1.5
12	<10	<10	<1	<1.5

根据表1数据,分别以杂菌和霉菌存活数的对数值为纵坐标,辐照剂量为横坐标做图即得剂量存活曲线(图1)。杂菌和霉菌的检测结果经线性拟合其存活数的对数值(y)与辐照剂量 x(kGy)之间分别符合:

$$y_B = 4140 - 0.428x, r_B = 0.9678$$

$$y_M = 28346 - 0.1698x, r_M = 0.9650$$

式中,y_B,y_M 分别为杂菌和霉菌的存活数的对数值;r_B,r_M 为相关系数;x 为辐照剂量,kGy。

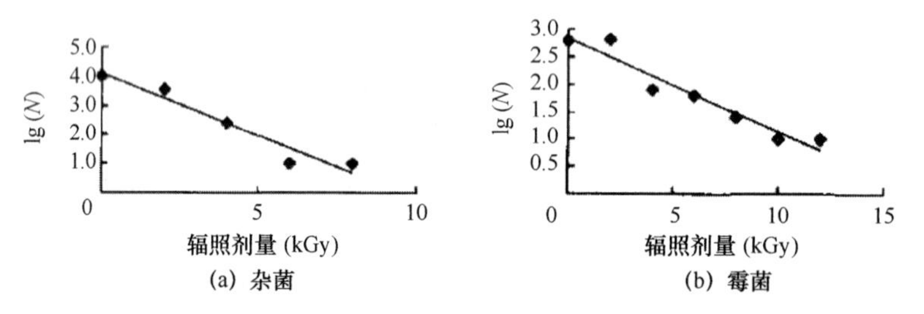

图1 辐照剂量与杂菌(a)和霉菌(b)的存活数关系曲线

(图中 N 为杂菌或霉菌的存活数)

3 意义

根据红曲大米的辐照灭菌模型,研究了γ射线辐照红曲的灭菌效果以及对主要成分的影响。从而可知辐照可有效杀灭红曲中的杂菌和霉菌,随着辐照剂量的增加,红曲中的含菌量同步下降。杂菌和霉菌的 D_{10} 值分别为2.34 kGy和5.89 kGy,霉菌对γ射线的耐受力高于杂菌,适宜的辐照工艺剂量为7~8 kGy。经7~8 kGy辐照处理的红曲,其主要成分无明显变化,但色价略有下降,下降率为2.3%~2.6%。经辐照灭菌后的红曲具有较好的耐贮藏性,可有效地提高保质期。

参考文献

[1] 孙志明,史建君,赵小俊. 红曲的 γ 射线辐照灭菌研究. 农业工程学报,2005,21(5):163-165.

果蔬产品的速冻模型

1 背景

速冻蔬菜是一种新颖食品，早在20世纪70年代就在西方发达国家流行，其生产方法是采用低温的快速冻结，特别是单体结冻（IQF），不但能最大程度地保持蔬菜原有的营养成分、色泽、风味，而且方便、卫生。近30年来发展速度很快，在发达国家均十分盛行，我国在大中城市、北方地区特别是高档宾馆内也开始普遍食用，市场需求量很大。何国庆等[1]应用响应面的方法，通过中心优化组合设计，选择速冻果蔬产品保藏中最敏感的因素——过氧化物酶酶活性为优化因子，比较不同烫漂条件下速冻青花菜中过氧化物酶酶活的变化，建立了烫漂时间、烫漂温度与过氧化物酶酶活的数学回归模型。

2 公式

选取待测样品青花菜花苞0.5 g，用80%丙酮溶液抽提，定容到10 mL，测652 nm处吸光度，根据下式计算样品叶绿素总量：

$$C_t = D_{652} \times 1000/34.5$$

式中，C_t 为样品总叶绿素含量，mg/L；D_{652} 为样品丙酮抽提液在652 nm处的吸光值。

根据两因子对 Y_1（处理样品酶活）影响进行中心组合试验设计，X_1（烫漂温度，℃）的中心水平为90℃，X_2（烫漂时间，min）的中心水平为1.5min，其试验设计和结果见表1。

表1　烫漂温度和时间对处理样品酶活的中心优化组合设计及其结果

处理	X_1	x_1(℃)	X_2	x_2(min)	Y_1(μg^{-1})
1	1	100	1	2.5	14
2	−1	80	−1	0.5	3 010
3	0	90	0	1.5	93
4	0	90	0	1.5	34
5	0	90	+1.414	2.91	78
6	0	90	−1.414	0.09	2 834
7	0	90	0	1.5	75
8	−1.414	75	0	1.5	3 010

续表

处理	X_1	x_1(℃)	X_2	x_2(min)	Y_1(μg^{-1})
9	+1.414	104.14	0	1.5	15
10	0	90	0	1.5	44
11	1	100	−1	0.5	228
12	−1	80	1	2.5	618
13	0	90		1.5	32
14	0	90	0	1.5	98

由响应面回归分析结果可得二次拟合回归方程：

$$Y = 66974 - 1254.68X_1 - 7408.53X_2 + 54.45X_1X_2 + 5.99X_1^2 + 5.6637X_2^2$$

对响应面回归方程进行最大值求导，求得在 96.03℃烫漂温度、1.94 min 烫漂时间下，模型预测的酶活处于最低点。采用响应面方法对二次回归模型进行作图(图 1)。

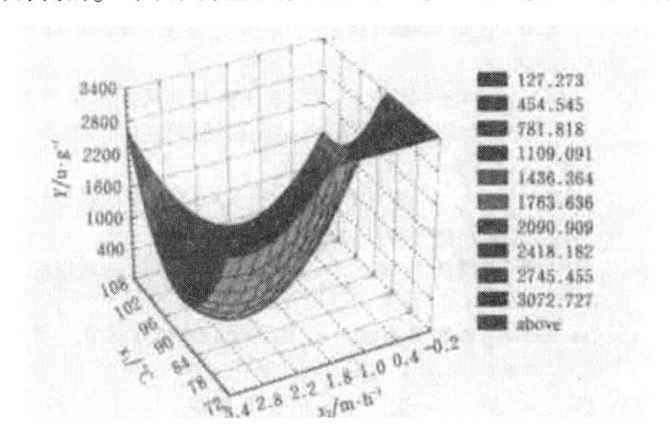

图 1　温度和时间对酶活影响的响应面图

3　意义

根据响应面方法研究青花菜的不同烫漂温度和时间对青花菜品质的影响，建立了果蔬产品的速冻模型。在不同浓度 $CaCl_2$ 处理后，根据速冻青花菜叶绿素含量和解冻后质构的变化，对现有的预处理生产工艺进行优化。而且中心组合优化后得出的速冻青花菜最佳预处理工艺为：烫漂温度 96℃、烫漂时间 2 min、$CaCl_2$ 浓度 0.8%。优化前后数值比较：青花菜蕾质构强度提高 26.9%；茎质构强度提高 16.8%；叶绿素含量提高 26.5%；过氧化物酶酶活降低到生产需要；维生素 C、蛋白质和水分没有显著的变化。

参考文献

[1] 何国庆,刘翔,单晓敏. 速冻青花菜预处理工艺研究. 农业工程学报,2005,21(5):155-158.

土地平整的高程模型

1 背景

土地整理，是实现耕地总量动态平衡的有效措施，也是提高土地质量、促进土地集约化利用的重要手段。土地是不可再生性资源，随着经济的发展，人口的增加，积极开展土地整理，对于缓解人地矛盾，改善农业生产条件和生态环境，促进农村现代化建设和经济可持续发展具有极其重要的意义。沈掌泉等[1]通过实验并用数字高程模型和遗传算法对确定土地平整设计高程进行了初步研究。

2 公式

以实地测量的整理区的田面高程为基础，建立覆盖整理区的不规则三角网(TIN)，通过TIN插值生成DEM，根据设定的条件，用遗传算法确定土地平整的最佳设计高程，并计算出挖、填的土方量。整个流程见图1。

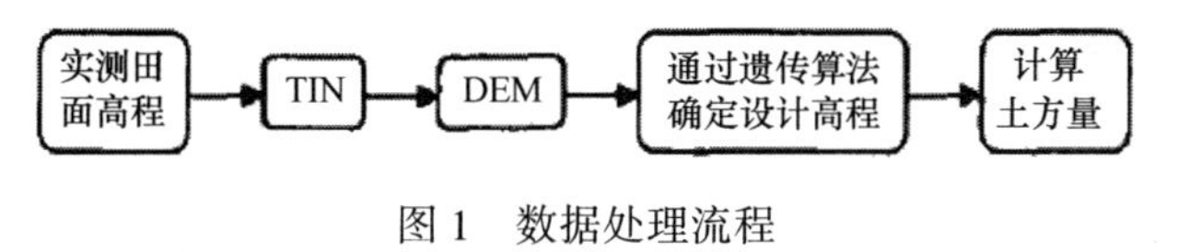

图1　数据处理流程

由于GAOT工具箱以适应度的大小来评价个体的优劣，适应度越大的个体越优秀，因此，具体计算公式如下：

$$V = \sum (H_i - H_{i设}) \cdot A(\text{所有高于 } H_{i设} \text{ 的范围})$$

$$V = \sum (H_{i设} - H_i) \cdot A(\text{所有低于 } H_{i设} \text{ 的范围})$$

$$f = \frac{1}{[abs(V_- \ V_+ \ \Delta)] + 1}$$

式中，H_i 为某单元的田面高程(来自DEM)，m；$H_{i设}$ 为该单元土地平整的设计高程，m；A 为DEM单元的面积，m^2；V_-、V_+ 为分别为在此设计高程下的总挖方量和总填方量，m^3；Δ 为需要土方调入(-)或调出(+)量，m^3；abs 为取绝对值；f 为适应度函数。

为了土地整理工作的需要，按照1∶2000的成图要求，进行了实地测量，图2a为在本试验区范围内外的高程点的分布情况;图 2b 是利用实测的高程点(图 2a),在 Arcview 3.2 中建立的不规则三角网(TIN);图 2c 是根据图 2b 的 TIN 获得的栅格化的 DEM,根据柳长顺等的研究结果和出于计算便利性的考虑,本试验中 DEM 的栅格单元的大小取 1 m×1 m。

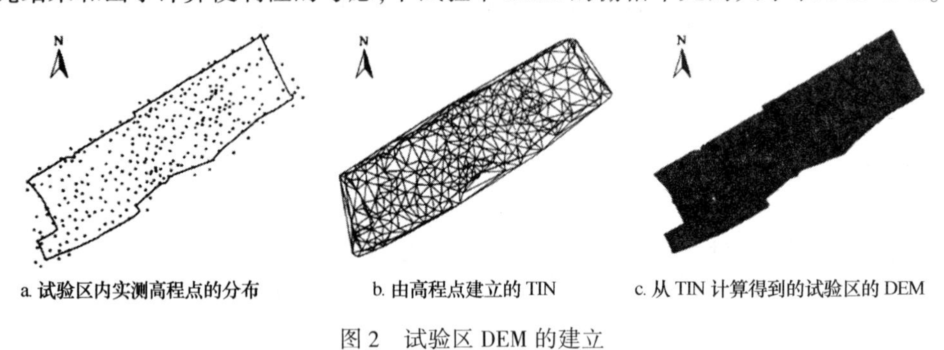

a. 试验区内实测高程点的分布　　b. 由高程点建立的 TIN　　c. 从 TIN 计算得到的试验区的 DEM

图 2　试验区 DEM 的建立

3　意义

以土地平整的高程模型为基础,充分发挥遗传算法的全局优化能力,应用遗传算法来进行土地平整设计高程的确定和土方量计算;通过对水平的、有一定坡度的和调入一定土方量这三种平整情况的计算结果,证明该研究方法是有效和可行的。土地平整中设计高程的确定和土方量计算是土地整理项目规划设计的重要内容之一,对开展规划设计、控制总投资及分配资金具有重要意义。

参考文献

[1]　沈掌泉,毛叶嵘,董云奇,等. 用数字高程模型和遗传算法确定土地平整设计高程的初步研究. 农业工程学报,2005,21(5):12-15.

牧草干燥机的设计模型

1 背景

随着中国饲料工业和集约化养殖业的蓬勃发展,蛋白质饲料资源的需求更显得迫切。特别是农业结构的重大调整,发展畜牧业尤为重要。用青草粉尤其是产量高的优质豆科牧草——苜蓿来补充蛋白质及维生素饲料资源的不足,已成为全世界畜牧业持续发展的关键。因此发展结构简单,使用方便可靠,工艺先进,生产效率高,成本低的牧草干燥机是农场、牧场及牧区的生产要求。对促进农业向粮、经、饲三元结构转变和畜牧业的发展起到重要作用。车刚等[1]通过实验对 5HC-1 型牧草保质干燥机进行了设计研究。

2 公式

5HC-1 型牧草保质干燥机的技术参数如表 1。

表 1 5HC-1 牧草保质干燥机的技术参数

长×宽×高	20640mm×1400mm×2460mm	配套动力	2.3 kW
结构形式	水平钢线带输送式	处理量	1000 kg/h
加热形式	顺流、逆流混合和余热回收加热	整机质量	2.36 t
牧草层平均厚度	40 mm	牧草切断长度	50 mm
输送链作业速度	2~3 m/min	余热回收率	≥60%

小时去水量的计算:

$$W_h = \frac{g_1 \times (M_1 - M_2)}{100 - M_2} = \frac{1000 \times (75 - 15)}{100 - 15} = 705.9(\text{kg/h})$$

式中, g_1 为单位时间进入干燥机的牧草总质量; M_1 为牧草初始含水率; g_2 为单位时间从干燥机输出牧草总质量; M_2 为牧草终了含水率。

干燥时间 τ 的计算:

$$\tau = \frac{(M_1 - M_2)}{\Delta M_h} = \frac{75\% - 15\%}{22.5\%} = 2.8 \text{ min}$$

式中, ΔM_h 为分钟降水幅度,%/min,根据紫花苜蓿薄层干燥试验确定为分钟降水幅度

22. 5%/min。

小时介质流量的计算：

$$Q = \frac{v \times (\frac{g_1 \times M_1}{100} - \frac{g_2 \times M_2}{100})}{d_2 - d_1} = \frac{v \times W_h}{d_2 - d_1}(m^3/h)$$

式中，Q 为介质体积流量，m^3/h；v 为介质干前与干后的比容，m^3/kg；d_1 为热介质干前湿含量，kg/kg，查表得：$d_1 = 0.013$；d_2 为废气的湿含量，kg/kg，查表得：$d_2 = 0.071$。

$$\rho = 0.7356kg/m^3(v = 1/\rho = 1.36m^3/kg)$$

$$Q = \frac{v \times W_h}{d_2 - d_1} = \frac{1.36 \times 705.9}{0.071 - 0.013} = 16552.13m^3/h$$

热风炉效率的计算：

$$\eta = 1 - (q_1 + q_2 + q_3 + q_4 + q_5) = 0.755$$

式中，q_1 为排烟损失，%；q_2 为化学不燃烧损失，%；q_3 为机械不完全燃烧损失，%；q_4 为散热损失，%；q_5 为灰渣热量损失，%。

耗煤量的计算：

$$B = \frac{Q}{\eta \times Q} = \frac{60 \times 10^4}{0.755 \times 5600} = 141.9kg/h$$

在保证运转稳定的条件下，最大有效拉力 F_{ec} 是影响传动能力的关键因素。最大有效拉力 F_{ec} 与初拉力 F_0 成正比。F_0 过大时，将使钢丝带的磨损加剧，缩短带与辊轮的使用寿命。F_0 过小时，带传动的工作能力得不到充分发挥。

$$F_0 = \frac{1}{2}F_{ec}\frac{e^{f\alpha} - 1}{e^{f\alpha} + 1} + qv^2$$

式中，f 为摩擦系数；α 为带在带轮上的包角；q 为单位长度上带的质量，kg/m；v 为带的线速度，m/s。

3 意义

根据牧草干燥机的设计模型，对紫花苜蓿进行常压热风干燥试验，采用自行设计的钢丝带水平输送式结构，与混流、余热回收加热、气流翻铺等先进的干燥工艺对苜蓿及其他牧草进行加工处理。在多次试验的基础上，对5HC-1型牧草保质干燥机的工艺流程、主要结构及技术性能参数进行分析研究，并且应用牧草干燥机的设计模型，研制出了适用于农场、牧场及畜牧小区的牧草干燥机型。性能测试与生产实践证明，经该机烘后的牧草品质好，生产效率高，成本低，通用性好，能够促进集约化畜牧业的快速发展。

参考文献

[1] 车刚,汪春,李成华. 5HC-1 型牧草保质干燥机的设计与试验. 农业工程学报,2005,21(6):71-73.

作物潜在的腾发量公式

1 背景

参考作物潜在腾发量反映了大气蒸发能力,其实质反映了气象因素对植物蒸发蒸腾量的影响,是计算作物需水量和荒漠植被腾发量的一个重要参数。参考作物潜在腾发量是由潜在腾发量的概念演变来的,潜在腾发量是 Penman 在 20 世纪 40 年代提出来的。胡顺军等[1]利用阿克苏平衡站 1989—1996 年的逐日气象资料,采用 Penman-Monteith 公式和 Penman 修正式计算了逐日、统计了逐月逐年参考作物潜在腾发量,对两种方法的计算结果进行比较,并对导致计算偏差的原因进行深入分析。

2 公式

计算参考作物潜在腾发量的 Penman-Monteith 公式:

$$ET_0(PM)=\frac{0.408\Delta(R_n-G)+\gamma\dfrac{900}{T_\alpha+273}U_2(e_s-e_a)}{\Delta+\gamma(1+0.34U_2)}$$

上式第一部分为辐射项,第二部分为空气动力学项,即:

$$ET_{0rad}(PM)=\frac{0.408\Delta(R_n-G)}{\Delta+\gamma(1+0.34U_2)}$$

$$ET_{0aero}(PM)=\frac{\gamma\dfrac{900}{T_a+273}U_2(e_s-e_a)}{\Delta+\gamma(1+0.34U_2)}$$

式中, $ET_0(PM)$ 为参考作物潜在腾发量, mm/d; Δ 为饱和水汽压与温度曲线的斜率, kPa/℃; R_n 为参考作物冠层表面净辐射, MJ/(m^2 · d); G 为土壤热通量, MJ/(m^2 · d); γ 为干湿表常数, kPa/℃; U_2 为 2 m 高处的平均风速, m/s; e_s 为饱和水汽压, kPa; e 为实际水汽压, kPa。

1948 年 Penman 在英格兰南部的罗塔姆蒂德(Rothamsted)地区首次提出了无水汽水平输送情况下的参考作物潜在腾发量计算,其表达式为:

$$ET_0(P)=\frac{\Delta R_n+\gamma E_a}{\Delta+\gamma}$$

该式曾在国际上广泛应用,后经多次修改,形成多种形式的彭曼修正公式,其中1979年联合国粮农组织(FAO)推荐的修正公式为:

$$ET_0(P)=\frac{\frac{P_0}{P}\frac{\Delta}{\gamma}R_n+E_a}{\frac{P_0}{P}\frac{\Delta}{\gamma}+1.0}=\frac{\frac{P_0}{P}\frac{\Delta}{\gamma}R_n}{\frac{P_0}{P}\frac{\Delta}{\gamma}+1.0}+\frac{E_a}{\frac{P_0}{P}\frac{\Delta}{\gamma}+1.0}$$

该式考虑了气压和风速修正。式中前者为辐射项,后者为空气动力学项。

$$ET_{0rad}(PM)=\frac{\frac{P_0}{P}\frac{\Delta}{\gamma}R_n}{\frac{P_0}{P}\frac{\Delta}{\gamma}+1.0}$$

$$ET_{0aero}(PM)=\frac{E_a}{\frac{P_0}{P}\frac{\Delta}{\gamma}+1.0}$$

式中,P_0为海平面平均气压,hPa;P为计算点平均气压,hPa;Δ为饱和水汽压—温度曲线上的斜率,hPa/℃;γ为干湿表常数,mbar/℃;E_a为空气动力学项,mm/d,$E_a=0.26(e_s-e_a)(1+CU^2)$;$e_s$为饱和水汽压,hPa;$e_a$为实际水汽压,hPa;$U_2$为2 m高处风速,若用气象站常规观测高度的风速则需乘以0.75的修正系数,m/s;C为与最高气温和最低气温有关的风速修正系数。

$ET_0(P)$、$ET_{0rad}(PM)$、$ET_{0aero}(PM)$为用FAO修正的Penmam公式计算的参考作物潜在腾发量、辐射项部分、空气动力学项部分。

绝对偏差:

$$\Delta ET_0=ET_0(PM)-ET_0(P)\text{(总偏差)}$$

由于辐射项处理不同造成的参考作物潜在腾发量的偏差:

$$\Delta ET_{0aero}=ET_{0aero}(PM)-ET_{0aero}(P)$$

$$\Delta ET_{0rad}/\Delta ET_0+\Delta ET_{0aero}/\Delta ET_0=1$$

或

$$R_{0rad}+R_{0aero}=1$$

式中,$R_{0rad}=\Delta ET_{0rad}/\Delta ET_0$,由辐射项处理不同造成的偏差占总偏差的百分数;$R_{0aero}=\Delta ET_{0aero}/\Delta ET_0$,由空气动力学项处理不同造成的偏差占总偏差的百分数。

相对偏差用R表示:

$$R=\frac{\Delta ET_0}{ET_0(PM)}=\frac{\Delta ET_{0rad}}{ET_0(PM)}+\frac{\Delta ET_{0aero}}{ET_0(PM)}=R_{rad}+R_{aero}$$

为了分析两种方法计算的参考作物潜在腾发量的关系,并实现两种计算结果的转化,拟建立通过原点的直线回归方程:

$$ET_0(PM) = aET_0(P)$$

根据1989—1996年阿克苏水平衡站的气象资料,采用上述两种方法的计算结果,建立每月的回归方程如表1所示,二者具有良好的相关关系。

表1 用Penman-Monteith公式与Penman公式计算的参考作物潜在腾发量之间的回归方程

月份	回归方程	样本数	相关系数	显著性
1	$ET_0(PM) = 1.0622ET_0(P)$	215	0.675 8	极显著
2	$ET_0(PM) = 0.9805ET_0(P)$	191	0.928 4	极显著
3	$ET_0(PM) = 0.9491ET_0(P)$	218	0.948 6	极显著
4	$ET_0(PM) = 0.9393ET_0(P)$	207	0.893 6	极显著
5	$ET_0(PM) = 0.9241ET_0(P)$	249	0.787 9	极显著
6	$ET_0(PM) = 0.9191ET_0(P)$	241	0.772 5	极显著
7	$ET_0(PM) = 0.9558ET_0(P)$	249	0.849 2	极显著
8	$ET_0(PM) = 0.9316ET_0(P)$	249	0.886 0	极显著
9	$ET_0(PM) = 0.9032ET_0(P)$	241	0.918 5	极显著
10	$ET_0(PM) = 0.9178ET_0(P)$	249	0.915 5	极显著
11	$ET_0(PM) = 0.9739ET_0(P)$	239	0.9239	极显著
12	$ET_0(PM) = 0.1127ET_0(P)$	247	0.743 1	极显著
全年	$ET_0(PM) = 0.9301ET_0(P)$	2 803	0.974 3	极显著

3 意义

利用1989—1996年阿克苏水平衡试验站的气象资料,对Penman-Monteith公式和Penman修正式计算的参考作物潜在腾发量进行了比较。Penman修正式计算的参考作物潜在腾发量年值略大于Penman-Monteith公式计算的年值,绝对偏差为42~128 mm,相对偏差为3.3~9.8%,且年际间变化不大。各月的参考作物潜在腾发量变化较大,绝对偏差可正可负,1月、2月、12月小于0,3—10月大于0,相对误差1月、12月较大,2月、11月较小,其他月份变化不大。导致计算偏差的原因在于两种公式采用了不同的辐射项和空气动力项计算公式和参数。两种公式计算的参考作物潜在腾发量具有显著的线性相关性。

参考文献

[1] 胡顺军,潘渝,康绍忠,等. Penman-Mont eith与Penman修正式计算塔里木盆地参考作物潜在腾发量比较. 农业工程学报,2005,21(6):30-35.

滴灌流道的抗堵模型

1 背景

灌水器堵塞问题一直是滴灌系统难以解决的瓶颈问题，虽然综合利用各种物理化学方法进行处理，但灌水器仍存在不同程度的堵塞。迷宫灌水器内部流动状态对整个灌水器性能有很大的影响，而其流道形状复杂，制造和测量难度都较大，现有的研究多倾向于宏观水力学特性的研究，对于灌水器迷宫流道内部流动场的微观化分析研究较少。魏正英等[1]通过实验对滴灌灌水器迷宫流道主航道抗堵的设计方法进行了研究。

2 公式

选择实际使用中典型的国产灌水器（陕西秦川节水、和平公司）的迷宫流道进行研究，其设计如图 1，流道中的水为定常流动的常温不可压缩流体。

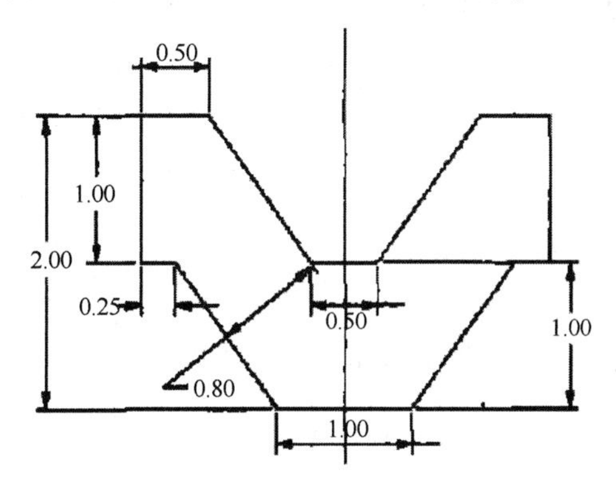

图 1　灌水器迷宫流道设计图

流道中流体的控制方程如下。

层流：

$$\frac{\partial u}{\partial x} + \frac{\partial v}{\partial y} + \frac{\partial w}{\partial z} = 0$$

式中，u,v,w 分别表示流体在 x,y,z 方向的速度分量。

紊流：

$$\frac{\partial u}{\partial x}+\frac{\partial v}{\partial y}+\frac{\partial w}{\partial z}=0$$

ε 方程：

$$\frac{\partial \bar{u}}{\partial x}+\frac{\partial \bar{v}}{\partial y}+\frac{\partial \bar{w}}{\partial z}=0$$

$$\rho \frac{\partial \varepsilon}{\partial t}+\rho_{uk} \frac{\partial \varepsilon}{\partial x_k}=\frac{\partial}{\partial x_k}[(\eta+\frac{\eta_t}{\sigma_\varepsilon})]+\frac{c_1 \varepsilon}{k}\eta_t \frac{\partial u_i}{\partial x_j}(\frac{\partial u_i}{\partial x_j}+\frac{\partial u_i}{\partial x_i})-c_2 \rho \frac{\varepsilon^2}{k}$$

k 方程：

$$\rho \frac{\partial k}{\partial t}+\rho_{u_j} \frac{\partial k}{\partial x_j}=\frac{\partial}{\partial x_j}[(\eta+\frac{\eta_t}{\sigma_k})\frac{\partial k}{\partial x_j}]+\eta_t \frac{\partial u_i}{\partial x_j}(\frac{\partial u_i}{\partial x_j}+\frac{\partial u_i}{\partial x_i})-\rho \varepsilon$$

式中，η 为分子黏性；η_t 为紊流黏性系数。k-ε 方程中的 3 个系数（c_μ，c_1，c_2）和 3 个常数（σ_k，σ_z，σ_T）为经验常数，其值如表 1。

表 1　k-ε 模型中的系数

c_μ	c_1	c_2	σ_k	σ_z	σ_T
0.09	1.44	1.92	1.0	1.3	0.9~1.0

雷诺数 R_e 通常用来判别流动状态：

$$R_e=\frac{De\bar{V}}{v}=\frac{De}{v}\cdot\frac{q}{A}$$

式中，q 为灌水器的流量，L/h；A 为灌水器流道横截面面积，mm^2；De 为当量直径，mm，因灌水器流道横截面为矩形，当量直径 De 为水力半径 R 的 4 倍，$De=4R=4\frac{a\cdot b}{2(a+b)}=\frac{2a\cdot b}{(a+b)}$，$a$，$b$ 为流道横截面长和宽，mm，$A=a\cdot b$，此处 $a=b=1$ mm；v 为流体的运动黏性系数，20℃ 时水的运动黏性系数 $v=1.003\times10^{-6} m^2/s$。

3　意义

根据滴灌灌水器的各种微小迷宫流道形式，建立了滴灌流道的抗堵模型，应用计算流体力学（CFD）数值模拟，可视化地揭示了迷宫流道内部流动场的情况，并通过流体力学相似实验，用激光多普勒测速仪（LDV）测量了流道中的速度流场，验证了流态模拟计算的正确性。在此基础上，分析了迷宫流道的堵塞机理，针对流道中存在的流动滞止区结构，提出迷宫流道主航道抗堵优化设计方法，使优化后流道中不存在流动滞止区，提高迷宫型灌水器的抗堵性能,并通过了实验验证。

参考文献

[1] 魏正英,赵万华,唐一平,等. 滴灌灌水器迷宫流道主航道抗堵设计方法研究. 农业工程学报,2005,21(6):1-7.

砖红壤的水分运动模型

1 背景

滴灌是节水灌溉技术中常用的方式之一，由于在作物根部灌溉，节水效益明显，因此，滴灌条件下土壤水分运移及其分布成为重要的研究内容。目前，主要通过试研究滴灌条件下土壤中水分运动规律及其分布特性，并进行数值计算与模拟。李就好等[1]在以前的研究基础上，对雷州半岛地区砖红壤在滴灌条件下的水分入渗特性进行研究，通过试验确定在滴灌条件下砖红壤中水分含量随时间的变化规律，为该地区的节水灌溉提供依据。

2 公式

用0.5L/h、1.0L/h 和3.0 L/h 3 种流量进行滴灌试验，根据土壤水分入渗情况，实时绘制不同时刻的土壤湿润峰，然后进行湿润峰的测量。通过拟合得到湿润半径与时间的关系为：

$$R = at^{\beta}$$

式中，R 为湿润半径，cm；t 为时间，min；a、β 为回归系数，其值见表 1。

表 1 不同流量下表面湿润半径与滴灌时间的回归关系表

编号	土壤类型	流量(L/h)	a	β	R^2
1	砖红壤	3	7.364 7	0.259 5	0.997 9
2		1	4.013 9	0.328 3	0.999 5
3		0.5	3.591 2	0.299 9	0.998 2
4	粉质黏土	3	6.104	0.294	0.942 8
5	重粉质黏土	5	3.088	0.397	0.946 7

根据回归方程，把水平扩散与时间的关系绘制成曲线，如图 1 所示。从图中可以看出，流量愈大，水平扩散速度愈快，以流量为 3 L/h 的砖红壤(曲线 1)水平扩散最快。在相同滴灌流量下砖红壤水平扩散速率大于粉质黏土和重粉质黏土。

砖红壤湿润峰的垂直入渗距离(扩散深度)与滴灌时间关系回归方程为：

$$L = \lambda t^{\omega}$$

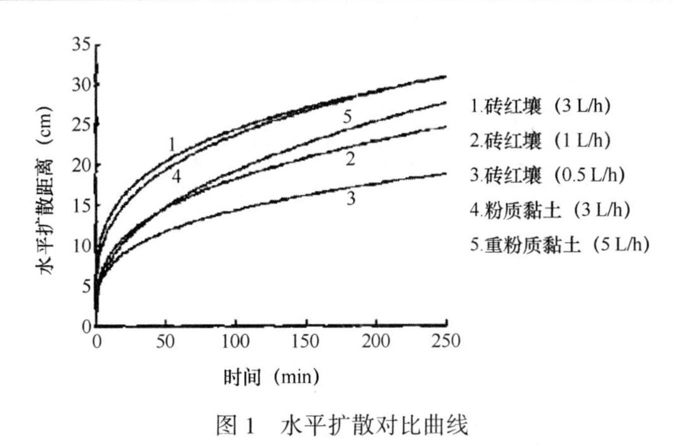

图 1　水平扩散对比曲线

式中，L 为垂直扩散深度，cm；t 为时间，min；λ、ω 为回归系数，其值如表 2。

表 2　不同流量下垂直扩散深度与滴灌时间的回归关系表

编号	土壤类型	流量（L·h）	λ	ω	R^2
1	砖红壤	3	3.014	0.384 8	0.971
2		1	2.754	0.392 2	0.997
3		0.5	2.196 8	0.390 6	0.999
4	粉质黏土	3	1.943	0.563	0.870
5	重粉质黏土	5	2.463	0.563	0.870
				0.597	0.966

3　意义

为了研究砖红壤水分入渗特性，并为雷州半岛旱作节水农业提供依据，在室内滴灌条件下进行了砖红壤水分入渗的试验研究，建立了砖红壤的水分运动模型。通过该模型的计算可知，砖红壤水分的水平扩散、垂直扩散都与滴灌时间呈指数关系，并与流量成正相关关系。当流量为 0.5 L/h 和 1.0 L/h 时，砖红壤中水分扩散运动分为两个阶段：由开始的水平扩散速率大于垂直扩散速率过渡到水平与垂直等速扩散。对于砖红壤土质，为了能使水分入渗达到一定深度，选择流量 0.9~1.2 L/h 对短期浅根作物连续滴灌 4 h 是合理的。

参考文献

[1]　李就好，谭颖，张志斌，等．滴灌条件下砖红壤水分运动试验研究．农业工程学报，2005，21（6）：36-39.

摄像机的标定模型

1 背景

摄像机标定是指建立图像像素位置和场景点位置之间的关系，目前的摄像机标定技术大致可归结为摄像机标定方法和摄像机自标定方法两类，本系统采用的标定方法为前一种。首先建立实际的摄像机模型，然后基于特定的试验条件和已知的标定参照物，对图像进行处理。最后利用数学变换计算摄像机模型的内部参数和外部参数。林家春和李伟[1]就多目标动态检测中摄像机标定技术进行了展开。

2 公式

从世界坐标(X,Y,Z)到摄像机3-D坐标(x,y,z)的变换，该变换可表示为：

$$\begin{bmatrix} x \\ y \\ z \end{bmatrix} = R \begin{bmatrix} X \\ Y \\ Z \end{bmatrix} + T$$

式中，R，T为分别为3×3旋转矩阵和1×3平移矢量。

$$R = \begin{bmatrix} r_1 & r_2 & r_3 \\ r_4 & r_5 & r_6 \\ r_7 & r_8 & r_9 \end{bmatrix}, T = [\, T_x \quad T_y \quad T_z \,]^T$$

从摄像机3-D坐标(x,y,z)到无失真平面坐标(x',y')的变换是式为：

$$x' = f\frac{x}{z}$$

$$y' = f\frac{y}{z}$$

从无失真的像平面坐标(x',y')到受镜头径向畸变而偏移的实际像平面坐标(x^*,y^*)的变换式为：

$$x^* = x' - R_x$$

$$y^* = y' - R_y$$

式中，R_x和R_y代表镜头的径向畸变。从理论上讲镜头会有两类畸变：径向畸变和切向畸

变,但切向畸变比较小,这里忽略其影响。径向畸变可表示为:

$$R_x = x^*(k_1r^2 + k_2r^2 + \cdots) = x^*kr^2$$

$$R_y = y^*(k_1r^2 + k_2r^2 + \cdots) = y^*kr^2$$

其中,

$$r = \overline{x^{*2} + y^{*2}}$$

实际的像平面坐标(x^*, y^*)到计算机坐标(M,N)的变换式为:

$$M = \mu\frac{x^*M_x}{S_xL_x} + O_m$$

$$N = \frac{y^*}{S_y} + O_n$$

式中,M,N为数字图像中像素的坐标(计算机坐标);O_m,O_n为数字图像中心像素的坐标;S_x为沿x方向(扫描线方向)两相邻传感器中心间的距离;S_y为沿y方向两相邻传感器中心的距离;L_x为X方向传感器元素的个数;M_x为计算机在一行里的采样数(像素个数)。

将上述步骤结合起来,就可得到将计算机图像坐标(M,N)与摄像机系统中目标点3-D坐标联系起来的关系式:

$$M = f\frac{r_1X + r_2Y + r_3Z + T_x}{r_7X + r_8Y + r_9Z + T_z}\frac{\mu M_x}{(1 + kr_2)S_xL_x} + O_m$$

$$N = f\frac{r_4X + r_5Y + r_6Z + T_y}{r_7X + r_8Y + r_9Z + T_z}\frac{\mu M_x}{(1 + kr_2)S_y} + O_n$$

利用欧拉角可将旋转矩阵表示成为θ,Ψ和Φ的函数:

$$R = \begin{bmatrix} co\Psi co\theta & in\Psi co\theta & -in\theta \\ -in\Psi co\Phi + co\Psi in\theta & co\Psi co\Phi & co\theta\ in\Phi \\ in\Psi in\Phi + co\Psi in\theta\ co\Phi & -co\Psi in\Phi & co\theta\ co\Phi \end{bmatrix}$$

设中间摄像机以图像拼接标记线为定标基准,它的实际图像坐标X_d,X_d与中心O点的连线与X轴夹角为α,左右两个摄像机分别以中间摄像机为定标基准,分别与中间摄像机定标线夹角为β、γ,则有:

$$X_d = X \cdot co\alpha$$

$$Y_d = Y \cdot in\alpha$$

同理,设左右两个摄像机的实际图像坐标分别为X_{dz},Y_{dz}和X_{dy},Y_{dy},它们与中间摄像机的实际图像坐标X_d,Y_d的关系如下:

$$X_{dz} = X_d \cdot co\alpha = X \cdot co\alpha \cdot co\beta$$

$$Y_{dz} = X_d \cdot in\beta = Y \cdot in\alpha \cdot in\beta$$

$$X_{dy} = X_d \cdot co\gamma = X \cdot co\alpha \cdot co\gamma$$

$$Y_{dy} = Y_d \cdot in\gamma = Y \cdot in\alpha \cdot in\gamma$$

3 意义

根据多摄像机联合测量的要求,建立了摄像机的标定模型,研制了标定模板;分析了三摄像机联合采集的系统误差,对3台摄像机采集信息输入过程中的数据精确性问题进行了研究,确定了3台摄像机之间系统误差分析模型及标定方法。建立了3个摄像机之间安装系统调整误差的几何关系,通过系统标定,求解了角度畸变量α、β、γ值,较好地解决了3台摄像机采集信息并行输入过程中的数据一致性问题。

参考文献

[1] 林家春,李伟. 多目标动态检测中摄像机标定技术研究. 农业工程学报,2005,21(6):18-21.

黑米皮抗氧化物质的提取公式

1 背景

近 20 年来,活性氧和自由基研究成为现代生命科学的热点,评价和筛选具有强抗氧化活性的天然资源已成为生物学、医学和食品科学研究的新趋势。黑米作为重要的优异稻种资源,因其糙米(颖果)的果皮和种皮内富集有天然花色苷类化合物而得名。目前对天然产物的分离新方法主要有大孔吸附树脂法、CO_2超临界萃取法和高速逆流色谱法等。其中,大孔吸附树脂分离法简单易行,且具有成本低、效率高、稳定性好和容易再生等特点。张名位等[1]通过实验对黑米皮抗氧化活性物质的提取与分离工艺进行了研究。

2 公式

将三角瓶置于摇床上振荡,充分吸附后,过滤,测定滤液中的总抗氧化能力 TAG,按下式计算树脂的吸附能力(Absorption capacity,AC):

$$AC = (TAC_1 - TAC_2) \times V/W$$

式中,AC 为吸附能力,u/g; TAC_1 为起始溶液 TAC,u/mL;TAC_2为剩余溶液 TAC,u/mL;V 为溶液体积,mL;W 为树脂重,g 。

将吸附饱和的树脂滤干后,置于 250mL 具塞磨口的三角瓶中,加入解吸剂,将三角瓶置于摇床上振荡,充分解吸后,过滤,测定滤液中的总抗氧化能力 TAC_3,按下式计算树脂在室温下的解吸率(Desorptionration,DR):

$$DR = TAC_3/(AC \times W) \times 100\%$$

式中,DR 为解吸率,%;TAC_3为解吸后滤液的 TAC,u/mL。

根据表 1 正交试验结果,应用 SPSS10. 0 统计分析软件进行数据处理,得表 2 方差分析结果。

表 1 黑米皮抗氧化物质浸提 $L_9(3^4)$正交试验方案及测定结果

编号	因素				TAC(u/mL)
	A	B	C	D	
1	A_1	B_1	C_1	D_1	2 677. 28

续表

编号	因素				TAC(u/mL)
	A	B	C	D	
2	A_1	B_2	C_2	D_2	5 316.91
3	A_1	B_3	C_3	D_3	4 334.57
4	A_2	B_1	C_2	D_3	5 035.89
5	A_2	B_2	C_3	D_1	4 271.02
6	A_2	B_3	C_1	D_2	5 549.58
7	A_3	B_1	C_3	D_2	3 466.66
8	A_3	B_2	C_1	D_3	4 043.23
9	A_3	B_3	C_2	D_1	4 829.97
K_1	4 109.60	3 726.61	4 090.13	3 926.09	
K_2	4 952.30	4 543.72	5 050.92	4 777.72	
K_3	4 113.29	4 904.70	4 024.08	4 471.23	
R	842.60	1 178.10	1 026.84	851.63	

表 2　黑米皮抗氧化物质浸提正交试验方差分析表

变异是来源	平方和 $SS(\times10^6)$	自由度 DF	均方 $MS(\times10^6)$	F 值
A	4.25	2	2.12	32.92
B	6.55	2	3.27	50.77
C	5.16	2	2.58	40.06
D	3.34	2	1.67	25.93
误差	1.16	18	0.064	
总计	20.40	26		

3　意义

根据黑米皮抗氧化物质的提取公式,以总抗氧化能力为活性跟踪指标,应用正交试验研究了黑米皮抗氧化活性物质的提取条件。从而可知黑米皮抗氧化物提取的最佳浸提条件为:以黑米皮为材料,以 60%乙醇为溶剂,料液比 1∶4、浸提温度 60℃、浸提时间 4 h。通过静态与动态吸附性能比较,从 8 种大孔吸附树脂中筛选出对黑米皮抗氧化活性物质吸附性能最好的树脂为 NKA-II,其最佳解吸剂为 70%乙醇溶液。经 NKA-II 吸附分离后,黑米皮抗氧化提取物的总抗氧化能力提高 4.00 倍,总花色苷含量提高 4.01 倍。

参考文献

[1] 张名位,郭宝江,池建伟,等. 黑米皮抗氧化活性物质的提取与分离工艺研究. 农业工程学报,2005,21(6):135-139.

土地利用的景观空间模型

1 背景

景观空间格局是生态系统或系统属性空间变异程度的具体表现，它包括空间异质性、空间相关性和空间规律性等。景观空间格局有均匀分布、聚集布局、线状布局、平等布局和共轭布局等。空间格局决定资源地理环境的分布形成和组分，制约各种生态过程，与干扰能力、恢复能力、系统稳定性和生物多样性有密切的联系。郝仕龙等[1]通过实验对黄土丘陵小流域土地利用景观空间格局进行了动态分析。

2 公式

平均斑块面积(S_{MPS})与平均斑块周长(L_{MPE})是景观格局最基本的空间特征，也是计算其他空间特征指标的基础。从生物学角度说，斑块大小既影响能量和营养的分配，也影响物种的数量：

$$S_{MPS} = \left[\sum_{j=1}^{n} a_{ij}/n_j \right] \times (1/10000)$$

$$L_{MPE} = \left[\sum_{j=1}^{n} e_{ij}/n_j \right] \times (1/10000)$$

式中，$i = 1,2,\cdots,m$，m 为斑块类型序号；$j = 1,2,\cdots,n$，n 为斑块序号；a_{ij} 为斑块面积；e_{ij} 为斑块周长；n_j 为景观中类型 i 的斑块数。

分维数是分维变量的维度，常用来测定斑块形状的复杂程度。斑块的分维数采用周长与面积关系进行计算，公式为：

$$FD = 2\log(L_{MPE}/4)/\log(S_{MPS})$$

式中，FD 值的理论范围为 1.0~2.0，其中 1.0 代表形状最简单的正方形斑块，2.0 代表等面积下周边最复杂的斑块。

斑块伸长指数(G)：

$$G = L_{WPE}/\overline{S_{MPS}}$$

正方形斑块 G 值等于 4，G 值越大，斑块形状越长。

斑块形状指数(SI):

$$SI = L_{MPE}/2\pi\overline{S_{MPS}}$$

描述景观由少数几个主要的景观类型控制的程度,优势度指数越大,表明偏离程度越大,即组成景观各景观类型所占比例差异大;优势度小则表明偏离程度小,即组成景观的各种景观类型所占比例差异小,优势度为 0 则组成景观各种景观类型所占比例相等;景观完全,即由一种景观类型组成。优势度指数计算公式为:

$$D = \ln(n) + \sum_{i=1}^{n} P_i \cdot \ln(P_i)$$

式中,$\ln(n)$ 为最大多样性指数,表明研究区各类型景观所占比例相等时,景观具有最大的多样性指数。

当景观均质时,多样性指数为 0,组成景观的各要素比例越接近,其多样性越大,反之则越低。根据信息理论,多样性指数表示为:

$$SHDI = -\sum_{i=1}^{m} P_i \times \ln(P_i)$$

景观破碎度表示景观的破碎化程度,F 值越大,景观破碎化程度越高,公式为:

$$F = [(N-1)/C] \times 100\%$$

式中,N 为景观中斑块总数;C 为景观分布于格网中的栅格总数。

土地利用相对合理指数

其主要反映了在一定区域内土地利用的合理程度,在此主要从黄土区水土保持角度出发,考虑对各种土地利用方式的景观参数,计算方法为:

$$R = \left(\sum_{j=1}^{n}\sum_{i=1}^{m} L_i \cdot S_i\right)/n$$

式中,L_i 为某一坡度段第 i 种土地利用类型所占百分比;S_i 为该坡度段对 i 种土地利用的适宜程度,m 为土地利用类型的总数目;n 为坡度的分级数。

3 意义

根据地理信息系统支持下获得计算景观多样性的有关参数,选取斑块大小及数量、分维数、斑块伸长指数、多样性、优势度、均匀度和破碎度等指标,建立了土地利用的景观空间模型,对黄土丘陵小流域 10 年来景观多样性动态变化进行分析。从该模型的计算可知耕地、林地、园地、居民点用地及草地分维数略有下降,未利用地分维数有所上升,而水域分维数保持不变,政策因素的引导及经济利益的驱动是该试区土地利用景观格局变化的主要原因。

参考文献

[1] 郝仕龙,陈南详,柯俊．黄土丘陵小流域土地利用景观空间格局动态分析．农业工程学报,2005,21(6):50-53.

土壤质量的评价模型

1 背景

目前,土壤质量评价方法处于起步阶段,而土地评价方法则比较丰富和系统,主要包括参数法、模型法、景观生态法、土地系统分析法和地理信息系统法,其中很多评价方法和原理可以借鉴到土壤质量的评价之中。但将这些模型和方法应用于土壤质量评价时表现出一定的局限性。杨海东等[1]通过实验分析了基于 DNA 编码的人工免疫模型在土壤质量评价中的应用。

2 公式

对 DNA 串的选择是以 DNA 串的期望繁殖率 e_i 为基准。设当前的子代 DNA 串群体为 C_{k-1} ,分别计算 C_{k-1} 中 N 个 DNA 串的适应度 ax_v 和期望繁殖率 e_i 。具体计算过程如下。

(1)计算 DNA 串 V 的浓度 c_v

$$c_v = [\sum_{i=1}^{N} ac_{vw}]/N$$

其中,

$$ac_{vw} = \begin{cases} 1 & a_{y,w} \geqslant T_{ac} \\ 0 & a_{y,w} < T_{ac} \end{cases}$$

式中, $a_{y,w}$ 为抗体 y 和 w 之间的结合度; T_{ac} 为一预先确定的值。

(2)计算 DNA 串 V 的期望繁殖率

$$e_i = ax_v/c_v$$

变异率 p_m 按期望繁殖率值自动调整,具体公式如下:

$$p_m = \begin{cases} \dfrac{k_1(e_{\max} - e)}{e_{\max} - e_{avg}} & e > e_{avg} \\ k_2 & e < e_{avg} \end{cases}$$

式中, $e_{\max}$ 为 DNA 串群中最大期望繁殖率值; e_{avg} 为每代 DNA 串群的平均期望繁殖率值; e 为要变异 DNA 串的期望繁殖率值。

当前群体中的每一 DNA 个体 c,都对应着 4 个中心。按照试验区土壤质量评价的要求

将集合分为 4 簇,对于第 i 簇 C_i ,定义其簇内距离为:

$$S_i = \frac{1}{|C_i|}\sum_{x \in C_i} \| x - z_i \|$$

式中, z_i 为簇 C_i 的均值。定义簇 C_i 和簇 C_i 之间的簇间距离为:

$$d_{ij} = \| z_i - z_j \|$$

并定义:

$$R_i = \max_{i \neq j}\left\{\frac{S_i + S_j}{d_{ij}}\right\}$$

则试验区土壤质量评价的目标函数定义为:

$$DB = \frac{1}{K}\sum_{j=1}^{K} R_i$$

个体 c 的适应度定义为:

$$f(c) = 1DB$$

3 意义

通过分析人工免疫模型中二进制编码所存在的问题,提出采用 DNA 编码对其进行改进,构造一种基于 DNA 编码的人工免疫模型进行土壤质量评价,于是得到了土壤质量的评价模型。利用该模型对东莞赤红壤现代农业试验区进行土壤质量评价,将试验区土壤质量分为 4 等,根据实地抽样对照评价的结果,结果表明采用基于 DNA 编码的人工免疫模型进行土壤质量评价时与实际相符,并具有稳定、结果可靠等特点,能较好地解决在进行土壤质量评价时,对具有空间特性、模糊性、不确定性以及多指标的对象难以评价的问题。

参考文献

[1] 杨海东,胡月明,邓飞其. 基于 DNA 编码的人工免疫模型在土壤质量评价中的应用. 农业工程学报,2005,21(6):40-44.

施肥尺度的效应模型

1 背景

精准农业的一项重要内容是变量施肥,也常常是精准农业技术体系研究的一个切入点,是迄今学术界研究最多也是争议较多的一个领域。变量施肥一般通过网格取样和地统计学空间插值,获得土壤养分的空间变异情况,以此为基础将地块分成不同的变量管理单元,并利用施肥模型按照每个单元的土壤养分水平和共同的产量目标计算各个单元的施肥量,然后再进行变量施肥。潘瑜春等[1]通过实验基于 GIS 的变量施肥尺度效应进行了模拟系统的分析。

2 公式

尺度效应模拟分析研究中,首要问题是土壤养分数据的获取,以便为模拟提供数据源,然后根据数据源模拟计算生成不同施肥尺度条件下的施肥量、产量和肥料利用效率,最后通过不同尺度下的模拟分析结果进行尺度效应分析研究,确定施肥的最佳尺度,生成相应尺度的施肥管理决策信息,具体流程如图 1 所示。

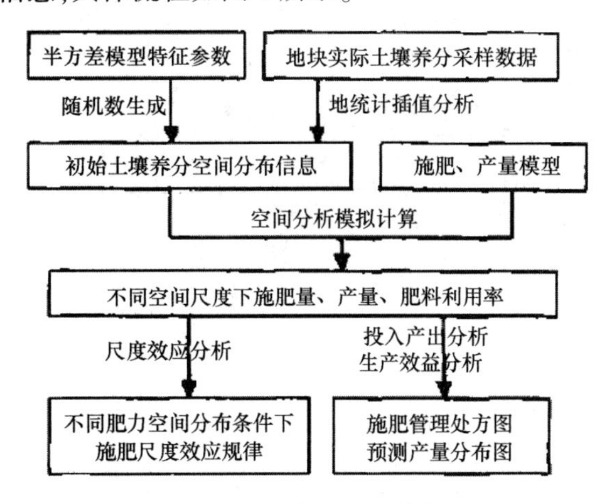

图 1 尺度效应模拟分析数据流程

以玉米氮肥变量施肥为例,利用系统进行了模拟。首先通过用“Turning Band Method”

方法随机生成符合指定均值、方差和空间分布(反映空间自相关特性的半方差模型)的一组随机数据(共104个数),其中方差为379.5、均值为20.96,相关距为200 m,产生的数据空间分布半方差模型符合指数模型:

$$\lambda(h) = c_0 + c(1 - e^{-\frac{h}{a}})$$

式中,c_0 为 nugget (块金值);c 为 sill(基台值);$3a$ 为 range(相关距),称它们为半方差模型参数。

其中施肥量是根据采用 North Dakota 的基于0~60 cm 土壤硝态氮的玉米施氮模型计算得到:

$$N = 0.022474YG - 8.40042STN$$

式中,YG 为目标产量;STN 为0~60cm 土壤硝态氮含量,$\times10^6$;N 为纯氮施用量,kg/hm^2,当 $N<0$ 时,取 $N=0$。

计算不同尺度下的增产量,即:

$$\Delta Y = Y_{100} - Y'_{100}$$

图2是由方差为23.18、相关距为200 m 生成的均值分别为 24.68×10^6、21.68×10^6、18.68×10^6、15.68×10^6、11.68×10^6、9.68×10^6 的土壤硝态氮数据所模拟结果制作的肥料增产效率与施肥单元面积关系曲线图。

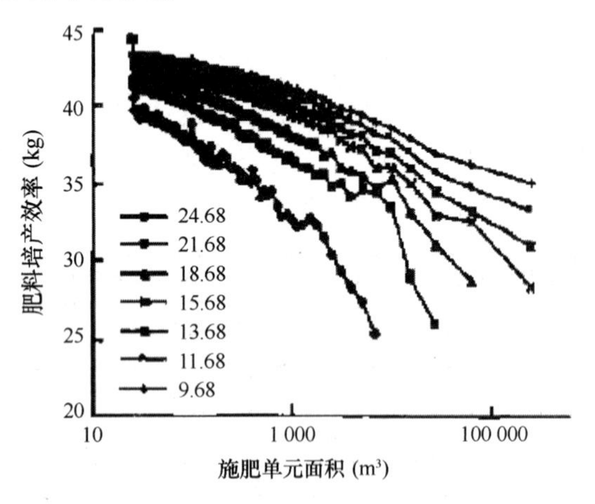

图2　不同均值养分变量施肥尺度效应

3　意义

系统通过随机数生成法或地统计分析法生成最小尺度条件下的土壤养分空间分布数据,以此为基础,采用 GIS、计算机模拟技术模拟不同尺度的养分空间分布,并以肥料效应模型和产量模型计算不同尺度条件下的施肥量、产量和肥料利用效率,最后通过曲线图、三原色合成影像和 GIS 专题图实现形象直观的模拟结果。结果表明 GIS 空间分析和可视化技术及计算机模拟技术能在数据处理、分析和结果可视化方面为变量施肥理论研究提供有力的支持。

参考文献

[1] 潘瑜春,薛绪掌,陈立平,等. 基于 GIS 的变量施肥尺度效应模拟系统. 农业工程学报,2005,21(6):77-81.

作物株型的遥感识别模型

1 背景

由于小麦群体具有一定的冠层几何结构，Pepper 等提出利用叶向值（LOV）反映叶片倾斜角度和发生角度倾斜的位置，即表示叶片直立和平展的程度，其数值越大，表示叶片越直立，则株型紧凑（直立型）；其数值越小，表示叶片越披散，则株型平展（披散型），处于两者之间的株型中等（中间型）。黄文江等[1]综合考虑不同株型品种的叶面积指数等动态变化规律，以及在不同观测天顶角条件下，目标中植被和土壤比例发生的变化，来实现作物株型的遥感识别。

2 公式

小麦株型的划分是依据拔节期分别测量每片叶的叶长（L，cm）、叶基至叶片空间最高点的距离（h，cm）、叶片与茎秆的夹角（θ °），依据下式计算：

$$LOV = \sum_{i=1}^{n} [a\,(h/L)_i/n]$$

式中，a 为叶倾角，$a = 90° - \theta$，θ 为叶片与茎秆的夹角；h 为叶基部到叶片最高处的长度；L 为每片叶的叶长；n 为叶片数。

选取拔节期冠层反射光谱，对在蓝光（450 nm）、绿光（550 nm）、红光（680 nm）、近红外（800 nm 和 1100nm）以及归一化植被指数的变化情况进行研究。定义归一化植被指数（$NDVI$）为：

$$NDVI = (R_{800} - R_{680})/(R_{800} + R_{680})$$

式中，R_{800}，R_{680} 分别为波长为 800 nm 和 680 nm 处的冠层光谱反射率。

由表 1 可知，冬小麦处于不同叶面积指数区间，直立型、中间型和披散型品种对不同波段的冠层光谱反射率和归一化植被指数的差异度不同。

表 1　不同株型品种在不同叶面积指数下的特征波段光谱反射率(%)及光谱指数

叶面积指数	品种类型	品种名称	*LAI*	450 nm	550 nm	680 nm	800 nm	1 100 nm	*NDVI*
LAI≈2.3 (A)	直立型	鲁麦 21	2.38	2.32	4.69	3.67	30.40	32.84	0.78
	中间型	9158	2.34	2.51	5.32	2.53	37.68	38.81	0.86
	披散型	临抗 2	2.20	2.57	5.29	3.01	39.83	41.54	0.86
	标准差(*STDEV*)		0.09	0.13	0.36	0.44	4.94	4.58	0.04
	方差(*VAR*)		0.01	0.02	0.13	0.19	24.41	20.93	0.00
	平均值($\bar{x}$)		2.31	2.47	5.10	3.17	35.97	37.83	0.83
	变异系数(*cv*)		4.10	5.16	7.02	13.92	13.74	12.09	5.20
LAI≈2.6 (B)	直立型	P72.59	2.28	4.53	3.02	34.13	35.95	0.84	
	中间型	中麦 16	2.59	2.40	4.79	3.04	38.32	40.42	0.85
	披散型	9507	2.53	2.73	6.11	3.52	41.18	43.81	0.88
	标准差(*STDEV*)		0.03	0.24	0.85	0.28	3.55	3.94	0.02
	方差(*VAR*)		0.00	0.06	0.71	0.08	12.59	15.55	0.00
	平均值($\bar{x}$)		2.57	2.47	5.14	3.19	37.88	40.06	0.86
	变异系数(*cv*)		1.35	9.55	16.43	8.69	9.37	9.84	2.70
LAI≈3.1 (C)	直立型	I-93	3.07	1.80	3.88	2.06	35.08	35.84	0.86
	中间型	超优 66	3.11	2.33	.478	2.84	36.11	38.02	0.87
	披散型	农大 3214	3.15	2.30	5.20	2.71	40.23	42.11	0.90
	标准差(*STDEV*)		0.04	0.30	0.67	0.42	2.72	3.18	0.02
	方差(*VAR*)		0.00	0.09	0.45	0.17	7.41	10.11	0.00
	平均值($\bar{x}$)		3.11	20144.62	2.54	37.14	38.66	0.87	
	变异系数(*cv*)		1.29	13.98	14.56	16.39	7.33	8.22	1.99
LAI≈4.1 (D)	直立型	京 411	4.42	1.72	3.91	1.69	42.75	42.35	0.89
	中间型	京冬 8	4.14	2.25	4.86	2.27	43.59	44.75	0.90
	披散型	4P3	4.10	2.50	5.44	2.61	47.05	47.34	0.91
	标准差(*STDEV*)		0.06	0.40	0.77	0.46	2.28	2.50	0.01
	方差(*VAR*)		0.00	0.16	0.59	0.22	5.20	6.24	0.00
	平均值($\bar{x}$)		4.15	2.16	4.74	2.19	44.46	44.81	0.90
	变异系数(*cv*)		1.47	18.44	16.24	21.23	5.13	5.58	0.78

3　意义

根据作物株型的遥感识别模型,定量研究了不同叶面积指数条件下,作物株型对冠层反射光谱的影响。并提出运用波长 800 nm 处起身期的冠层反射光谱与该波长处拔节期和起身期冠层反射光谱的比值,可以初步实现高密度披散型品种、低密度披散型品种、高密度中间型品种、低密度中间型品种、高密度直立型品种和低密度直立型品种的遥感识别,结合一定条件下选取的 15°、30°和 45°观测天顶角下,与可见光和近红外波段(波长)处的二向反射冠层反射光谱数值大小进行结合,可以初步实现作物株型的遥感识别。

参考文献

[1] 黄文江,王纪华,刘良云,等. 基于多时相和多角度光谱信息的作物株型遥感识别初探. 农业工程学报,2005,21(6):82-86.

蘑菇单体的检测定位模型

1　背景

进入 20 世纪 90 年代时,随着计算机技术和信息采集与处理技术的发展,机器视觉与农业机器人的研究得到重视,智能农业机械装备的研究已成为一个重要的研究方向。在日本和欧美等发达国家,近 20 年来,一直致力于采摘机器人的研究与开发。随着城市化和现代化进程的加快,具有机器视觉的蘑菇采摘机器人,将实现蘑菇的采摘和分类自动化。俞高红等[1]对机器视觉的蘑菇单体检测定位算法及其边界描述进行了探讨。

2　公式

设二维图像点(i,j)对应像素的灰度值为$f(i,j)$,则搜索满足下列条件的像素点:

$$f(i,j) \geqslant thr \quad i = 1,2,\cdots,row\_num; \quad j = 1,2,\cdots,col\_num$$

式中,row_num,col_num 分别为整幅图像的行数和列数。

中心坐标计算公式:

$$\bar{x} = \frac{1}{A}\iint_D x\mathrm{d}x\mathrm{d}y, \bar{y} = \frac{1}{A}\iint_D y\mathrm{d}x\mathrm{d}y$$

式中,A 为蘑菇中心区域的面积, $A = \iint_D \mathrm{d}x\mathrm{d}y$;D 为指蘑菇的中心区域。

傅立叶描述提供了表示二维边界的一种方法。根据上述边界跟踪算法,蘑菇的边界假定由 n 个坐标点组成,它们是 $(x_0,y_0),(x_1,y_2),\cdots,(x_{N-1},y_{N-1})$ 。这些坐标点表示为如下形式:

$$x(k) = x_k, y(k) = y_k$$

因此边界上的各个坐标点转化为:$s(k) = [x(k),y(k)], k = 0,1,2,\cdots,N-1$,这些坐标点转化为对应的复数序列:

$$s(k) = x(k) + jy(k), k = 0,1,2,\cdots,N-1。$$

此时,对每个复数点进行离散傅立叶变换:

$$F(u) = \frac{1}{N}\sum_{k=0}^{N-1} s(k)e^{-j2\pi k/N} = X(u) + jY(u)$$

$$u = 0,1,2,\cdots,N-1$$

$F(u)$ 称为该边界形状的傅立叶描述,通过对 $F(u)$ 进行离散傅立叶逆变换,可重建边界形状:

$$s(k) = \sum_{u=0}^{N-1} F(u) e^{i2\pi uk/N}, k = 0,1,2,\cdots,N-1$$

几个比较重要的傅立叶描述子属性:

(1)边界中心(即蘑菇形心)

$F(0)=X(0)+jY(0)$ 表示边界的中心点,这正是蘑菇图像的形心坐标,也是蘑菇采摘机器人在采摘蘑菇时的定位坐标。

(2)边界旋转

$F(u)=F(u)e^{j\theta}$,再通过离散傅立叶逆变换重建边界,就可实现对边界图形绕着原点转过 θ 角。

(3)边界平移

$F_t(0)=F(0)+(\Delta x+j\Delta y)$,只要把边界的中心点 $F(0)$ 分别平移 Δx 和 Δy ,再通过离散傅立叶逆变换重建边界,就可实现对边界图形的平移。

(4)比例缩放

$F_s(u)=\alpha \cdot F(u)$,再通过离散傅立叶逆变换重建边界,就可实现对边界图形的按比例系数 α 缩放。

3 意义

根据蘑菇单体的检测定位模型,以单体蘑菇为研究对象,通过定位算法的研究将为蘑菇采摘机器人图像处理方法的实现奠定理论基础。此研究内容包括:蘑菇图像的数字特征;提取边界的算法;对蘑菇边界进行离散傅立叶变化。在此提出仅需利用蘑菇的边界信息求蘑菇形心坐标的新方法,而且傅立叶描述可以进行蘑菇边界的平移、旋转和缩放操作,具有很强的边界形状重建功能。最后通过对获取的蘑菇图像进行分析,表明该算法对边界描述是非常有效的。

参考文献

[1] 俞高红,赵匀,李革,等. 基于机器视觉的蘑菇单体检测定位算法及其边界描述. 农业工程学报,2005,21(6):101-104.

联合收割机的变速箱设计公式

1 背景

根据中国收获技术的发展和南北方割前摘脱联合收割机的研究状况,结合农业生产的实际急需状况及可行性分析,研制设计合适的联合收割机的底盘是目前首要的任务。在联合收割机底盘设计中最重要的为变速箱的设计。传统的变速箱设计仅是按安全系数的方法或机械优化设计的方法进行的。王金武[1]基于人工神经网络进行了联合收割机变速箱计算机辅助设计。

2 公式

当给定一输入模式 $X=(x_1,x_2,\cdots,x_m)$ 和希望输出模式 $Y=(y_1,y_2,\cdots,y_m)$ 时,网络的实际输出和输出误差可用下列公式求出。

隐含层输出:

$$Z_j=f\left(\sum_{i=1}^{m}W_{ij}x_j-\theta_j\right),j=1,2,\cdots,h$$

网络实际输出:

$$y_k'=f\left(\sum_{j=1}^{h}q_{jk}z_j-p_k\right),k=1,2,\cdots,n$$

网络输出误差平方和:

$$M=\sum_{k=1}^{h}(y_k-y_k')^2/2$$

式中,W_{ij},q_{jk} 分别为输入层至隐含层和隐含层至输出层的连接权;θ_j,p_k 分别为隐含层结点和输出层结点的阈值;m,h,n 分别为输入层、隐含层和输出层结点数;f 表示 S 型函数,$f(x)=(1+e^{-1})^{-1}$;x_i 为输入参数;y_k 为网络输出。

如果误差太大不能满足要求,则需要用下列公式修正各连接权和阈值:

$$\begin{cases}q_{jk}(t+1)=q_{jk}(t)+\alpha d_kZ_j\\P_k(t+1)=P_{jk}(t)+\alpha d_k\\d_k=y'(1-y_k')(y_k-y_k')\end{cases}$$

$$\begin{cases} W_{ij}(t+1) = W_{ij}(t) + \beta S_j x_j \\ \theta_j(t+1) = \theta_j t + \beta S_j \\ S_j = x_j(1 - x_j) \sum_{k=1}^{n} d_k q_{jk} \end{cases}$$

式中，α,β 为学习率，$\alpha > 0$，$\beta < 1$；S_j 为误差。

数据如表 1 所示，分别采用单输入双输出的 1-8-2 结构、1-6-2 结构、1-4-2 结构进行训练，表 1 为学习样本，识别情况见表 2 所示。

表 1　学习样本值

$Z(Zv)$	18	19	20	1	22	23	24	25	26	27	28	29
Y_{fa}	2.90	2.80	2.81	2.78	2.75	2.67	2.67	2.65	2.61	2.59	2.57	2.55
Y_{sa}	1.51	1.52	1.53	1.55	1.57	1.57	1.59	1.60	1.59	1.61	1.64	1.67
$Z(Zv)$	30	35	40	45	50	60	70	80	90	100	150	
Y_{fa}	2.44	2.52	2.36	2.34	2.29	2.25	2.24	2.21	2.17	2.18	2.13	
Y_{sa}	1.62	1.63	1.62	1.67	1.71	1.72	1.74	1.75	1.79	1.77	1.85	

表 2　单输入双输出的 1-6-2 结构

训练次数	100	200	300	400	500
误差平方和	0.001 493 0	0.000 450 7	0.000 446 1	0.000 441 3	0.000 430 6

3　意义

通过 BP 网络的学习和训练，采用单输入双输出的 1-8-2 结构、1-6-2 结构、1-4-2 结构进行训练，从实际的应用效果来看，选择 1-6-2 的 BP 网络结构作为最终的神经网络形式，网络的识别精度是非常高的。从而可知该算法能运用神经网络对联合收割机变速箱进行设计研究，并建立数学描述形式，分析了通过神经网络来实现变速箱设计模型构建的方法。应用神经网络构建的模型能够减少系统的分析次数，并能够很大程度地提高模型的精度，满足计算要求，最终在设计空间内寻找出较好的设计方案。

参考文献

[1]　王金武．基于人工神经网络的联合收割机变速箱计算机辅助设计．农业工程学报，2005，21(6)：68-70.

红枣裂沟的边缘检测模型

1 背景

近年来,诞生于20世纪80年代的小波变换的数学理论和方法在科学技术界引起了一场轩然大波,它具有理论深刻和应用十分广泛的双重意义。数学家们看来,小波分析是一个新的数学分支,它被认为是近年来在工具和方法上的重大突破。杨福增[1]应用一种新的、效果较好的边缘检测原理——即小波变换多尺度边缘检测原理,对含有十字形裂沟的红枣图像给出其多尺度边缘检测结果,并且和传统的Roberts算子、Sobel算子和Laplacian算子等图像边缘检测方法相比较。

2 公式

设 $\theta(x,y)$ 是二维光滑函数 $[\iint\theta(x,y)\mathrm{d}x\mathrm{d}y \neq 0]$(低通冲激响应滤波器)。把它沿 x、y 两个方向的一阶导数作为两个基本小波(属于二维小波):

$$\begin{cases}\Psi^{(1)}(x,y)=\dfrac{\partial\theta(x,y)}{\partial x}\\[2mm]\Psi^{(2)}(x,y)=\dfrac{\partial\theta(x,y)}{\partial y}\end{cases}$$

考虑到尺度变换关系:$\zeta_s(x)=\dfrac{1}{s}\zeta(\dfrac{x}{s})$($s$ 为尺度,通常 s 取 2^j),有:

$$\begin{cases}\Psi_{2^j}^{(1)}(x,y)=\dfrac{1}{2^{2j}}\Psi^{(1)}(\dfrac{x}{2^j},\dfrac{y}{2^j})\\[2mm]\Psi_{2^j}^{(2)}(x,y)=\dfrac{1}{2^{2j}}\Psi^{(2)}(\dfrac{x}{2^j},\dfrac{y}{2^j})\end{cases}$$

则 $f(x,y)\in L^2(R^2)$ 的小波变换定义为:

$$\begin{cases}WT_s^1f(x)=f\times\Psi_s^{(1)}(x)\\WT_s^2f(x)=f\times\Psi_s^{(2)}(x)\end{cases}$$

若以二进制的小波变换表示,即 s 取 2^j,则有如下两个分量,分别沿 x、y 方向:

$$\begin{cases} WT_{2^j}^{1}f(x,y) = f \times \Psi_{2^j}^{(1)}(x,y) = 2^j \dfrac{\partial}{\partial x}(f \times \theta_{2^j})(x,y) \\ WT_{2^j}^{2}f(x,y) = f \times \Psi_{2^j}^{(2)}(x,y) = 2^j \dfrac{\partial}{\partial y}(f \times \theta_{2^j})(x,y) \end{cases}$$

上式可简记为矢量形式：

$$\begin{bmatrix} WT_{2^j}^{1}f(x,y) \\ WT_{2^j}^{1}f(x,y) \end{bmatrix} = 2^j \begin{bmatrix} \dfrac{\partial}{\partial x}(f \times \theta_{2^j})(x,y) \\ \dfrac{\partial}{\partial y}(f \times \theta_{2^j})(x,y) \end{bmatrix} = 2^j y'(f \times \theta_{2^j})(x,y)$$

在每一个尺度 $s = 2^j$ 上，梯度矢量的模和梯度矢量与水平方向的夹角分别为：

$$M_{2^j}f(x,y) = \overline{WT_{2^j}^{1}f(x,y)^2 + WT_{2^j}^{2}f(x,y)^2}$$

$$A_{2^j}f(x,y) = \tan^{-1}[WT_{2^j}^{1}f(x,y)^2 / iWT_{2^j}^{2}f(x,y)^2]$$

3 意义

根据红枣裂沟的边缘检测模型，基于小波变换的多尺度边缘检测和数学形态学相结合的方法，首先利用多尺度小波函数，对红枣图像进行处理得到灰度梯度局部极大值点，然后利用概率密度法或局部自适应法确定出低高阈值。并分别用低高阈值对局部极大值点进行分割，得到相应边缘点。最后通过数学形态学的连通方法和腐蚀运算得到检测结果。从而可知采用基于小波变换的多尺度边缘检测和数学形态学相结合的方法检测红枣裂沟，可以得到更加连续、光滑(完整)、单像素宽的边缘链图像，提高了检测的有效性。

参考文献

[1] 杨福增，王峥，韩文霆，等．基于小波变换的红枣裂沟的多尺度边缘检测．农业工程学报，2005，21(6)：92-95.

内燃机的配气机构设计模型

1 背景

近年来,模拟某一生物自然现象或过程而发展起来的智能计算技术,为传统的人工智能方法注入了新的活力。而基于进化理论的优化算法,却能够有效地避免对优化数学模型的要求,既不要求数学模型的导数信息,也不需要连续性,而是从一个解空间不断地搜寻可行解,并不断地进行优劣取舍,直到获得较好的优化解,因此具有较好的优化效果。李智和李战胜[1]采用属于进化算法范畴的蚁群算法,对内燃机配气凸轮机构型线的动力学进行了优化设计,旨在减少内燃机配气机构的冲击振动,提高内燃机的动力性能。

2 公式

由于最初的蚁群算法思想起源于离散的网络路径问题,下面以一维搜索为例,引申到 n 维空间的函数求解。

在函数优化问题中,假定优化函数为:

$$\min Z = f(x) \quad x \in [a,b]$$

转移概率准则:设 m 个人工蚂蚁,刚开始时位于区间 $[a,b]$ 的 m 等分处,蚂蚁的转移概率定义为:

$$p_{ij} = \frac{\tau_j^{\alpha}\eta_j^{\beta}}{\sum_{j=1}^{m}\tau_j^{\alpha}\eta_{ij}^{\beta}}$$

式中, p_{ij} 为蚂蚁从位置 i 转移到位置 j 的概率; τ_j 为成为蚂蚁 j 的邻域吸引强度; η_{ij} 定义为 $f_i(x) - f_j(x)$,即目标函数差异值;A,B 为参数,$A,B \in [1,5]$,该范围的取值是一个经验值,目前尚无理论上的依据。

强度更新方程为:

$$\tau_j^{t+1} = \rho\tau_j^t + \sum_k \Delta\tau_j$$

$$\Delta\tau_j = Q/L_j$$

式中, $\Delta\tau_j$ 为反映第 j 只蚂蚁在本次循环中吸引强度的增加; Q 为正常数,其范围 $0<Q<10000$; L_j 为本次循环中 $f(x)$ 的增量,定义为 $f(x+r)-f(x)$; $0\leqslant Q\leqslant 1$,体现强度的持久性。

目标函数：

$$\max F(X)=\frac{1}{H_{T_{max}}}\int_{\varphi_0}^{\varphi_T+\varphi_H}H_T(\varphi)\,\mathrm{d}\varphi$$

式中，H_T 为凸轮的升程，mm；X 为设计变量，确定型线 $H_T(\varphi)$ 有关的参数，在仿真实例中进行具体定义；φ 为凸轮转角，rad；φ_T、φ_H 分别为凸轮的推程运动角和回程运动角，rad；φ_0 为门开始升起时对应的凸轮转角，rad。

约束条件的确定。

(1)最大正加速度约束

$$g_1(X)=\left[\frac{d^2H_V}{d\varphi^2}\bigg|_{\varphi=\varphi_{J_{V_{max}}}}+J_{V_{max}}\right]\geqslant 0$$

式中，H_V 为气门升程，mm；J_V 为凸轮的加速度，m/s^2。

(2)最大负加速度约束

$$g_2(X)=\left[\frac{d^2H_V}{d\varphi^3}\bigg|_{\varphi=\varphi_{J_{V_{min}}}}+J_{V_{min}}\right]\geqslant 0$$

(3)最小曲率半径约束

$$g_3(X)=\gamma_{min}-\gamma_1\geqslant 0$$

式中，γ_{min} 为凸轮外形最小曲率半径，mm；γ_1 为顶弧半径，mm。

(4)气门不产生飞脱约束

$$g_4(X)=-\delta_H-H_V+iH_T(\varphi)\geqslant 0$$

式中，δ_H 为气门间隙，mm；i 为摇臂比；H_T 为凸轮的升程，mm。

(5)气门不落座反跳约束

$$g_5(X)=[H_V(\varphi)\mid_{\varphi>\varphi_T+\varphi_H}]\geqslant 0$$

(6)润滑与磨损约束

$$g_6(X)=[v\varphi_{=}\ \varphi_T-0.15]\geqslant 0$$

$$g_7(X)=[0.25-v\mid_{\varphi=\varphi_T}]\geqslant 0$$

$$g_8(X)=[\frac{dS}{d\varphi_{S=0}}-SS]\geqslant 0$$

式中，v 为流体动力评定特性数，其表达式为：

$$v=\frac{\gamma_A}{\gamma_0+H_{T_{max}}}$$

式中，$\gamma_A=\varphi=\varphi_T$ 时凸轮廓面曲率半径；S 为润滑特性数，其表达式为：

$$S=-[\gamma_0+H_T(\varphi)+\varphi\frac{d^2H_T}{d\varphi^2}]$$

式中，SS 为允许的 $\frac{dS}{d\varphi_{S=0}}$ 的最大值；γ_0 为基圆半径，mm。

(7)边界约束

$$g_{8+i}(X) = [x_i - x_{iBL}] \geqslant 0 \quad i = 1,2,\cdots,n$$

$$g_{8+n+i}(X) = [x_{iBU} - x_i] \geqslant 0 \quad i = 1,2,\cdots,n$$

式中，x_{iBL}、x_{iBU} 分别为设计变量 X 的上、下限。

通过文献[2]的升程、速度及加速度曲线，得到复合摆线Ⅱ型凸轮型线公式如下：

$$H_{T_1} = A_0 + A_1\varphi - A_2\sin\frac{\pi\varphi}{\varphi_3}, \quad 0 \leqslant \varphi \leqslant \varphi_1$$

$$H_{T_2} = A_3 + A_4\varphi + A_5\varphi^2, \quad \varphi_1 \leqslant \varphi \leqslant \varphi_2$$

$$H_{T_3} = A_0 + A_7\varphi - A_8\sin\frac{\pi\varphi}{\varphi_3}, \quad \varphi_2 \leqslant \varphi \leqslant \varphi_3$$

$$H_{T_4} = A_9 + A_{10} + A_{11}\sin\frac{\pi\varphi}{\varphi_3}, \quad \varphi_3 \leqslant \varphi \leqslant \varphi_4$$

$$H_{T_5} = A_{12} + A_{13}\varphi + A_{14}\varphi^2, \quad \varphi_4 \leqslant \varphi \leqslant \varphi_5$$

仿真过程中，型线参数 $A_0 \sim A_{14}$ 按各段衔接点上升程、速度及加速度连续的原则求得。另外，为避免设计变量的复杂化，设定：

$$k_1 = \frac{\varphi_1}{\varphi_3}; \quad k_2 = \frac{\varphi_5 - \varphi_3}{\varphi_3}; \quad k_3 = \frac{\varphi_4 - \varphi_3}{\varphi_5 - \varphi_3}$$

为设计变量，即：

$$X = [x_1, x_2, x_3]^T = [k_1, k_2, k_3]^T$$

综合以上，则有复合摆线Ⅱ型凸轮配气机构的动力学优化设计数学模型：

$$\max F(X) = \frac{1}{H_{T_{\max}}} \sum_{i=1}^{5} \int_{\varphi_{i=1}}^{\varphi} H_{T_i}(\varphi)\mathrm{d}\varphi$$

$$X = [x_1, x_2, x_3]^T = [k_1, k_2, k_3]^T$$

$$S.t.\ g_i(X) \geqslant 0, i = 1,2,\cdots,14$$

3 意义

根据对内燃机配气机构工作时的振动、冲击和噪声的研究，建立了内燃机配气凸轮机构型线的动力学数学模型，运用蚁群算法和 Matlab 语言，对该数学模型进行了仿真优化计算，与原设计相比，仿真结果可知丰满系数提高了 1.24%，动态最大正加速度在上升段下降了 0.87%，在下降段上升了 5.23%，动态最大负加速度下降了 5.93%，使得系统动态速度和动态加速度趋于平稳，有效地减少了内燃机配气机构的冲击振动，提高了内燃机的动力性能,而且优化效果好于遗传算法。

参考文献

[1] 李智,李战胜,Yigong LOU. 基于蚁群算法的内燃机配气机构凸轮型线的动力学仿真. 农业工程学报,2005,21(6):64-67.

[2] 卢月娥,任述光,杨大平. 内燃机配气凸轮机构型线的动力学优化设计[J]. 湖南农业大学学报(自然科学版),2002,28(6):522-524.

土壤性状与水稻光谱的关系模型

1 背景

通过监测水稻生育期内的光谱变化,研究水稻的反射光谱、微分光谱与叶面积指数、植被指数、叶绿素浓度、地上生物量等农学参数之间的相互关系,可以为水稻长势监测和遥感估产提供依据。近年来,随着遥感光谱分辨率、空间分辨率、时间分辨率的不断提高,相关研究不断加强。陈晓军等[1]以辽河三角洲盘锦水稻生长区作为试验区,通过土壤性状分析和水稻群体野外光谱测定,获得了27个配对样品。初步分析了乳熟期水稻群体野外光谱、微分光谱与土壤盐分、pH值的关系。

2 公式

利用辽河三角洲获得的27个样品,以pH值和有机质作为控制变量,进行土壤全盐量与水稻群体野外光谱、植被指数:

$$NDVI1 = (R_{810} - R_{680})/(R_{810} + R_{680})$$

$$NDVI2 = (R_{928} - R_{680})/(R_{928} + R_{680})$$

$$NDVI3 = (R_{550} - R_{680})/(R_{550} + R_{680})$$

$$RVI1 = R_{550}/R_{680}$$

$$RVI2 = R_{928}/R_{680}$$

以及红边位置(当一阶微分值达最大时所对应的波长)和红边振幅(当波长为红边时的一阶微分值)的偏相关分析,结果在350~1350 nm之间偏相关系数很低,不具有明显相关性。

利用辽河三角洲获得的27个样品,以全盐量和有机质作为控制变量,进行土壤pH值与水稻群体一阶微分光谱的偏相关分析,结果在置信水平0.05以下,部分波长处相关性很强,相关系数有正有负。

利用654~754 nm之间水稻群体一阶微分光谱,将27个水稻样品分为三类,为了比较一下全盐量、pH值和有机质在三类中的差别,在此进行了多个独立样本的非参数检验,检验方法选择Kruskal-Wallis Test和Median Test(中位数检验)两种,表1是Kruskal-Wallis Test检验结果表;表2是Median Test(中位数检验)检验结果表。

表 1　Kr uskal-Wallis Test 检验结果表

变量名	类别	样品数	平均秩	X^2 值	自由度数	渐进重要性
全盐量	1	13	12.23	4.838	2	0.089
	2	8	19.13			
	3	6	11.00			
	总数	27				
pH 值	1	13	15.31	1.032	2	0.597
	2	8	13.88			
	3	6	11.33			
	总数	27				
有机质	1	13	15.54	2.064	2	0.356
	2	8	10.63			
	3	6	15.17			
	总数	27				

表 2　Median Test(中位数检验)检验结果表

变量名	中位数		类别			X^2 值	自由度数	渐进重要性
			1	2	3			
全盐量	0.163	>中位数	4	7	2	7.062	2	0.029
		≤中位数	9	1	4			
pH 值	8.250	>中位数	7	4	2	0.708	2	0.702
		≤中位数	6	4	4			
有机质	1.825	>中位数	7	3	3	0.541	2	0.763
		≤中位数	6	5	3			

pH 值与水稻群体野外光谱、一阶微分光谱和植被指数等光学参数的关系不明显,为此,分别用一阶微分光谱波长作为自变量,以全盐量、pH 值为因变量,进行逐步回归,建立线性回归模型如下:

$$Salt(\text{全盐量}) = 0.219 - 47.121 \times R_{1240'} + 20.628 \times R_{998'} + 43.654 \times R_{411'}$$

$$pH = 7.947 - 128.556 \times R_{1099'} + 147.092 \times R_{1251'} - 120.621 \times R_{1265'}$$

式中,$R_{1240'}$ 为波长 1240 nm 处的一阶微分值,其他同理。

3　意义

通过土壤性状分析和水稻群体野外光谱测定,获得了 27 个配对样品。初步分析了乳熟期水稻群体野外光谱、微分光谱与土壤盐分、pH 值的关系。从而可知全盐量、pH 值与乳熟期水稻群体野外光谱无显著相关性，与植被指数、红边位置、红边振幅等表征水稻光学特性的指数无显著相关性，而与其微分光谱有一定的相关性。Median Test 检验结果表明，三类之间全盐量并不完全相同，而 pH 值和有机质并不随类别的不同而存在这种差别。最后，建立了水稻微分光谱与土壤全盐量、pH 值的线性回归模型。

参考文献

[1] 陈晓军，刘庆生，刘高焕．辽河三角洲土壤性状与水稻群体野外光谱关系初步研究．农业工程学报，2005，21(6)：184-188.

作物缺水的指标公式

1 背景

棉花是新疆最重要的经济作物，对当地的国民经济发展有着深刻的影响。水是制约新疆农业可持续发展的瓶颈问题，以次生盐碱化为特征的中低产田面积日益扩大，从而直接影响了新疆棉花的产量和品质。而膜下滴灌技术为解决该问题提供了一条新思路。膜下滴灌是地膜栽培与普通地表滴灌相结合的产物，塑膜的覆盖抑制了棵间蒸发，同时也利用增温效应为作物的生长创造了良好的土壤热量条件。张振华等[1]通过实验进行了膜下滴灌的棉花产量和品质与作物缺水指标的关系研究。

2 公式

根据对棉花不同生育阶段内高水处理的（0~60 cm 土层含水率下限为85%田间持水量）冠-气温差（$T_c - T_a$）及水汽饱和差 *VPD* 实测数据回归分析，建立了膜下滴灌大田棉花缺水指标（CWSI）下基线在各生育阶段的特定表达式，形式如下：

$$T_c - T_a = a + bVPD$$

式中，a，b 分别为回归系数。回归结果见图1。

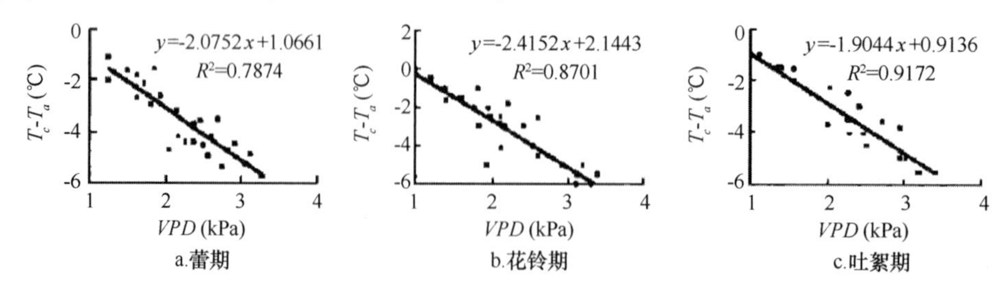

图1　不同生育阶段膜下滴灌棉花 *CWSI* 的下基线

对该日不同时间的作物缺水指标 *CWSI* 与当天根层土壤含水率（θ）根据下式进行回归分析：

$$CWSI = C\theta^D$$

式中，C，D 为回归系数。其相关系数 R 日变化如表1所示。

表 1　不同时间 *CWSI* 与根层土壤含水率的相关关系

观测时间	8:00	10:00	12:00	14:00	16:00	18:00	20:00
相关系数	0.42	0.67	0.91	0.95	0.93	0.82	0.35

3　意义

通过田间试验,研究了膜下滴灌棉花的作物产量、品质和作物缺水指标(*CWSI*)定量关系。确定了充分供水条件下作物各生育阶段缺水指标下基线的特定表达形式,建立了作物缺水指标(*CWSI*)和空气饱和差(*VPD*)的定量关系,并提出了用 *CWSI* 诊断作物水分状况的适用性及最佳观测时间。对不同水分处理棉花的 *CWSI* 在生育期内进行了定期观测,得到了各处理棉花 *CWSI* 的平均值以及与棉花耗水量、皮棉产量、水分利用效率、绒长、衣分率及单铃重的关系。因此,可利用作物缺水指标对膜下滴灌棉花进行高效的水分管理。

参考文献

[1]　张振华,蔡焕杰,杨润亚,等. 膜下滴灌棉花产量和品质与作物缺水指标的关系研究. 农业工程学报,2005,21(6):26-29.

硫酸酯化的修饰模型

1 背景

低密度脂蛋白血液净化作为一种有效的治疗家族性高胆固醇血症的方法,近年来被广泛采用。新型血液净化材料的开发是 LDL 血液净化研究的核心。在正常生理 pH 值条件下,低密度脂蛋白(LDL)和超低密度脂蛋白(VLDL)表面带正电荷,故常采用化学修饰的方法在载体上引入带负电荷的基团形成聚阴离子吸附剂,通过静电相互作用力与 LDL 和 VLDL 结合而使其清除。张迎庆等[1]首次采用二次回归旋转正交组合设计实验方法,确定了 KGM 载体材料的硫酸酯化修饰最优化工艺条件,为把魔芋这一农业资源开发成一种新型生物医学材料提供了可能性。

2 公式

对 KGM 酯化过程 3 个关键因素温度、时间、氯磺酸用量进行三元二次回归旋转正交组合设计试验优化,以硫酸基含量作为考察指标。试验重复 3 次。试验因子的水平和编码见表 1。

表 1 二次回归旋转正交组合设计的变量水平编码

变量名称	零水平 0	间距 Δi 1	码变量 x_i 设计水平 星号臂值 $\gamma=1.682$				
			1.682	-1	0	1	1.682
			实际变量 X_i 及水平				
温度 X_1(℃)	40	10	23	30	40	50	57
氯磺酸用量 X_2(mL)	5	0.5	4.2	4.5	5.0	5.5	5.8
时间 X_3(h)	4	0.5	3.2	3.5	4	4.5	4.8

各条件下硫酸酯化结果,通过 SAS8.1 统计分析软件进行二次响应面回归(RSREG),多项式的回归模型分析结果见表 2,模型的参数估计结果见表 3。

表 2　回归模型方差分析

回归	自由度	I 型平方和	确定系数(R^2)	F 值	P 值
线性	3	18.531 446	0.160 8	2.80	0.081 5
二次	3	24.999 864	0.216 9	3.78	0.037 7
交叉积	3	43.095 000	0.373 8	6.52	0.006 3
总模型	9	86.626 310	0.751 5	4.37	0.008 4
确定系数(R^2)		变异系数	均方根	响应均值	
0.751 5		6.224 0	1.484 564	23.852 174	
残差	自由度	平方和	均方	F 值	P 值
失拟	5	11.631 081	2.326 216	1.09	0.432 5
误差	8	17.020 000	2.127 500		
总误差	13	28.651 081	2.203 929		

表 3　回归模型参数估计值

参数	自由度	参数估计	标准误	t 值	P 值
截距	1	−144.136 009	68.686 649	−2.10	0.056 0
X_1	1	3.385 215	0.734 285	4.61	0.000 5
X_2	1	42.689 096	18.656 578	2.29	0.039 5
X_3	1	−5.409 699	17.158 458	−0.32	0.757 6
X_1^2	1	−0.010 811	0.003 661	−2.95	0.011 2
$X_2 \times X_1$	1	−0.455 000	0.104 975	−4.33	0.000 8
X_2^2	1	−1.725 007	1.610 089	−1.07	0.303 5
$X_3 \times X_1$	1	−0.035 000	0.104 975	−0.33	0.744 1
$X_3 \times X_2$	1	−1.700 000	2.099 490	−0.81	0.432 7
X_3^2	1	2.024 993	1.610 089	1.26	0.230 6

由表 2 可知误差均方的平方根为 1.484 564,确定系数(R^2)为 0.751 5,硫酸基含量响应均值为 23.852 174,变异系数为 6.224 0。

由表 3 可得出硫酸基含量回归方程为:

$$Y = -144.136009 + 3.385215X_1 + 42.689096X_2 - 5.409699X_3 - 0.010811X_1^2 - 0.455000X_2X_1 - 1.725007X_2^2 - 0.035000X_3X_1 - 1.700000X_3X_2 + 2.024993X_3^2$$

3　意义

根据硫酸酯化的修饰模型,采用二次回归旋转正交组合实验设计方法,探讨了魔芋葡甘聚糖凝胶珠的硫酸酯化修饰的最优化工艺条件。从而可知各因子对硫酸基含量影响由大到小依次为温度、氯磺酸用量和时间,且温度和氯磺酸用量两因子间相互作用极显著,回归方程达到极显著水平,无失拟因素存在。通过预测与验证得到硫酸酯化最优化工艺条件为:10 g 魔芋葡甘聚糖凝胶珠,氯磺酸用量为 5.27 mL,反应温度为 39.4℃,反应时间为 3.88 h,在此条件下产物硫酸基含量质量分数为(24.40±1.28)%。

参考文献

[1] 张迎庆,干信,谢笔钧,等. 魔芋葡甘聚糖凝胶珠硫酸酯化修饰工艺优化研究. 农业工程学报,2005,21(6):140-143.

茭白贮藏的微生物生长模型

1 背景

茭白是我国特有的水生蔬菜之一,质地鲜美。但由于茭白是水生植物,水足肉嫩,导致切分后的茭白极易腐烂变质,因此茭白贮藏特性研究越来越引起人们的重视。食品在贮藏的过程中腐败微生物大量生长,引起食品质量改变,导致食品不可食用。刘芳和李云飞[1]主要研究软包装切片茭白在-2℃和4℃贮藏时微生物生长变化,并检测贮藏过程中感官质量,同时对微生物与感官质量进行相关分析,为软包装切片茭白的生产流通和贮藏保鲜提供科学的依据。

2 公式

微生物生长曲线均采用改良过的 Gompertz 生长模型进行拟合:

$$N = N_0 + (N_{max} - N_0) \times \exp\{-\exp[24 \times \mu_{max} \times e/(N_{max} - N_0) \times (\lambda - t) + 1]\}$$

式中,N 为任意贮藏时间微生物数量的对数值,$\log_{10}$(cfu/g);N_0 为微生物初始菌数的对数值,$\log_{10}$(cfu/g);N_{max} 为微生物最大生长菌数的对数值,$\log_{10}$(cfu/g);μ_{max} 为最大生长速度,d^{-1};K 为迟滞相,d;t 为贮藏时间,d。

从表 1 可以看出新鲜茭白的微生物菌落总数在-2℃和4℃分别由初始的 4.320 $\log_{10}$(cfu/g)和 4.286 $\log_{10}$(cfu/g)升高至 7.341 $\log_{10}$(cfu/g)和 7.562 $\log_{10}$(cfu/g)。

表 1 不同温度软包装切片茭白菌落总数、乳酸菌、大肠菌群、假单胞菌和酵母菌的生长参数

微生物	贮藏温度(℃)	初始菌数 N_0 [logto(cfu/g)]	最大菌数 N_{max} [logto(cfu/g)]	最大生长速度 μ_{max} (d^{-1})	迟滞时间 λ (d)	拟合度(R^2)
菌落总数	-2	4.320±0.897	7.341±0,842	0.015±0.011	4.087±0.902	0.946
	4	4.286±0.185	7.562±0.334	0.013±0.005	5.132±1.625	0.976
乳酸菌	-2	2.293±0.110	6.571±0.184	0.020±0.006	5.469±0.879	0.953
	4	2.141±0.320	6.611±1.210	0.023±0.007	4.214±0.770	0.945
大肠菌群	-2	2.710±0.236	5.558±0.224	0.022±0.007	2.389±1.061	0.965
	4	2.810±1.245	5.939±1.406	0.026±0.003	2.359±1.472	0.978

续表

微生物	贮藏温度(℃)	初始菌数 N_0 [logto(cfu/g)]	最大菌数 N_{max} [logto(cfu/g)]	最大生长速度 μ_{max} (d^{-1})	迟滞时间 λ (d)	拟合度(R^2)
假单胞菌	-2	4.114±0.181	4.327±0.165	0.015±0.005	2.194±1.150	0.969
	4	4.067±0.211	4.759±0.192	0.015±0.005	1.937±1.282	0.963
酵母菌	-2	2.331±0.292	6.180±0.351	0.021±0.003	1.719±2.142	0.972
	4	2.412±0.145	6.361±0.122	0.024±0.007	2.698±0.694	0.984

感官质量经常是判断食品可食用性的主要标准,事实上微生物指标是否合格是决定食品安全的主要标准。如表2所示,-2℃贮藏茭白的整体感官分数,脱水程度,感官色泽和硬度与微生物菌数呈现较好的相关性,其相关系数在0.84~0.99(如表2所示)。除上述感官质量,气味变化在4℃贮藏时也与微生物菌数呈现较好的相关性(表3)。

表2 茭白在-2℃贮藏腐败菌生长与感官质量的相关系数表

感官指标	菌落总数	乳酸菌	大肠菌群	假单胞菌	酵母菌
色度(b^*值)	0.75	0.76	0.90	0.85	0.81
硬度(kg)	0.87	0.84	0.84	0.90	0.90
色泽	0.98	0.97	0.86	0.85	0.97
脱水程度	0.90	0.89	0.87	0.91	0.93
气味	0.70	0.75	0.84	0.97	0.86
整体感官	0.93	0.94	0.93	0.92	0.99

表3 茭白在4℃贮藏腐败菌生长与感官质量的相关系数表

感官指标	菌落总数	乳酸菌	大肠菌群	假单胞菌	酵母菌
色度(b^*值)	0.71	0.83	0.71	0.74	.66
硬度(kg)	0.86	0.88	0.87	0.90	0.88
色泽	0.86	0.93	0.85	0.86	0.80
脱水程度	0.89	0.88	0.91	0.84	0.83
气味	0.91	0.86	0.91	0.93	0.82
整体感官	0.95	0.94	0.96	0.96	0.95

3 意义

针对茭白不易贮藏的现象,对软包装切片茭白贮藏过程中微生物及感官特性进行研究，同时进行相关分析，建立了茭白贮藏的微生物生长模型。计算的结果表明：贮藏在-2℃和4℃时，微生物菌落总数分别在贮藏第10天和第7天超过$10^6 \log_{10}$(cfu/g)，感官质量在贮藏第11天和第7天显著下降。改进的Gompertz模型能够很好地拟合茭白贮藏过程中腐败微生物的生长，其拟合度(R^2)在0.945~0.984。乳酸菌和酵母菌是茭白贮藏过程中的主要优势菌，并与茭白的整体感官分数、硬度、色度、色泽和脱水程度等感官质量具有较高的相关性($P<0.05$)。

参考文献

[1] 刘芳，李云飞．软包装贮藏切片茭白微生物及感官特性研究．农业工程学报，2005，21(6)：180-183.

矿区土地的复垦公式

1 背景

为了实现耕地总量动态平衡的目标,出路只有两条:一是开垦宜农荒地,二是土地整理复垦。其中前者为国家限制发展项目,后者为大力发展项目。近几年来,土地整理复垦工作已由地方自发进行走向国家主持实施,党中央和国务院对土地整理复垦工作给予了高度的重视,投资在逐步加大。鉴于中国土地整理复垦项目验收工作中的不足,借鉴了国外的经验,胡振琪等[1]提出了土地整理复垦项目的定量验收方案,并利用 VB6.0 编程实现,最后以淮北某矿区土地复垦项目进行应用分析。该方案操作简便,便于应用。

2 公式

计算判断矩阵的最大特征值 λ_{max},则规范化的特征向量 W 即权重系数,公式为:

$$B \cdot W = \lambda_{max} \cdot W$$

在单排序的基础上,计算针对上一层次的下一层所有因子的权重值,得到最终的组合权重。各指标权重的计算结果如下:

$$W = \{0.0813, 0.1081, 0.1081, 0,0447, 0.0447, 0.0593, 0.0224, 0.0418, 0.0747, 0.0905, 0.0541, 0.0541, 0.0446, 0.0905, 0.0811\}$$

$$W = \{0.1985, 0.2942, 0.2207, 0.0322, 0.0884, 0.0884, 0.0407, 0.0369\}$$

在对项目进行验收时,按照各项指标的完成情况打分,结合层次分析法得到的权重值,利用下式计算综合得分值,综合分值在 80 分以上的为优,在 60 到 80 之间的为合格,在 60 分以下的为不合格。

$$F = \sum_{i=1}^{n} A_i \cdot W_i$$

式中,F 为项目验收阶段总分值; A_i 为第 i 项指标的得分值; W_i 为第 i 项指标的权重;n 为评价指标的个数。

利用“土地整理复垦验收方案系统”的“耕地污染指数”模块进行计算,得到各重金属的单项污染指数及综合污染指数如表 1 所示。

表 1　土壤重金属含量及其污染指数

重金属	Cr	Cu	Ni	Pb	Zn	综合污染指数
含量(mg/kg)	74	43	49	26	108	
二级标准	250	100	60	350	300	
单项污染指数	0.30	0.43	0.80	0.07	0.36	0.64

3　意义

土地整理复垦的目标是增加耕地面积和提高土地生产力,因此项目实施后耕地质量的验收是一个重要内容,而重构土壤的熟化大约需要 3 年的时间。针对这一点提出了将土地整理复垦项目的验收分为项目竣工验收和项目后期验收两个阶段的思想,并建立了各验收阶段的指标体系、相应的评价标准及计算方法,并重点给出了耕地质量验收评价的方法,其中,耕地环境质量评价采用内梅罗指数法,耕地生产力评价采用模糊 PI 模型。各验收指标的权重采用层次分析法确定,总验收结果采用加权和法。通过在淮北矿区复垦项目的验收应用分析,证明该方法是可行的。

参考文献

[1]　胡振琪,赵艳玲,姜晶,等. 土地整理复垦项目验收方案研究. 农业工程学报,2005,21(6):59-63.

扇贝柱的干燥公式

1 背景

扇贝是中国海水养殖的重要品种之一，干燥扇贝柱是深受消费者喜爱的重要海产珍品。传统的扇贝柱日光干燥和日光与热风组合干燥方法不但干燥时间长，而且在干燥过程中易产生热损伤和过度氧化。微波真空干燥利用微波快速均匀加热，并在真空条件下使水分蒸发，是综合了微波干燥和真空干燥各自优点的一项新技术。张国琛等[1]通过实验对微波真空与热风组合干燥扇贝柱展开了研究。

2 公式

在进行干燥试验前，检测经预处理的扇贝柱的初始含水率；在试验中，每隔一定时间(微波真空干燥 5 min，热风干燥 30 min)检测扇贝柱质量变化，得出扇贝柱湿基含水率随干燥时间的变化曲线，干燥终止含水率为(20±1)%(湿基)。

(1)收缩率

$$r\% = [(V - V_0)/V] \times 100\%$$

式中，V 为干燥到某一时刻扇贝柱的体积，cm^3；V_0 为干燥前扇贝柱的体积，cm^3。

(2)复水率

将扇贝柱放入 100℃的恒温水中进行复水率的测定，每隔 2 min 将扇贝柱捞出，用滤纸擦干表面水分后检测质量变化，试验持续 20 min，由下式求出复水率：

$$R_f\% = [(m_f - m_g)/m_g] \times 100\%$$

式中，m_f 为样品复水后沥干质量，g；m_g 为干贝样质量，g。

分别利用上述不同干燥方式，干燥到相同的含水率(20%，湿基)，所需的总干燥时间及干燥扇贝柱的收缩率、10 min 复水率、20 min 复水率和抗破碎力测定结果见图 1，干燥扇贝柱的感官品质评价见表 1。

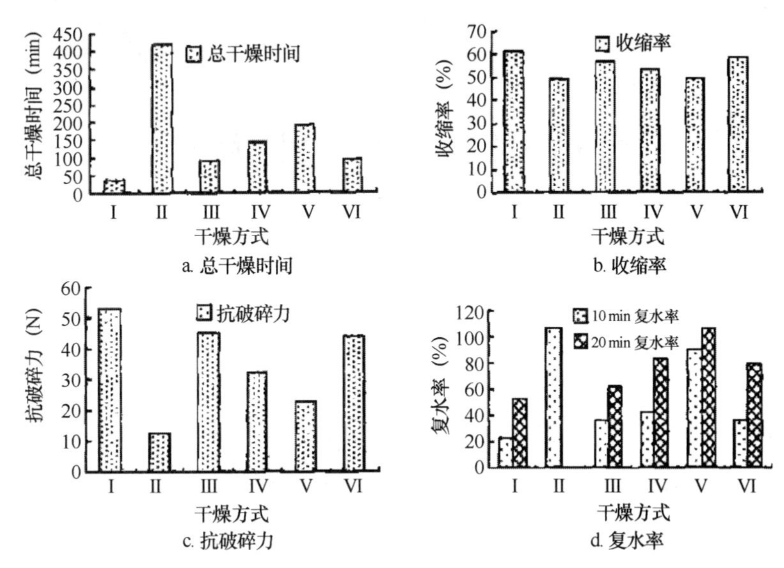

图 1　不同干燥方式扇贝柱的综合指标评价

Ⅰ:单独微波真空方式;Ⅱ:单独热风干燥;Ⅲ:MV5+AD60+MV;

Ⅳ:MV5+AD120+MV;Ⅴ:MVS+AD180+MV;Ⅵ:MV15+AD60+MV

表 1　干燥方式对扇贝柱感观品质的影响

表面情况	干燥方式及干燥参数					
	Ⅰ	Ⅱ	Ⅲ	Ⅳ	Ⅴ	Ⅵ
色泽	嫩黄	黄褐	嫩黄	嫩黄	黄	嫩黄
缝隙	无	较多较大	无	无	较多细缝	无
形状	整齐	中心严重褐化	整齐	比较整齐	中心轻微塌陷	整齐

3　意义

根据扇贝柱的干燥公式,利用不同的微波真空和热风组合方式对扇贝柱进行干燥试验研究,并与单纯微波真空干燥及单纯热风干燥进行比较。通过扇贝柱的干燥公式的计算结果,可知利用微波真空+热风+微波真空的组合干燥方式进行扇贝柱的干燥,所需干燥时间比单纯热风干燥缩短 50%以上,干燥扇贝柱的收缩率和复水率比单纯微波真空干燥均有不同程度的改善,抗破碎能力明显优于热风干燥,干燥扇贝柱具有良好的感官品质和适中疏密程度的组织结构,是较优的扇贝柱干燥参数组合。

参考文献

[1]　张国琛,毛志怀,牟晨晓,等. 微波真空与热风组合干燥扇贝柱的研究. 农业工程学报,2005,21(6):144-147.

蔗渣浆料的流变方程

1 背景

甘蔗渣是制糖工业的主要副产品,以甘蔗渣为主要材料的餐具及包装材料,成本低廉,可生物降解,减少了使用塑料引起的“白色污染”。在纸浆模塑生产线浆料输送系统的工艺与设备设计中,浆料黏度直接影响着输送机械的选用与输送工艺的设计;浆料的浓度选择也会影响产品的单位质量及强度;浆料的流变特性参数也是表征浆料质量的指标之一,可作为纸浆模塑生产过程的控制指标和判断依据。邱仁辉等[1]对蔗渣浆料在不同浓度、打浆度、剪切速率情况下的流变特性进行分析,以期为其纸浆模塑生产线浆料输送系统的设计提供基础。

2 公式

对不同的纸浆表观黏度与打浆度之间的关系用如下指数方程拟合:

$$\eta_a = AW^B$$

式中,η_a 为表观黏度,Pas;A 为系数,Pa · s · (°SR)$^{-B}$;W 为 打浆度,°SR;B 为系数,无量纲;结果见表 1。

表 1　用指数方程表示的纸浆打浆度与表观黏度关系的回归结果

转子转速(r/min)	打浆度(°SR)			
	20	25	30	35
6	A=59.347 90 B=0.161 798 8 R^2=0.621 14	A=59.312 63 B=0.132 408 2 R^2=0.539 20	A=59.347 78 B=0.111 378 0 R^2=0.507 84	A=59.255 88 B=0.095 928 62 R^2=0.625 00
12	A=29.07175 B=0.207 169 7 R^2=0.542 40	A=30.274 44 B=0.120 836 2 R^2=0.629 91	A=30.744 29 B=0.096 104 88 R^2=0.583 40	A=30.809 06 B=0.065 169 04 R^2=0.631 79

浆流变特性可由表观黏度 η_a(Pa · s) 、浓度系数 K(Pa · s^n) 和流态特性指数 n 表示。对于牛顿流体,旋转黏度计转子外壁面剪切速率与转速的关系式为:

$$\gamma_N = 2\Omega R_2^2/(R_2^2 - R_1^2)$$

式中，γ_N 为转子外壁面剪切速率，s^{-1}；Ω 为内筒转速，rad/s；R_2 为黏度计外筒半径，m；R_1 为黏度计内筒半径，m。设转子每分钟转速为 N，则有：

$$\gamma_N = \frac{2R_2^2}{R_2^2 - R_1^2} \cdot N = K_1 \cdot N$$

式中，N 为转子转速，rad/min；K_1 为测量系统尺寸决定的常数，无量纲。

$$K_1 = \frac{2R_2^2}{R_2^2 - R_1^2}$$

黏度计测量非牛顿流体流变特性时，剪切速率为[2]：

$$S = B_P \cdot \gamma_N$$

式中，B_P 为剪切速率修正系数，无量纲；γ_N 为转子外壁面剪切速率，s^{-1}。

$$B_P = \frac{1 - (R_1/R_2)^2}{n \cdot [1 - (R_1/R_2)^{2/n}]}$$

假定低浓纸浆为满足幂律关系的非牛顿流体，其本构方程为：

$$\eta_a = K \cdot S^{n-1}$$

式中，η_a 为表观黏度值，Pas；S 为剪切速率，s^{-1}；K 为浓度系数，$Pa \cdot s^n$，K 值与纤维的浓度有关，K 值越高，表明流体越稠；n 为流态特性指数，指流体偏离牛顿流体的程度。对实验所测的数据进行回归，求出不同浆种在不同浓度下的流变参数 K 和 n，建立不同浆种的流变模型，结果见表 2。

表 2　不同浓度的纸浆浓度系数 *K* 与流变特性指数 *n*

打浆度(°SR)	流变参数	纸浆浓度(%)												
		0.5	1.0	1.5	2.0	2.5	3.0	3.5	4.0	4.5	5.0	5.5	6.0	6.5
20	浓度系数 K($Pa \cdot s^n$)	155.7	156.5	164.2	174.9	180.2	190.9	195.0	204.6	208.1	228.4	252.4	311.1	—
	流变特性指数 n	0.047	0.047	0.045	0.043	0.042	0.041	0.041	0.040	0.040	0.039	0.038	0.035	—
25	浓度系数 K($Pa \cdot s^n$)	142。2	146.1	152.3	153.7	154.8	167.5	187.2	200.5	209.1	24.1	235.6	274.2	359.24
	流变特性指数 n	0.051	0.050	0.049	0.048	0.048	0.046	0.042	0.040	0.039	0.037	0.037	0.036	0.036
30	浓度系数 K($Pa \cdot s^n$)	140.2	143.5	146.6	147.1	154.5	157.7	166.5	172.3	190.4	204.6	223.0	243.0	294.7
	流变特性指数 n	0.052	0.051	0.050	0.050	0.048	0.048	0.046	0.045	0.042	0.040	0.038	0.038	0.034
35	浓度系数 K($Pa \cdot s^n$)	121.4	136.6	140.2	143.0	146.8	152.9	157.9	159.3	177.9	202.8	211.7	230.9	249.4
	流变特性指数 n	0.059	0.053	0.052	0.051	0.050	0.049	0.048	0.048	0.044	0.040	0.039	0.038	0.036

3　意义

根据蔗渣浆料的流变方程，研究蔗渣浆料在不同浓度、打浆度、剪切速率下对低浓度甘蔗渣化学浆流变特性的影响,同时,对不同因素引起浆料表观黏度变化的机理进行了分析。通过蔗渣浆料的流变方程的计算结果,可知随浆料浓度增加,纸浆表观黏度呈指数式增加;打浆度影响浆料的微观结构,随打浆度升高,纸浆表观黏度呈下降趋势;低浓度纸浆的表观黏度随剪切速率提高而递减。随低浓度纸浆逐渐变稀,所表现出的流变特性向着牛顿流体的方向趋近。低浓度纸浆流变特性的研究为纸浆模塑生产线流送系统提供了设计基础。

参考文献

[1] 邱仁辉,黄祖泰,王克奇. 低浓度甘蔗渣化学浆流变特性的研究. 农业工程学报,2005,21(7):145-148.

[2] 陈克复. 流体力学在制浆造纸工程中的应用[J]. 力学与实践,1992,14(6):7-15.

洪涝土地的可持续利用模型

1　背景

以土地可持续利用评价指标体系的构建和应用为核心的土地可持续利用评价，已成为土地评价的热门研究领域之一，研究制定区域性，特别是典型区域的土地可持续利用指标体系及其阈值，是今后土地可持续利用指标体系与评价研究的发展方向。针对特殊生态环境和脆弱生态环境的土地利用评价是近年土地评价中出现的新的应用领域。毛德华等[1]通过实验分析对洞庭湖洪涝高风险区土地可持续利用评价展开了探讨。

2　公式

采用多目标线性加权函数法，即常用评分法，其函数表达式为：

$$Y=\sum_{i=1}^{5}\left(\sum_{j=1}^{n}\frac{X_j}{Z_j}\cdot r_j\right)\cdot W_i$$

式中，Y 为总得分；X_j 为某单项指标的实际值；Z_j 为某单项指标的标志值；X_j/Z_j 为表中的评价值；r_j 为某单项指标在该层次下的权重；W_i 为五大准则的权重。

对逆向单项指标（即当单项指标取值越小越好时），可用下式计算：

$$Y=\sum_{i=1}^{5}\left(\sum_{j=1}^{n}\frac{Z_j}{X_j}\cdot r_j\right)\cdot W_i$$

首先，将 19 个蓄洪堤垸作为一个整体，依据湖南统计年鉴、湖南年鉴、洞庭湖的有关统计资料和观测资料以及实地调查资料，采用以上方法，对 1985 年、1995 年、2001 年洞庭湖洪涝高风险区土地可持续利用状况进行了综合评价，评价结果见（表 1）。

表 1　洞庭湖洪涝高风险区土地可持续利用综合评价结果

评价年份	评价项目					综合评价结果（Y值）
	土地生产力	生产稳定性	资源保护性	经济可行性	社会可接受性	
1985 年	26.25	29.58	50.24	45.12	38.59	37.72
1995 年	34.59	27.74	34.19	71.66	50.25	46.23
2001 年	40.58	45.06	45.86	82.19	66.51	57.60

其次,对19个蓄洪堤垸的土地可持续利用状况分别进行了评价,以此来探讨洪涝高风险区土地可持续利用程度的地区差异。评价结果见(表2)。

表2　洞庭湖洪涝高风险区不同堤垸土地可持续利用综合评价结果

评价堤垸名称	评价项目					综合评价结果(Y值)	洪涝风险等级及等级值
	土地生产力	生产稳定性	资源保护性	经济可行性	社会可接受性		
九垸	60.38	32.72	30.95	85.93	31.54	57.64	Ⅱ
西官	60.14	35.32	40.75	76.23	30.96	54.40	Ⅱ
安澧	52.98	25.45	24.32	70.78	25.45	44.89	Ⅱ
安昌	50.32	29.07	30.27	70.24	31.45	46.86	Ⅱ
安化	85.52	40.73	30.24	88.34	31.32	63.68	Ⅱ
南鼎	78.45	25.75	60.36	81.24	26.45	61.37	Ⅱ
和康	75.32	38.98	40.17	90.45	28.36	62.30	Ⅱ
南汉	70.43	25.28	40.82	70.34	30.96	53.26	Ⅰ
民主	65.34	20.78	40.37	82.24	50.25	56.16	Ⅱ
大通湖四小垸	59.38	18.72	40.34	70.24	43.75	50.49	Ⅱ
城西	83.55	5.72	40.38	70.23	42.95	53.95	Ⅰ
共双茶	85.85	40.32	40.78	80.34	45.78	64.39	Ⅲ
屈原	98.32	28.34	20.28	80.32	40.83	58.34	Ⅱ
集成安合	98.22	25.32	40.08	76.22	41.24	59.21	Ⅱ
钱粮湖	98.12	20.85	32.82	86.72	45.75	64.50	Ⅱ
建设	60.08	26.21	10.38	60.84	28.84	42.84	Ⅱ
建新	95.84	42.64	62.78	85.23	45.78	70.70	Ⅲ
君山	98.04	25.32	3.18	70.29	38.24	59.05	Ⅰ
江南陆城	99.00	5.04	10.12	80.14	35.75	55.27	Ⅰ

3　意义

根据对洞庭湖洪涝高风险区土地利用复合系统的内涵及特征的分析,确定了洞庭湖洪涝高风险区土地可持续利用评价指标体系,建立了洪涝土地的可持续利用模型。运用该模型的定量方法,对洞庭湖洪涝高风险区不同年份和19个蓄洪堤垸的土地可持续利用进行了综合评价,探讨洪涝高风险区土地可持续利用度的时空变化。从而可知土地可持续利用程度有不断增加且呈加速提高之势;洞庭湖洪涝高风险区土地可持续利用总体水平偏低;各类单项指标升降趋势不一致;洞庭湖区土地可持续利用度的地区差异不大,呈现出可持续利用度与生产力水平成正向比和与洪涝风险成反向比的态势。

参考文献

[1] 毛德华,夏军,王立辉,等. 洞庭湖洪涝高风险区土地可持续利用评价研究. 农业工程学报,2005,21(7):46-51.

磁力泵的轴向力平衡模型

1 背景

高速磁力泵由变频高速电机驱动外磁转子，通过永磁磁力作用，带动内磁转子旋转，从而达到力矩的无接触传递。磁力泵整个转子全部浸在介质中工作，在轴向方向，转子承受叶轮左盖板液体压力、右端面液体压力以及液流对叶轮作用的动反力。孔繁余等[1]利用高速磁力泵冷却回路形成的压力降，采用高速磁力泵冷却回路结构优化设计来平衡轴向力，取得了令人满意的平衡效果。

2 公式

腔体内压力头 h 在不同半径 R 时的大小按抛物线分布，由流体力学可知[2]：

$$h = \left[h_w - \frac{\omega^2}{8g}(R_w^2 - R^2) \right] \rho g$$

式中，h_w 为叶轮外缘位置泵体内腔液体静压头，m；R_w 为叶轮外缘处半径，取叶轮半径，m；ρ 为液体密度，kg/m^3；g 为重力加速度，m/s^2。

在内磁转子体左右两边，从叶轮半径 R_i 到 R_j 的轴向作用力分别是 $F_{左}$、$F_{右}$，这两个力分别可按上式积分求得，通式如下：

$$\begin{aligned} F_y &= \int_{R_i}^{R_j} \left[h_j - \frac{\omega^2}{8g}(R_j^2 - R^2) \right] 2\pi\rho g R \mathrm{d}R \\ &= \pi\rho g(R_j^2 - R_i^2)\left[h_j - \frac{\omega^2}{16g}(R_j^2 - R_i^2) \right] \end{aligned}$$

式中，h_j 为对应于 R_j 处的静压头。

冷却循环液流经各阻力件构成一个串联循环回路，循环流量 q 可通过下式求解。

因为：

$$H_x = \sum_{i=1}^{4} h_i = \sum_{i=1}^{4} \xi_i \frac{v_i^2}{2g} = \sum_{i=1}^{4} \xi_i \left(\frac{q}{s_i} \right)^2 \frac{1}{2g}$$

所以：

$$q = \frac{\overline{2gH_x}}{\sum_{i=1}^{4} \frac{\xi_i}{S_i^2}}$$

式中，H_x 为循环回路全扬程，$H_x = H_p - \frac{1}{8g}(u_w^2 - u_4^2)$，m；$H_p$ 为泵的势扬程，$H_p = 0.75u_w^2/(2g)$，m；u_w 为对应于 R_w（$R_w = 0.048$ m）的圆周速度，m/s；u_4 为对应于 R_4 的圆周速度，m/s；h_i 为相对于 i 阻力件的压头降，m；v_i 为流经 i 阻力件的平均速度，m/s；ξ 为对应 i 阻力件的阻力系数；S_i 为对应 i 阻力件的过流面积，m^2。

作用于转子右端的压力分布需用分段积分求出 $F_{右}$：

$$F_{右} = \int_{R_2}^{R_1} f_1(R)\,dR + \frac{1}{2}\left[\int_{R_3}^{R_2} f_{2(cc)}(R)\,dR + \int_{R_3}^{R_2} f_{2(D'D)}(R)\,dR\right] + \int_{R_4}^{R_3} f_{3(F'F)}(R)\,dR$$

求出作用于转子左端的轴推力 $F_{左}$ 为：

$$F_{左} = \frac{1}{2}[(MQOP) + (MQUN)] = 2454(N)$$

同时，流体经转子体叶轮产生的动反力为：

$$F = \rho Q_t v_m$$

式中，Q_t 为理论流量；v_m 为进口轴面速度，取 $Q_t = 1.2Q$，$F = 6(N)$。

转子所受的轴向力为：

$$F = F + F - F = -25(N)$$

3 意义

根据磁力泵的轴向力平衡模型，以一高速磁力泵为例，研究高速磁力泵借助冷却回路结构设计进行轴向力平衡，提出按计算通式分段叠加求解的计算方法，总结了高速磁力泵轴向力平衡设计计算步骤。用该计算方法设计的高速磁力泵样机经实际试验验证，运行平稳、性能可靠。从而证明了该轴向力平衡设计计算方法的正确性，这为高速磁力泵轴向力的平衡设计计算提供了具有重要价值的参考资料。

参考文献

[1] 孔繁余，刘建瑞，施卫东，等．高速磁力泵轴向力平衡计算．农业工程学报，2005，21(7)：69-72.

[2] 潘文全．工程流体力学[M]．北京：清华大学出版社，1988：31-44.

地下灌溉的控制方程

1 背景

中国设施农业发展很快，但由于灌水技术落后，设施内的作物生长环境差，病虫害严重，因此，作物产量低、品质差。SDI是一种精确灌水方法，属于对作物进行“被动灌溉”，即灌溉需要首部加压或有一定的高差势能，而对利用作物蒸腾需要进行自动调控供水强度的“主动灌溉”节水技术的研究几乎是空白。陈新明等[1]通过室内外试验研究，寻求既节水、节能又能够满足作物灌溉质量指标且高效优质的根区局部控水无压地下灌溉的最佳控制模式。

2 公式

作物耗水量是由根区局部控水无压地下灌溉系统供水补给的，田间水量平衡方程为：

$$I + G + P_e = ET + S + \Delta W$$

式中，I为灌水量，mm；G为地下水补给量，mm；P_e为降雨补给量，mm；ET为耗水量，mm；S为渗漏量，mm；ΔW为时段末与时段初的土壤储水量差，mm。

简化得到作物耗水量ET的计算式为：

$$ET = 1 - \Delta W$$

根据试验灌水观测资料，计算得到作物耗水量ET(表1)和作物日耗水量(图1)。

表1 黄瓜耗水量

供水压力(cm)	+2	0	−2	−4
灌水量(mm)	150.77	141.66	117.16	84.14
土壤储水量变化值(mm)	32.94	31.51	18.80	9.52
耗水量(mm)	117.83	110.13	98.36	78.86

3 意义

通过地下灌溉的控制方程，在蔬菜大棚中进行种植黄瓜的试验，研究分析了在不同供

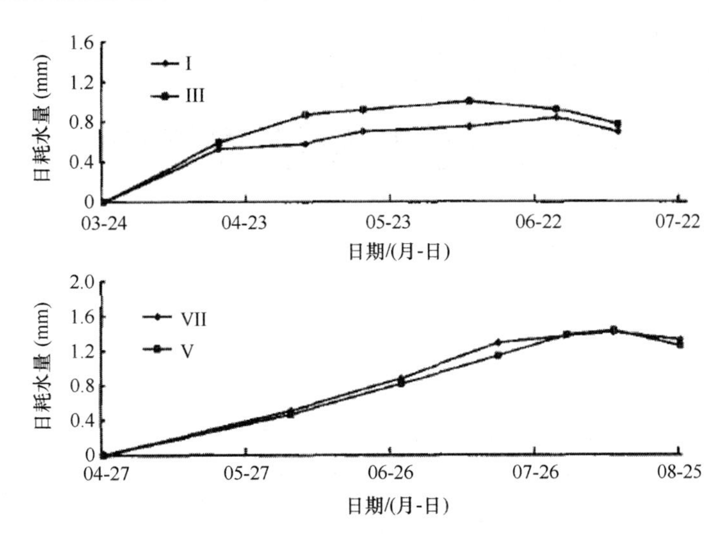

图 1　黄瓜生育期内作物日耗水量变化过程曲线

水压力条件下的孔口出水规律和根区局部湿润状况。根据地下灌溉的控制方程,计算可知,无压灌溉的灌溉水量转换为土壤水主要集中在出水孔周围 20 cm 范围内,能够满足黄瓜的需水要求;该灌溉技术并不降低作物产量,与滴灌相比可实现节水 25%以上,具有节能、节水、优质的综合效应,为蔬菜大棚中的应用提供了理论依据。

参考文献

[1]　陈新明,蔡焕杰,王健,等. 根区局部控水无压地下灌溉技术在温室大棚中的试验研究. 农业工程学报,2005,21(7):30-33.

管道式的喷灌系统模型

1 背景

有压灌溉系统的水力解析是水力设计的基础。目前水力解析方法主要分为3类:图解法、解析法和数解法。图解法简便直观,但受比例尺限制精度不高;解析法准确快捷,但只限于求解单一管径支管;数解法的优点是可以求解不同管径、不同喷头、不同布置间距组成的支管,其不足是需要求解一系列非线性方程,计算复杂。赵风娇和王福军[1]的目标是对Hathoot前进法进行改进,将其拓展为可求解由多支管组成的管道式喷灌系统的改进前进法。

2 公式

喷灌系统流量,也即水泵流量,等于系统各支管流量和;系统压力,也即水泵压力,可根据水泵性能曲线求得。具体求解可由下式得出。

$$Q_b = Q_1 = \sum_{i=1}^{N} Q_{L,i}$$

$$H_b = H_{d,0} = f(Q_b)$$

式中, Q_b 为系统流量,也即水泵流量, m^3/s; H_b 为系统压力,也即水泵压力,m; Q_i 为 $i-1$ 和 i 两出口之间干管管段内流量, $i=1,2,\cdots,N$,其中 $i=1$ 对应水流上游干管的第一个出口, m^3/s; $Q_{L,i}$ 为第 i 条支管入口流量, m^3/s。

齿形管道式喷灌系统,干管与支管由三通连接,各点压力关系可按以下式计算:

$$H_{u,i} = H_{d,(i-1)} - SS_0 - f_i \frac{SQ_i^2}{2gDA^2}$$

式中, S 为各支管布置间距,m; S_0 为地面坡度, $S_0 < 0$ 为下坡, $S_0 = 0$ 为零坡度,即平坦, $S_0>0$ 为上坡; D 为干管内径,m; A 为干管截面积, m^2; g 为重力加速度, m/s^2; f_i 为 i 和 $i-1$ 之间管段的摩擦损失系数。

$$H_{L,i} = H_{u,i} - a_{L,i} \frac{Q_i^2}{2gA^2}$$

式中, $a_{L,i}$ 为局部阻力系数,推荐如下公式计算:

$$a_{L,i} = 0.95\left(1 - \frac{Q_{L,i}}{Q_i}\right)^2 + \left(\frac{Q_{L,i}}{Q_i}\right)^2 \cdot \left[-0.3 + \frac{0.4 - 0.1\frac{a}{A}}{\left(\frac{a}{A}\right)^2}\right]$$

式中,a 为支管截面面积,m^2。

$$H_{d,i} = H_{u,i} - a_{d,i}\frac{Q_i^2}{2gA^2}$$

式中,$a_{d,i}$ 为局部阻力系数,推荐如下公式计算:

$$a_{d,i} = 0.03\left(1 - \frac{Q_{i+1}}{Q_i}\right)^2 + 0.35\left(\frac{Q_{i+1}}{Q_i}\right)^2 - 0.2\left(\frac{Q_{i+1}}{Q_i}\right) \cdot \left(1 - \frac{Q_{i+1}}{Q_i}\right)$$

由流量平衡原理,可建立支管入口流量、干管管段流量关系,具体公式如下:

$$Q_{L,j} = \sum_{i=1}^{m} q_{j,i}$$

式中,$q_{j,i}$ 为第 j 条支管上的第 i 个喷头流量,m^3/s。

$$Q_{i+1} = Q_i - Q_{L,i}$$

式中,Q_i 为 i-1 和 i 两出口之间干管管段内流量,m^3/s。

3 意义

根据管道式的喷灌系统模型,分析图解法、解析法和数解法等水力解析方法各自的特点,并着重比较了有限元法和 Hathoot 前进法等数解法的优点和局限性。应用管道式的喷灌系统模型,是应用前进法的基本思路,提出了管道式喷灌系统水力解析新方法——改进前进法(EFSM)。应用伯努力能量方程和达西-韦斯巴赫摩擦损失方程依次对干管和支管建立方程,通过逐步迭代将非线性方程线性化,并提出了针对梳齿形和干管单向布置的丰字形喷灌系统的水力解析步骤。

参考文献

[1] 赵风娇,王福军. 管道式喷灌系统水力解析的改进前进(EFSM)算法. 农业工程学报,2005,21(7):73-76.

复合材料的性能模型

1 背景

超高分子量聚乙烯(UHMW PE)由于其较多的优良性能而获得广泛应用。在工程领域,UHMW PE 被用于农业工程、化工等领域的机械设备上,因其良好的耐化学腐蚀性能、疏水功能、防黏功能、自润滑及高的抗冲击性能等,被用于代替碳钢和青铜等材料。BP 神经网络已经成功地用于材料数据试验处理、摩擦磨损行为分析、图像处理、模式识别、自动控制等领域。马云海等[1]应用 BP 神经网络模型预测了硅灰石纤维偶联处理方式、纤维加入量及法向载荷等因素对硅灰石纤维增强 UHMW PE 基复合材料的干滑动摩擦磨损性能的影响。

2 公式

为使网络快速收敛,提高精度,需要对样本数据进行归一化处理,亦即将训练样本中各列的数据变为 0~1 之间的量。例如:对输入数据 x_1,先求出 x_1 的最大值 $x_{1\max} = \max(x_{1i})$ ($i = 1,2,\cdots,16$) 和最小值 $x_{1\min} = \min(x_{1i})$ ($i = 1,2,\cdots,16$),再对 x_{1i} 进行归一化处理。公式如下:

$$\bar{x}_{1i} = \frac{x_{1i} - x_{1\min}}{x_{1\max} - x_{1\min}}$$

$\bar{x}_{1i}$ 即为对应于 x_{1i} 的归一化处理后的数据,$\bar{x}_{1i} \in [0,1]$。

重复上述过程,可得到输入数据 x_2 和 x_3 及输出数据 y_1 和 y_2 的相应的归一化数据。将归一化数据代入网络进行训练。

用表 1 样本数据对神经网络进行训练。设定初始权值和阈值取(0,1)之间的随机数,初始学习率为 0.02,根据误差平方和的下降速率进行自适应调整,目标误差为 0.0005,进行训练。

表 1　训练样本数据

样本	X_1	X_2 (%)	X_3 (N)	y_1	y_2 (mm^3)	y'_1	y'_2 (mm^3)	$\lvert y_1-y'_1\rvert$	$\lvert y_2-y'_2\rvert$ (mm^3)	$\lvert y_1-y'_1\rvert/y_1$(%)	$\lvert y_2-y'_2\rvert/y_2$(%)
R^1	1	5	40	0.057	0.230 8	0.057 1	0.235 7	0.000 1	0.004 9	0.18	2.12
R^2	1	10	80	0.055	0.756 1	0.054 9	0.762 5	0.000 1	0.006 4	0.18	0.85
R^3	1	15	120	0.052	1.552	0.052 0	1.549 8	0	0.002 2	0	0.14
R^4	1	20	160	0.047	2.450 5	0.047 1	2.447 6	0.000 1	0.002 9	0.21	0.12
R^5	2	5	80	0.048	0.434 9	0.048 4	0.414 5	0.000 4	0.020 4	0.83	4.69
R^6	2	10	40	0.056	0.132 5	0.055 8	0.140 2	0.000 2	0.007 7	0.36	5.81
R^7	2	15	160	0.043	1.980 7	0.042 9	1.991 9	0.000 1	0.011 2	0.23	0.56
R^8	2	20	120	0.051	1.310 1	0.051 0	1.319	0	0.003 8	0	0.29
R^9	3	5	120	0.045	0.998 7	0.047 7	1.156 8	0.000 3	0.015 2	0.67	1.52
R^{10}	3	10	160	0.042	1.977 3	0.042 2	1.965 4	0.000 2	0.011 9	0.48	0.60
R^{11}	3	15	40	0.057	0.136 5	0.057 2	0.128 6	0.000 2	0.007 9	0.35	5.79
R^{12}	3	20	80	0.055	0.520 8	0.055 1	0.523 5	0.000 1	0.002 7	0.18	0.52
R^{13}	3	5	160	0.039	1.658 6	0.039 1	1.655 1	0.000 1	0.003 5	0.26	0.21
R^{14}	4	10	120	0.045	0.520 8	0.044 9	0.531 2	0.000 1	0.010 4	0.22	1.99
R^{15}	4	15	80	0.053	0.417 9	0.053 2	0.406 6	0.000 2	0.011 3	0.38	2.70
R^{16}	4	20	40	0.058	0.128 9	0.057 9	0.137 4	0.000 1	0.008 5	0.17	6.59

为检验网络对样本以外的数据进行泛化的能力，选取 x_3（法向载荷）为 120 N 的试验数据作为检验样本（记为 $A_1 - A_{12}$）进行检验，结果见表 2。从表 1 和表 2 的试验结果可以发现，随着硅灰石纤维加入量的增加，复合材料摩擦系数逐渐变大。UHMW PE 基复合材料随载荷的增加而摩擦系数降低，磨损体积损失随载荷的升高而略有增大。

表 2　检验样本数据

样本	X_1	X_2 (%)	X_3 (N)	y_1	y_2 (mm^3)	y'_1	y'_2 (mm^3)	$\lvert y_1-y'_1\rvert$	$\lvert y_2-y'_2\rvert$ (mm^3)	$\lvert y_1-y'_1\rvert/y_1$(%)	$\lvert y_2-y'_2\rvert/y_2$(%)
A_1	1	8	121	0.049	1.310 1	0.051 6	1.323 2	0.002 6	0.013 0	5.30	0.99
A_2	210	120	0.051	1.176 5	0.050 3	1.271 0	0.000 7	0.094 5	1.37	8.03	
A_3	1	20	120	0.055	1.600 1	0.053 5	1.391 0	0.001 5	0.209 1	2.72	13.06
A_4	2	5	120	0.047	1.192 3	0.048 3	1.203 3	0.001 3	0.011	2.76	0.92
A_5	2	10	120	0.048	1.030 0	0.047 7	1.128 8	0.000 3	0.098 8	0.62	9.59
A_6	2	15	120	0.049	1.113 6	0.048 7	1.102 9	0.000 3	0.010 7	0.61	0.96
A_7	3	10	120	0.048	0.981 5	0.047 1	1.041 4	0.000 9	0.059 9	1.88	6.10

续表

样本	X_1	X_2 (%)	X_3 (N)	y_1	y_2 (mm^3)	y'_1	y'_2 (mm^3)	$\|y_1-y'_1\|$	$\|y_2-y'_2\|$ (mm^3)	$\|y_1-y'_1\|/y_1$(%)	$\|y_2-y'_2\|/y_2$(%)
A_8	3	15	120	0.049	1.106 6	0.048 2	0.990 2	0.000 8	0.116 4	1.63	10.52
A_9	3	20	120	0.50	1.142 9	0.049 2	1.036 8	0.000 4	0.106 1	0.80	9.28
A_{10}	4	5	120	0.044	0.781 7	0.045 2	.951 8	0.001 2	0.176 1	2.73	22.53
A_{11}	4	15	120	0.048	0.756 1	0.048 5	0.880 0	0.000 5	0.123 9	1.04	16.39
A_{12}	4	20	120	0.049	0.831 6	0.050 1	0.932 0	0.001 1	0.100 4	2.24	12.07

3 意义

基于人工神经网络在复杂系统建模问题上的优越性,考察了几种因素对硅灰石纤维增强复合材料的摩擦和磨损性能影响的模型。基于 BP 神经网络对硅灰石纤维增强超高分子量聚乙烯基复合材料的干滑动摩擦磨损性能进行了模拟和预测。对神经网络的训练和检验表明该 BP 神经网络能够较好地预测影响因素对复合材料的干滑动摩擦和磨损的作用,大部分数据的预测值与试验值的误差在 10%以内,其仿真精度能够满足实际的摩擦磨损预测要求。

参考文献

[1] 马云海,闫久林,佟金. 硅灰石纤维填充超高分子量聚乙烯基复合材料干滑动摩擦磨损的 BP 神经网络分析. 农业工程学报,2005,21(7):90-93.

气调包装的储存模型

1 背景

自1917年英国科学与工业研究所食品调查委员会首先观察到更换气体组成可使苹果延长货架寿命这一结果以来,已促使许多研究者去进行改善气体成分对储存新鲜果蔬产品的机理研究。气调包装的效果和质量取决于包装容器内气体成分、温湿度的调节。卢立新[1]对现已研究建立的果蔬呼吸模型、呼吸速率的测定方法、包装内外气体交换模型、包装内温度与湿度变化数学模型等进行评述。

2 公式

推断果蔬呼吸与微生物呼吸具有相似性,继而提出 Michaelis-Menten 式方程可用于模拟果蔬的呼吸。在不考虑 CO_2抑制情况下,依赖 O_2的呼吸速率可表示为:

$$R = \frac{V_m[O_2]}{K_m + [O_2]}$$

式中,R 为果蔬的呼吸速率;$[O_2]$ 为包装内部的氧气浓度;V_m 为果蔬的最大呼吸速率;K_m 为米氏常数。

Lee 等[2]首先提出把 CO_2作为 O_2的非竞争抑制建立了如下果蔬呼吸速率方程(假定在有氧呼吸的条件下):

$$R = \frac{V_m[O_2]}{K_m + (1 + [CO_2]/K_u)[O_2]}$$

式中,$[CO_2]$为包装内部的 CO_2浓度;K_u 为 CO_2非竞争抑制系数。

Peppelenbos 发现对于芦笋存在 CO_2 对 O_2 的竞争性抑制作用,为此得到 CO_2作为 O_2的竞争抑制的呼吸速率方程:

$$R = \frac{V_m[O_2]}{[O_2] + K_m + (1 + [CO_2]/K_c)}$$

以及 CO_2作为 O_2的反竞争抑制的呼吸速率方程:

$$R = \frac{V_m[O_2]}{K_m + [O_2] \cdot (1 + [CO_2]/K_n)}$$

式中，K_c 为 CO_2竞争抑制系数；K_n 为 CO_2反竞争抑制系数。

同时 Peppelenbos 在对芦笋、花椰菜等呼吸研究后，进一步提出 CO_2作为 O_2的竞争与反竞争性抑制的联合方式影响果蔬呼吸速率的模型：

$$R = \frac{V_m[O_2]}{K_m(1 + [CO_2]/K_c) + [O_2] \cdot (1 + [CO_2]/K_n)}$$

Makino[3] 等认为果蔬产品实际的呼吸过程包含了多步新陈代谢反映，继而认为酶动力模型可能不适合描述果蔬呼吸。为此他们基于 Langmuir 吸收理论提出了一数学模型用于描述 O_2的消耗速率：

$$R = \frac{abp_0}{1 + ap_0}$$

式中，p_0 为包装内 O_2的分压；b 为最大 O_2消耗速率；a 为方程系数，$a = SK_aK_d^{-1}$，S、K_a、K_d 为比例常数。

采用温度每增加 10℃时呼吸速率所增加的值 Q_{10} 来表示，即：

$$Q_{10} = \left(\frac{R_2}{R_1}\right)^{10/(T_2-T_1)}$$

式中，R_2 为温度 T_2 时果蔬的呼吸速率；R_1 为温度 T_1 时果蔬的呼吸速率。

应用 Arrhenius 方程式分析温度对呼吸速率的影响。其表达形式为：

$$R_{O_2,CO_2} = R^*_{O_2,CO_2}\exp\left(\frac{-Ea^*_{O_2,CO_2}}{RT}\right)$$

式中，$R^*_{O_2,CO_2}$ 为 O_2或 CO_2的呼吸指数；$Ea^*_{O_2,CO_2}$ 为以 O_2或 CO_2表示的呼吸速率的活化能；R 为气体常数；T 为绝对温度。

在静态封闭系统测定过程中，把产品装在一个已知体积的密封容器中，容器中原始气体和周围环境一致。每隔一定的时间测量容器中 O_2和 CO_2浓度的变化，继而通过以下方程估计呼吸速度：

$$R_{O_2} = \frac{(C^{t_i}_{O_2} - C^{t_f}_{O_2}) \cdot V}{M \cdot (t_f - t_i)}$$

$$R_{CO_2} = \frac{(C^{t_f}_{CO_2} - C^{t_i}_{CO_2}) \cdot V}{M \cdot (t_f - t_i)}$$

式中，t_i，t_f 分别为测量起始、终止时间；$C^{t_i}_{O_2}$，$C^{t_f}_{O_2}$ 为分别为测量起始、终止时 O_2浓度；$C^{t_f}_{CO_2}$，$C^{t_i}_{CO_2}$ 分别为测量起始、终止时 CO_2浓度；V 为密封容器的自由体积；M 为产品质量。

在流动系统测定过程中，同样把产品装在密封容器中，气体混合物以恒定的速度流动注入容器中。当系统达到稳定状态时由内部和外部气体浓度的绝对差值计算呼吸速度。即：

$$R_{O_2}=\frac{(C_{O_2}^{in}-C_{O_2}^{out})\cdot F}{M}$$

$$R_{CO_2}=\frac{(C_{CO_2}^{out}-C_{CO_2}^{in})\cdot F}{M}$$

式中，$C_{O_2}^{in}$，$C_{O_2}^{out}$ 分别为稳定状态时注入、流出 O_2浓度；$C_{CO_2}^{in}$，$C_{CO_2}^{out}$ 分别为稳定状态时注入、流出 CO_2浓度；F 为气体流速。

在渗透性系统测定过程中，产品装在一已知容积大小和渗透膜组成的包装中。测定稳定状态下的 O_2和 CO_2的浓度。通过质量平衡方程估计呼吸速度，即

$$R_{O_2}=\frac{P_{O_2}A}{LM}\cdot(C_{O_2}^{e}-C_{O_2})$$

$$R_{CO_2}=\frac{P_{CO_2}A}{LM}\cdot(C_{CO_2}-C_{CO_2}^{e})$$

式中，P_{O_2}，P_{CO_2} 分别包装膜 O_2、CO_2的透过系数；C_{O_2}，$C_{O_2}^{e}$ 分别为包装内、外 O_2浓度；C_{CO_2}，$C_{CO_2}^{e}$ 分别为包装内、外 CO_2浓度；A 为包装膜面积；L 为包装膜厚度。

由于气调包装内部气体浓度变化是一个动态的过程，根据包装内各组分气体物质量的变化关系：

包装内 i 组分气体增量=产品吸收/放出 i 组分气体的增量

+通过包装材料进入/透出 i 组分气体量

可建立包装内外气体交换模型：

$$\frac{dn_{O_2}}{dt}=\left[\frac{P_{O_2}\cdot A\cdot(p_{O_2}^{out}+p_{O_2}^{in})}{z}-R_{O_2}\cdot W\right]/V$$

$$\frac{dn_{CO_2}}{dt}=\left[\frac{P_{CO_2}\cdot A\cdot(p_{CO_2}^{out}+p_{CO_2}^{in})}{z}+R_{CO_2}\cdot W\right]/V$$

式中，n_{O_2}，n_{CO_2} 分别为包装内 O_2，CO_2的物质量；P_{O_2}，P_{CO_2} 分别为 O_2，CO_2透过包装材料的渗透系数；A 为包装材料的表面积；z 为包装材料的厚度；W 为果蔬产品的质量；$p_{O_2}^{out}$，$p_{O_2}^{in}$ 分别表示外界环境中与包装容器内的 O_2分压；$p_{CO_2}^{out}$，$p_{CO_2}^{in}$ 分别表示外界环境中与包装容器内的 CO_2分压；R_{O_2}，R_{CO_2} 表示果蔬产品 O_2、CO_2呼吸速率；V 为包装容器内的自由体积。

在经过初期的诱导期后，包装内部达到稳定状态，O_2和 CO_2浓度处于相对平衡。当包装内气体达到动态平衡时有：

$$\frac{dn_{O_2}}{dt}+\frac{dn_{CO_2}}{dt}=0$$

Hirata[4] 基于分子动力学理论，结合 Graham 扩散定律，提出了一表征微孔材料包装的内外气体交换模型：

$$\frac{dn_{O_2}}{dt} = (p_{O_2}^{out} - p_{O_2}^{in})\left(\frac{S}{2\pi M_{O_2}RT} + \frac{P_{O_2}A}{z}\right) - R_{O_2} \cdot W$$

$$\frac{dn_{CO_2}}{dt} = (p_{CO_2}^{out} - p_{CO_2}^{in})\left(\frac{S}{2\pi M_{CO_2}RT} + \frac{P_{CO_2}A}{z}\right) - R_{CO_2} \cdot W$$

式中,S 为微孔的总面积; M_{O_2} , M_{CO_2} 分别为 O_2,CO_2的摩尔质量;R 为气体常数;T 为绝对温度。

3 意义

气调包装是一种可延长新鲜水果货架寿命的重要技术。气调包装的质量主要取决于包装内气体成分、温湿度的调节。建立气调包装的理论模型是保证气调包装质量、进行气调包装系统设计的关键。此处总结了国内外这方面的研究成果,着重论述了果蔬呼吸模型、呼吸速率的测定方法、包装内外气体交换模型、包装内温度与湿度变化数学模型,并分析了目前研究存在的不足,为果蔬气调包装的深入研究提供参考。

参考文献

[1] 卢立新. 果蔬气调包装理论研究进展. 农业工程学报,2005,21(7):175-180.

[2] Lee DS,Haggar PE,Lee J,etal. Model for fresh produce respiration in modified at mospheres based on principles of enzyme kinetics[J]. Journal of Food Science,1991,56:1580-1585.

[3] Makino Y,Iwasaki K,Hirata T. Oxygen consumption model for fresh produce on the basis of adsorption theory[J]. Transactions of the ASAE,1996,39(3):1067-1073.

[4] Hirata T,Makino Y,Ishikaw a Y. A theoretical model for designing modified atmosphere packaging with a perforation[J]. T ransaction of the ASAE,1996,39(4):1499-1504.

蘑菇的呼吸速率模型

1 背景

双孢蘑菇(Agari cusbisporus,以下简称蘑菇)呼吸速率较高,采后极易出现开伞和菇色褐变等问题,从而降低品质,因此需要采取一定的保鲜措施,气调包装结合低温贮藏的方法效果较好,它是通过降低蘑菇呼吸速率和新陈代谢活动,延缓成熟而达到保鲜的目的。雷桥等[1]着重研究了温度、容器内顶隙气体体积与蘑菇体积比、O_2浓度、CO_2浓度及处理时间(t)对蘑菇呼吸速率的影响,并采用方差分析和重回归分析法,确定了蘑菇呼吸速率的显著性影响因素。

2 公式

因蘑菇质量、容器内顶隙气体体积及温度不同,监测气体中O_2、CO_2浓度、温度T及总压P的变化过程可持续14~50 h,直至瓶内O_2浓度几乎不变为止。以上每组实验重复3次,对获取的数据采用STAT ISTICA软件处理并拟合气体浓度随时间变化的曲线方程$[O_2]_i = f_1(t)$、$[O_2]_i = f_2(t)$,再由此方程按下式进一步计算呼吸速率R_{O_2}或R_{CO_2}、呼吸商RQ:

$$R_{O_2} = \frac{\mathrm{d}[O_2]_i}{\mathrm{d}t} \cdot \frac{M_{O_2}PV}{100WRT};R_{CO_2} = \frac{\mathrm{d}[CO_2]_i}{\mathrm{d}t} \cdot \frac{M_{CO_2}PV}{WRT}$$

$$RQ = R_{CO_2}/R_{O_2}$$

式中,$[O_2]_i$、$[CO_2]_i$分别为容器内O_2浓度、CO_2浓度,%(体积百分比);t为处理时间,h;R_{O_2}、R_{CO_2}分别为呼吸作用的耗氧率及CO_2的生成率,mg/(kg · h);M_{O_2}为氧气分子量,0.032kg/mol;M_{CO_2}为二氧化碳分子量,0.044 kg/mol;P为容器内气体的总压,Pa;R为气体常数,8.314 J/(mol · K);T为顶隙气体温度,K;V为容器内顶隙气体积,mL;W为蘑菇质量,kg;RQ为呼吸商。

在重回归分析中,设呼吸速率R_{CO_2}与O_2、CO_2的浓度及处理时间(t)的二次关系式为:

$$R_{CO_2} = a_0 + a_1 t + a_2 t^2 + a_3 [O_2]_i + a_4 [O_2]_i^2 + a_5 [CO_2]_i + a_6 [CO_2]_i^2$$

式中,a_0为常数;a_1~a_6为偏回归系数。

将相关的实验数据t、$[O_2]_i$、$[CO_2]_i$和R_{CO2}应用公式进行重回归分析(多因素、二次方),可得出式中各系数,见表1。

表1 重回归方程式中的常数 a_0、偏回归系数 a_1 ~ a_6 及复相关系数

组别	a_0	t		$[O_2]_i$		$[CO_2]_i$		R
		a_1	a_2	a_3	a_4	a_5	a_6	
A	3 013. 60	-1 068. 52	83. 90	-33. 06	-1. 25	23. 26	0. 28	0. 892 537 55
B	-12.008 0	-15.806 8	3.948 1	0.520 8	0.033 0	19.105 1	-1.057 8	0.999 725 37
C	-172.836	90.891	-4.172	17.901	-0.410	-57.414	2.784	0.816 518 41
D	-37.617 7	42.196 5	-3.087 9	15.913 9	-0.590 4	-42.059 4	2.719 0	0.929 742 80
E	6.398 065	-0.208 164	0.001 648	-0.006 914	0.000 175	0.015 736	-0.000 887	0.999 996 97

3 意义

根据研究温度、容器内顶隙气体体积与双孢蘑菇体积比、O_2浓度、CO_2浓度及处理时间(t)对双孢蘑菇呼吸速率的影响,并采用多因素方差分析、重回归分析法,确定了双孢蘑菇呼吸速率的显著性影响因素,从而可知温度对双孢蘑菇呼吸耗氧率 R_{O_2}、二氧化碳生成率 R_{CO_2}、呼吸商(RQ)的影响比体积比的影响更显著;25℃、18℃和4℃ 时,O_2浓度、CO_2浓度及时间(t)三个因素中,时间(t)对 R_{CO_2} 的影响最大,而 12℃时,CO_2浓度对 R_{CO_2} 的影响最大;12℃时,随着体积比的增大,CO_2浓度、时间(t)的影响作用减弱,O_2浓度作用增强。

参考文献

[1] 雷桥,周颖越,徐文达. 环境因素对自然气调下双孢蘑菇呼吸速率影响的初步研究. 农业工程学报,2005,21(7):153-157.

径流侵蚀的产沙模型

1 背景

近年来,国内外学者对土壤侵蚀过程和机理进行了深入研究,并取得了许多成果,认为坡面径流侵蚀过程其实就是径流剥离土壤、泥沙输移和沉积不断影响和制约的过程。其中径流分离土壤过程是土壤侵蚀发生的前提和基础,研究坡面径流分离土壤的能力具有重要意义。目前对其研究一般都是基于径流剪切力和径流功率的基础上。李鹏等[1]通过实验探讨分析了黄土陡坡径流侵蚀产沙特性。

2 公式

Foster 和 Meyer[2,3]综合分析研究了坡面径流侵蚀过程,提出了以下关系式:

$$\frac{D_r}{D_c} + \frac{Q_s}{T_c} = 1$$

式中, D_r 为径流分离速率; D_c 为径流分离能力; Q_s 为径流输沙率; T_c 为径流挟沙力。其中 $D_c = K(\tau - \tau_c)$,K 为土壤可蚀性参数; τ 为径流剪切力; τ_c 为径流临界剪切力。

根据曼宁公式,径流剪切力可以用下式计算:

$$\tau = \gamma h_w \sin\theta$$

式中, γ 为水流重度,N/m^3; h_w 为水深,m; θ 为坡度,(°)。

根据 Foster 等人的研究结果,径流剥离率与径流剪切力之间存在以下关系式:

$$D_c = K_d(\tau - \tau_c)$$

式中, D_c 为泥沙剥离率; K_d 为土壤可蚀性参数; τ 为径流剪切力; τ_c 为径流临界剪切力。

假设在细沟侵蚀过程中没有发生泥沙沉积现象,坡面上所有分离的土壤都被径流带出出水口,即泥沙剥离率等于泥沙输移率。则上式可以变为:

$$D_r = K_d(\tau - \tau_c)$$

式中, D_r 为泥沙输移率。

坡面单宽径流输沙率与径流剪切力之间具有明显的线性关系,其关系表达为:

$$y = 2.8267x - 4.8084$$

进一步整理可以得到:

$$y = 2.827(x - 1.701)$$

即：

$$D_r = 2,827(\tau - 1.701)$$

根据径流剪切力的计算公式可知：

$$h_w = \tau/(\gamma \cdot \sin\theta)$$

3 意义

通过室内土槽放水冲刷实验,研究了黄土区陡坡侵蚀产沙特性,建立了径流侵蚀的产沙模型。该模型的计算结果表明,径流输沙率随径流流量的增加而增加,径流输沙率随坡度呈抛物线形式变化,当坡度在21°~24°之间时输沙率最大;径流剪切力也具有类似变化。泥沙输移率与径流剪切力之间存在线性关系,径流临界剪切力为1.701 $N/(m^2 \cdot min)$,发生细沟侵蚀的临界径流水深与坡度正弦值成反比。在实验条件下,坡面中上部土壤的侵蚀量占总侵蚀量的很大比重,表明土壤侵蚀主要发生在坡面中上部。坡面下部侵蚀微弱,以搬运上部来沙为主。

参考文献

[1] 李鹏,李占斌,郑良勇.黄土陡坡径流侵蚀产沙特性室内实验研究.农业工程学报,2005,21(7):42-45.

[2] Foster GR,Meyer LD,Onstad CA.An erosion equation der ived from basic erosion principles [J] .Transactions of the ASAE,1977,20(4):678-682.

[3] Foster G R,Meyer L D.A closed-form soil erosion equation for upland area[A] .In:Shen H W.symposium of sedimentation[C] .Colorado,12.1-12.7,1972.

作物产量的地形分异模型

1　背景

多年来,国家和各级地方政府及有关国际机构一直十分重视和关注生态环境恶化问题和居民贫困问题,先后对其开展了大规模的综合考察和专题规划研究,尤其是在小流域示范研究方面取得了许多有价值的成果。为使生态退耕政策在黄土丘陵区得到有效的贯彻落实,徐勇等[1]利用 WIN-YIELD 软件,以延安燕沟流域为例,通过对主要农作物产量随地形高程、坡度和坡向变化的模拟,揭示作物产量与地形条件之间的关系,以期为黄土丘陵区的生态退耕规划提供一些科学决策依据。

2　公式

作物产量的经验模型:

$$1 - (Yact/Y\max) = K_y[1 - (ETact/ET\max)]$$

式中, $Yact$ 为作物预测产量; $Y\max$ 为作物最大产量; K_y 为经验敏感系数; $ETact$ 为实际蒸发量; $ET\max$ 为最大可能蒸发量。

简化的产量-水分关系模型为:

$$Y_O = F \times y_O + (1 - F) \times y_C$$

其中,

$$F = (Rs\max - 0.5Rs)/0.8$$

式中,F 为与云量有关的系数; Y_O 为作物物质累积量; y_O 为作物在阴天的物质累积速率; y_C 为作物在晴天的物质累积速率; $Rs\max$ 为晴天作物可吸收的最大短波辐射; Rs 为作物实际吸收的短波辐射。

气候对作物的影响模型为:

$$CE = ET\max/VPD$$

式中, CE 为气候对作物生长的影响系数;VPD 为水气压差。

作物的气候调节系数方程:

$$K = Y_O \times CE$$

式中,K 为作物的气候调节系数。

蒸发力计算模型(Penman 公式)为:

$$ETO = C \times [W \times Rn + (1 - W) \times F(U) \times VPD]$$

其中,

$$F(U) = 0.27 \times (1 + U/100)$$

式中,ETO 为蒸发力;VPD 为水气压差;C 为白天/夜晚的调节系数;$F(U)$ 为风因子的调节系数;U 为风因子;Rn 为太阳净辐射;W 为温度和纬度的调节系数。

不同作物的蒸发力计算公式为:

$$ET\max = K_c \times ETO$$

式中,$ET\max$ 、K_c 、ETO 含义同上。

图 1 是 2002 年燕沟流域在梯田地种植不同作物产量模拟值随地形高程变化的情况。

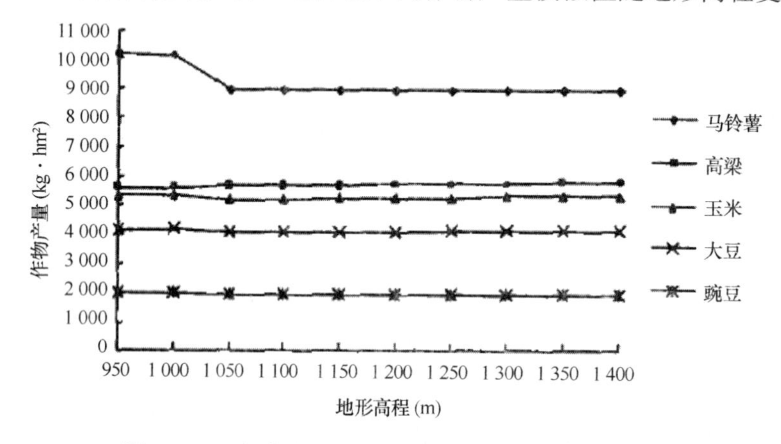

图 1　2002 年燕沟流域梯田作物产量随地形高程变化

图 2 反映的是 2002 年燕沟流域坡地不同作物产量在地形高程为 1 100 m 且坡向为正南向条件下随地形坡度变化的模拟计算结果。

3　意义

基于 WIN-YIELD 软件,利用 2002 年延安气象站的逐日气象数据和燕沟流域地貌、土壤及土地利用等资料,建立了作物产量地形分异模型。通过该模型对玉米、马铃薯、高粱、大豆和豌豆等作物产量随地形高程、坡度和坡向变化的模拟,以揭示作物产量与地形条件的关系。从而可知地形坡度对作物的产量有着重要影响,地形坡度越大,作物的产量越低;地形高程除对马铃薯有一定影响外,对其他作物产量的影响不大;地形坡向对不同作物产量的影响普遍较微弱。

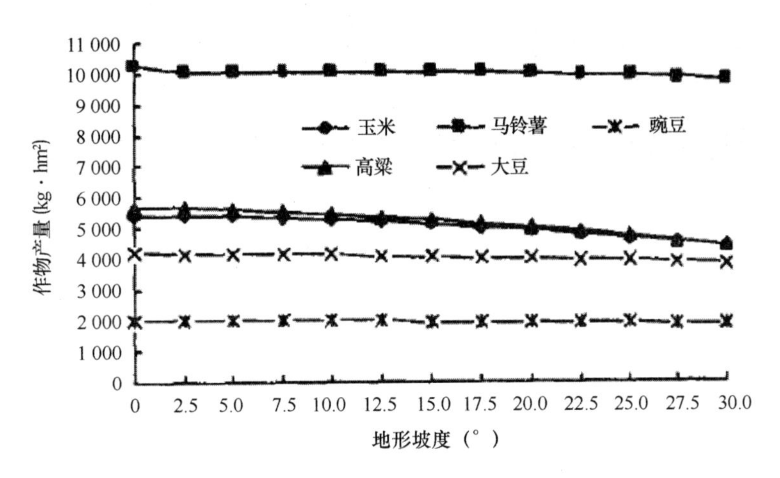

图 2　2002 年燕沟流域坡地作物产量随地形坡度变化

参考文献

[1]　徐勇,甘国辉,王志强. 基于 WIN-YIELD 软件的黄土丘陵区作物产量地形分异模拟. 农业工程学报,2005,21(7):61-64.

啤酒的近红外光谱的预测模型

1 背景

酒精度是影响啤酒质量的一个重要的理化指标，如何对其进行快速、准确的测定对降低成本、提高产品质量都具有重要的意义。近红外区域是指波长在 780～2 526 nm 的电磁波。近红外分析技术之所以迅速在众多领域得到广泛应用，是因为它是一种快速、简便、非破坏性的分析方法。采用 PLS 法建立校正模型时，为了不丢失光谱的信息，虽然可用全谱数据进行回归建模，但研究表明，全谱建立的校正模型，不仅计算量大、模型复杂，而且预测精度未必能达到最佳值。陈斌等[1]在啤酒的近红外光谱分析中，对遗传算法筛选波长的有效性进行研究。

2 公式

相关系数法是将校正集光谱阵中的每个波长对应的光谱参数向量(x_{ij})与组分浓度(y_i)阵中的某组分浓度向量进行相关性计算，得到每个波长的相关系数 r。r 值越大证明该波长的光谱信息量越多，因此，可预先设定阈值，选取 r 大于阈值的波长参加预测模型的建立。r 由下式计算：

$$r_j = \frac{\sum_{i=1}^{n}(x_{i,j} - \bar{x}_j)(y_i - \bar{y})}{\sum_{i=1}^{n}(x_{i,j} - \bar{x}_j)^2 \sum_{i=1}^{n}(y_i - \bar{y})^2}$$

式中，$\bar{x}_j = \frac{\sum_{i=1}^{n} x_{i,j}}{n}$，$\bar{y} = \frac{\sum_{i=1}^{n} y_i}{n}$；$j = 1,2,\cdots,m$，$m$ 为波长点数；$i = 1,2,\cdots,n$，n 为校正集的样品数；$\bar{x}_j$，$\bar{y}$ 分别为光谱参数向量和组分浓度向量的均值。图 1 为啤酒近红外光谱吸光度与酒精度组分的 r 的分布图。

为使遗传算法对适应值较高的个体有更多的生存机会，通过对目标函数进行变换得到适应值函数为：

$$F = \frac{1}{1 + RMSEP}$$

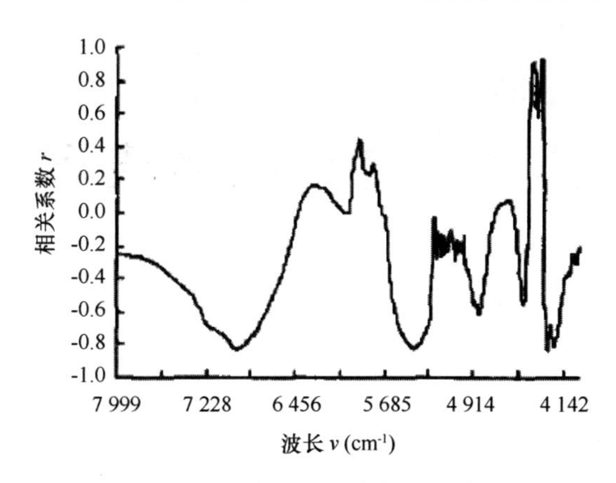

图 1　啤酒近红外吸光度与酒精度的相关系数分布图

式中,F 为个体的适应度评价函数;$RMSEP$ 为预测标准差。

3　意义

以啤酒的酒精度的快速检测为研究对象,采用偏最小二乘(PLS)法,建立了近红外光谱预测模型,通过波长的筛选,提出将相关系数法与遗传算法(GA)相结合提取光谱有效信息以提高预测模型的精度的方法。从研究可知,该方法在应用于啤酒酒精度近红外光谱检测中时,吸收光谱和一阶导数光谱的预测建模的波长个数分别减少了 83%、82%,预测平均相对误差分别降低了 0.42%、0.64%,不仅简化、优化了模型,而且增强了预测模型的预测能力,是一种采用 PLS 法建立预测模型前行之有效的降低和优选波长的方法。

参考文献

[1]　陈斌,王豪,林松,等. 基于相关系数法与遗传算法的啤酒酒精度近红外光谱分析. 农业工程学报,2005,21(7):99-102.

遥感区域的蒸散模型

1 背景

蒸散过程是区域生态过程中的活跃因素,是人类利用和调控水土资源所依赖的过程。因此需要深入了解不同植被覆盖和土地利用条件下的耗水情况,而环境因子所引起的蒸散的高度时空变换,很难用传统方法定量模拟和预测区域尺度的蒸散量。王娅娟和孙丹峰[1]在国内外研究进展的基础上对利用遥感手段估算蒸散量的主要方法进行了介绍和比较,发现对机理的研究已经很透彻,而且先进的技术也解决了一些目前面临的难题,但对于重要参数的遥感区域化问题以及不同分辨率遥感信息的融合仍没有得到很好的解决。

2 公式

依据能量守恒定律,地表接收的能量以不同方式转换为其他运动形式,使能量保持平衡。这一交换过程可用下列能量平衡方程来表示,即

$$R_n = H + LE + G + \cdots$$

式中, R_n 为净辐射通量;H 为显热通量;LE 为潜热通量(蒸散量);G 为土壤热通量。

在用遥感估算区域蒸散的发展过程中,基于地表的热平衡原理首先发展了单层模型,后来对非均匀地表又发展了双层模型和多层模型(见表 1)。

3 意义

以基于遥感的区域蒸散研究发展为主线,根据国内外最新研究进展介绍了剩余法、遥感反演的指数和 P-M 公式结合计算的方法,建立了遥感区域的蒸散模型。并且对剩余法中的 3 种模型:单层模型、双层模型和多层模型进行了阐述,为区域蒸散的研究提供了借鉴。通过对不同模型优缺点和适用范围的比较以及一些问题解决方法的描述得出:基于遥感的区域蒸散研究理论发展已经比较成熟,今后应在实际应用中继续完善和发展模型。

表 1　剩余法估算蒸散的三种主要模型

模型类型	主要时段	r_ah	H	LE	备注
单层模型	20 世纪 70 年代			$LE = r_n + B(T_a - T_s)$	避免了对 r_{ah} 的计算，但在表面粗糙度不同的区域系统 B 变化较大
	20 世纪 80 年代末	$r_{ah} = \frac{\{\ln[(z-d_0)/z_{0m}] + \ln(z_{0m}/z_{0h}) - \Psi_s\}}{k^2u} \times \frac{\{\ln[(z-d_0)/z_{0m}]/z_{0h} - \Psi_m\}}{k^2u}$	$H = \rho c_p \frac{(T_s - T_a)}{r_{ah}}$	$LE - E_n - G - H$	应用了 KB^{-1} 校正系数，提高了稀疏植被条件下蒸散计算的精度，但模型中把 KB^{-1} 设为了常数
	20 世纪 90 年代中期		$H = \rho_{c_p} \frac{(T_s - T_a) - \delta\Gamma}{r_{ah}}$ $\delta T = a(T_s - T_a) + \beta$	$LE - R_n - G - H$	其中 α、β 为试验得出的经验因子，但在实际应用中我们很难对其进行调整，应用受到限制
	20 世纪 90 年代末期	$r_{ah} = \frac{1}{ku*}\ln\left\{\frac{z_{ref}}{z_{oh}}\right\}$ $r_{ah} = \frac{1}{ku*}\ln\left[\ln\left\{\frac{z_{ref}}{z_{oh}}\right\} - \Psi_h\right]$	$H = \frac{\rho_{c_p}}{r_a}dT_a$	$LE - R_n - G - H$	SEBAL 模型用迭代方法来计算空气动力学阻抗和显热通量
双层模型	20 世纪 80 年代中期	$R_a = (\Delta + \gamma)r_a^a$ $R_s = (\Delta + \gamma)r_a^s + \gamma r_s^s$ $R_c = (\Delta + \gamma)r_a^c + \gamma r_s^c$		$LE = C_ePM_c + C_sPM_s$ $PM_c = \frac{\Delta A + \{\rho_{c_p}D - \Delta r_a^c A_s\}/(r_{aa} + r_{ca})}{\Delta + \gamma\{1 + r_s^c/(r_a^a + r_{ca})\}}$ $PM_s = \frac{\Delta A + \{\rho_{c_p}D - \Delta r_a^s(A - A_s)\}/(r_{aa} + r_{sa})}{\Delta + \gamma\{1 + r_s^s/(r_a^a + r_{sa})\}}$ $C_c = \{1 + R_cR_a/R_s(R_c + R_a)\}^{-1}$ $C_s = \{1 + R_sR_a/R_c(R_s + R_a)\}^{-1}$	系统双层模型把土壤和大气之间的能量交换看做是通过植被冠层进行的。模型用 P－M 公式直接计算潜热通量，虽然有坚实的物理基础，但需要输入的参数较多，限制了区域范围的推广应用
	20 世纪 90 年代中期	$r_{ah} = \frac{\left[\ln\left(\frac{z_u - d_0}{z_{0m}}\right) - \Psi_M\right]\left[\ln\left(\frac{z_T - d_0}{z_{0m}}\right) - \Psi_H\right]}{0.16U}$ $r_{ah} = \frac{1}{c(T_s - T_c)^{1/3} + bu_s}$	$H = H_c + H_s = \rho_{c_p}\left[\frac{T_C - T_A}{rAh} + \frac{T_S - T_a}{rAh + rS}\right]$	迭代求解	平行双层模型是对系统双层模型的简化，把植被和土壤看做是两个独立源，需要的参数较少，模型计算比较简单
多层模型	20 世纪 80 年代末期			$LE_c = \frac{\Delta_1R_v + \rho_{c_p}D_b/r_1}{\Delta 1 + \gamma(1 + r_c/r_1)}$ $LE_s = \frac{\Delta_2R_s + \rho_{c_p}\{\Delta_2(T_m - T_b)/r_e + D_b/r_2\}}{\Delta_2 + \gamma_2}$	此模型把土壤－植被－大气系统分为四层，充分考虑了空气、叶子和土壤之间的热特征

参考文献

[1] 王娅娟,孙丹峰. 基于遥感的区域蒸散研究进展. 农业工程学报,2005,21(7):162-167.

遥感冠层温度的作物生长模型

1　背景

遥感技术可以为作物模型提供适时的环境参数,使模拟过程更加贴近实际情况。通过比较遥感与模型结合估算的实际产量与作物模型模拟的潜在生产力,可以分析出潜在生产力与实际产量间的差距,也即产量差分析。王纯枝等[1]利用 NOAA 卫星遥感估算地面植物冠层温度并计算冠层与大气间温差,进而计算 PS123 模型所需作物实际蒸腾和水分胁迫系数,建立遥感-作物模拟复合模型 PSX,并在多点、不同土壤类型上,对区域作物产量及产量差进行了估测和分析。

2　公式

以日为单位,模型综合考虑了作物光合作用、呼吸作用、蒸腾作用以及辐射、温度、水分等因素的影响,以温度决定的发育阶段为控制变量,通过生长周期内按一定时间间隔循环计算得出作物生产力(P)和产量(Y)。该模型模拟的生产状态(PS,Production Situation)为:

$$PS\text{-}1:P,Y=f(\text{光、温度、C3/C4})$$

$$PS\text{-}2:P,Y=f(\text{光、温度、C3/C4、water})$$

$$PS\text{-}3:P,Y=f(\text{光、温度、C3/C4、water、氮素})$$

PS-1 状态是所述生产状态中最高水平,它假定其他生产条件保持最优,作物产量仅由太阳辐射量、温度和作物光合机制决定。PS-2 是水分限制条件下的生产水平,其作物生产潜力是由所截获的太阳辐射量、温度、作物光合机制和有效水分共同决定。PS-3 水平表示养分限制下的生产潜力。

对冠层和空气的温度差与实际蒸腾率及 $cf\,(water)$ 的关系表示如下,

$$cf(water) = \frac{INTER - \dfrac{\Delta T \cdot VHEATCAP}{AERODR}}{LATHEAT \cdot TR_0 \cdot CFLEAF \cdot TC}$$

式中,$INTER$ 为冠层截获的净辐射能,J/(m^2 · d);ΔT 为冠层与空气的温度差,K;$VHEATCAP$ 为空气容积热容量,J/(m^3 · K);$AERODR$ 为热传输中的空气动力学阻力,s/m;$LATHEAT$ 为汽化潜热,2.46×10^6 J/kg;TR_0 为 Penman 参照冠层潜在蒸腾率,kg/(m^2 · d),

$TR_0 = ET_0 - 0.05 \times E_0$,其中 ET_0 为参照冠层潜在蒸散率,kg/(m^2 · d),E_0 为潜在蒸发率,kg/(m^2 · d);$CFLEAF$ 为冠层覆盖率,0~1;TC 为湍流系数。

将基于遥感冠层温度建立的作物生产力模型称为 PS-X(X 因素限制下的生产力),所模拟的实际生产力由太阳辐射能、温度、作物光合机制和各种能够加热冠层的因素共同决定:

$$PS\text{-}X:P,Y=f(\text{光、温度、C3/C4、各种能够加热冠层的因素})$$

1998 年邯郸地区 *PS*-1 与 *PS*-2 的平均产量差为:863kg/hm^2,差异不大(表 1),主要由于该年降雨较多,水分几乎不能成为限制因子。

表 1 产量差分析

县市	产量(kg/hm^2)			产量差(kg/hm^2)			比重(%)	
	*PS*1	*PS*2	*PSX*	*PS*1-*PS*2	*PS*2-*PSX*	*PS*1-*PSX*	产量差 1	产量差 2
大名	9 869	8 976	5 407	893	3 569	4 462	20.0	80.0
肥乡	11 208	10 474	5 722	734	4 752	5 486	13.4	86.4
馆陶	11 223	10 303	6 986	920	3 317	4 237	21.7	78.3
邯郸	10 515	9 653	5 603	862	4 050	4 912	17.5	82.5
曲周	10658	9 750	6 169	908	3 581	4 489	20.2	79.8
平均	10 695	9 831	5 977	863	3 854	4 717	18.6	81.4

3 意义

将 NOAA-14 AVHRR 遥感获取的冠层温度信息引入作物生长模型,利用冠气温差计算作物水分胁迫系数,可以近似地估计区域作物实际生长速率和产量,进而建立了遥感-作物模拟复合模型 PS-X,提出了估算区域作物实际产量的方法。在此利用 PS-X 模型,分别模拟了邯郸地区 1998 年夏玉米的光温生产潜力、水分限制下的生产力和实际产量,并通过比较不同模拟水平下产量和农户调查产量进行区域产量差分析。从而可知区域上应用遥感瞬时温度信息建立遥感-作物模拟复合模型进行估产是可行的。

参考文献

[1] 王纯枝,宇振荣,辛景峰,等. 基于遥感和作物生长模型的作物产量差估测. 农业工程学报,2005,21(7):84-89.

作物灌溉的优化模型

1 背景

当前,在水资源日益短缺,农业灌溉用水不能增加,而粮食须增收的背景下,如何将有限的灌溉用水在作物不同生育期优化配置以及对作物进行精量灌溉控制,使灌溉效益最高,这已越来越成为农业灌溉工程的研究热点。遗传算法(GA)作为一种新的全局优化搜索算法,具有鲁棒性强、适于并行处理以及高效适用等显著特点,有效地解决了最优化问题的求解。张兵等[1]在综合考虑影响作物灌水量多因素的基础上,建立适合中国农业灌溉实践的多作物水量优化分配模型,并利用实数编码的遗传算法对模型进行求解。

2 公式

对于求函数最大值的优化问题(求函数最小值类同),一般可描述为:

$$\max:f(x) \quad s.t.:a_j \leqslant x_j \leqslant b_j$$

农作物总产出为粮食总产量与当年粮食市场收购价格的乘积(有些国外学者还考虑了副产品收入、政府补贴等),投入包括灌溉费用、肥料、农药、劳动力费用和农业税等,把其他农业投入作为一固定的投入模式,仅仅考虑灌溉对收入的影响,那么在此提出的灌溉-收益模型可表示为:

$$f(Y_i,W_i)=\sum_{i=1}^{n}\xi_i Y_i P_i-\sum_{i=1}^{n}\xi_i W_i P_w-\sum_{i=1}^{n}\sum_{j=1}^{n}\xi_i C_{ij}$$

式中,f为净收入,元/hm^2;Y_i为作物i的实际产量,kg/hm^2;P_i为粮食i的市场价格,元/kg;W_i为作物i的灌水量,mm;P_w为农业灌溉用水的价格,元/mm;$\sum_{j=1}^{n}C_{ij}$为作物的其他农业生产费用,元/hm^2;ξ_i为作物i的种植比例,%;m为作物的生育阶段数。

在缺水条件下,可以忽略土壤水的深层渗漏、地表径流等因素,土壤水量平衡可简化为:

$$W_i=ET_i-P_{ei}$$

式中,W_i为作物i的灌水量,mm;ET_i为作物i的腾发量,mm;P_{ei}为作物i在其生长阶段的降雨量,mm。

作物不同生育阶段灌水量对产量的影响比较复杂,用数学模型的结构关系表征作物不同生育阶段水分对产量的相互影响,应用较普及的为 Jensen 乘法模型。

Jensen 模型为:

$$\frac{Y_i}{Y_{im}} = \prod_{j=1}^{m}\left(\frac{ET_j}{ET_{jm}}\right)^{\lambda_j}$$

式中, ET_j 为作物第 j 个生长阶段的实际腾发量,mm; ET_{jm} 为作物第 j 个生长阶段的最大腾发量,mm;m 为作物生育阶段数; λ_j 为作物第 j 个生长阶段的缺水敏感指数; Y_{im} 为作物 i 的最大产量,kg/hm^2。

由以上公式得到了作物灌溉模型,该模型既考虑了灌水量、降雨量、作物缺水敏感指数,又考虑了粮食的市场价格和农业灌溉用水价格,而且模型还受多因素的制约,所建立的灌溉模型如下:

$$f(Y_i, W_i) = \sum_{i=1}^{n}\left(\xi_i Y_{mi}\prod_{p=1}^{t}\left(\frac{W_{p_i} + P_{ep_i}}{ET_{mp_i}}\right)^{\lambda_p{}^i} P_i\right) - \sum_{i=1}^{n}\xi_i W_i P_w - \sum_{i=1}^{n}\sum_{j=1}^{n}\xi_i C_{ij}$$

约束条件为总灌溉水量约束:

$$W_{\min} \leqslant \sum_{i=1}^{n} W_i \leqslant W_{\max}$$

作物 i 各阶段灌水量约束:

$$W_{ij\min} \leqslant W_{ij}^{i=1} \leqslant W_{ij\max}$$

作物 i 最低粮食产量约束(应满足最基本的粮食消费):

$$Y_i \geqslant Y_{i\min}$$

目标函数:

$$\max f(Y_i, W_i) = \sum_{i=1}^{n}\left(\xi_i Y_{mi}\prod_{p=1}^{t}\left(\frac{W_{p_i} + P_{ep_i}}{ET_{mp_i}}\right)^{\lambda_p{}^i} P_i\right) - \sum_{i=1}^{n}\xi_i W_i p_w - \sum_{i=1}^{n}\sum_{j=1}^{m}\xi_i C_{ij}$$

阶段灌水量约束矩阵:

$$\text{Constraints} = \begin{bmatrix} 0 & 0 & 0 & 0 & 0 & 0 & 0 & 0 & 0 \\ 30 & 80 & 100 & 80 & 20 & 45 & 50 & 40 & 60 \end{bmatrix}^T (\text{mm})$$

玉米、小麦最低产量需求约束:

$$Y_1 \geqslant 5000\text{kg} \qquad Y_2 \geqslant 3500\text{kg}$$

3 意义

根据综合考虑灌溉水量、作物水分需求、作物种植结构、水分生产函数、降雨量、土壤水分平衡、缺水敏感指数、粮食市场价格、农田灌溉用水价格、最低产量需求和灌溉成本等因素的基础上,建立了适合中国国情的基于灌水收益最大的多作物多约束非线性优化灌溉模型,同时应用遗传算法的搜寻功能,对模型的实数编码解空间进行搜索。求解结果显示该模型很好地解决了玉米和小麦联合种植的优化灌溉问题,遗传算法在求解该模型中显示出了较好的搜寻能力,能在很短时间内搜寻到模型的最优解。

参考文献

[1] 张兵,袁寿其,李红,等. 基于最优保留策略遗传算法的玉米小麦优化灌溉模型研究. 农业工程学报,2005,21(7):25-29.

地下水埋深的预测模型

1 背景

地下水埋深动态的变化由于受诸多自然和人为因素的影响而呈现复杂的非线性过程。尽管年内用水、降水、蒸发等具有一定规律，使得年内地下水埋深呈现规律性变化，但由于年际间降水、蒸发及总体水均衡程度的差异以及各年的平均埋深、水位变幅也有一定的变化，使得多年地下水埋深序列规律性较差，难于识别和预测。李荣峰等[1]通过实验对考虑周期性变化的地下水埋深预测进行了自记忆模型的研究。

2 公式

设地下水埋深的周期性非平稳时间序列为 $\{H_t\}(t=1,2,\cdots,N)$，其周期为 T，每个周期内的均值和变幅分别构成序列 $\{AVH_j\}$ 和 $\{AMH_j\}\left(j=1,2,\cdots,\frac{N}{T}\right)$，即有：

$$AVH_j = \frac{1}{T}\sum_{K=1}^{T} H_{(j-1)T+K}$$

$$AMH_j = H_{\max,j} - H_{\min,j}$$

$$H_{\max,j} = \max_{K=1,\cdots,T} H_{(j-1)T+K}$$

$$H_{\min,j} = \min_{K=1,\cdots,T} H_{(j-1)T+K}$$

由序列 $\{H_t\}$、$\{AVH_j\}$ 和 $\{AMH_j\}$ 构造生成新的时间序列 $\{HQ_t\}$ $(\mathrm{t}=1,2,\cdots,N)$：

$$HQ_t = (H_t - AVH_{j,t})/AMH_{j,t}$$

设地下水状态变量 HQ 随时间变化的方程为：

$$\frac{\mathrm{d}(HQ)}{\mathrm{d}t} = (a_0HQ_t + a_1HQ_{t-1} + \cdots + a_{p-1}HQ_{t-p+1}) + (b_0HQ_t^2 + b_1HQ_{t-1}^2 + \cdots + b_{p-1}HQ_{t-p+1}^2)$$

式中，$a_0, a_1, \cdots, a_{p-1}$ 和 $b_0, b_1, \cdots, b_{p-1}$ 为待定系数；p 为回溯阶数，即变量 HQ 的变化与 $t, t-1, t-2, \cdots, t-p+1$ 个时刻的变量值有关。

假设数据序列为等时间间隔采样，设 $\Delta t = (t+1) - t = 1$，将上式方程写为差分方程：

$$\Delta HQ = a_0HQ_t + a_1HQ_{t-1} + \cdots + a_{p-1}HQ_{t-p+1}$$

$$+ b_0 HQ_t^2 + b_1 HQ_{t-1}^2 + \cdots + b_{p-1} HQ_{t-p+1}^2$$

差分 ΔHQ 的向前差分和向后差分分别表达为：

$$\Delta_b HQ_k = HQ_k - HQ_{k-1} = a_0 HQ_{k-1} + \cdots + a_{p-1} HQ_{k-p} + b_0 HQ_{k-1}^2 + \cdots + b_{p-1} HQ_{k-p}^2 + \varepsilon_{bk}$$

$$\Delta_f HQ_k = HQ_{k+1} - HQ_k = a_0 HQ_k + \cdots + a_{p-1} HQ_{k-p+1} + b_0 HQ_k^2 + \cdots + b_{p-1} HQ_{k-p+1}^2 + \varepsilon_{fk}$$

式中，ε_{bk}、ε_{fk} 分别为向前差分误差和向后差分误差，可表达为：

$$\varepsilon_{bk} = (HQ_k - HQ_{k-1}) - (a_0 HQ_{k-1} + \cdots + a_{p-1} HQ_{k-p} + b_0 HQ_{k-1}^2 + \cdots + b_{p-1} HQ_{k-p}^2)$$

$$\varepsilon_{fk} = (HQ_{k+1} - HQ_k) - (a_0 HQ_k + \cdots + a_{p-1} HQ_{k-p+1} + b_0 HQ_k^2 + \cdots + b_{p-1} HQ_{k-p+1}^2)$$

根据双向差分原则运用最小二乘法求出待定系数，即令：

$$\varepsilon^2 = \sum_{k=1}^{n} (\varepsilon_{bk}^2 + \varepsilon_{fk}^2) \to \min$$

由最小二乘法求出系数后，取相对方差做判据进行筛选。令 $c_i \equiv [a_i, b_i]$ 表示任何一个系数，取判据为：

$$\sigma_i = \frac{c_i^2}{\sum_i c_i^2}$$

记反演导出的微分方程为 $d(HQ)/dt = F$，将其作为动力核，运用系统自忆性原理，可导出自记忆预测模型。引进记忆函数 $B(t)$，对微分方程求 t_0 至 t 的加权积分：

$$\int_{t_0}^{t} \beta(\tau) \frac{d(HQ)}{d\tau} d\tau = \int_{t_0}^{t} \beta(\tau) F(HQ, \tau) d\tau$$

由此用微积分中的分部积分和中值定理可导得一个回溯阶为 p 的差分——积分方程，称为自忆性方程：

$$\beta_t HQ_t - \beta_{-p} HQ_{-p} - \sum_{i=-p}^{0} HQ_i^m (\beta_{i+1} - \beta_i) - \int_{t-p}^{t} \beta(\tau) F(H, Q, \lambda, \tau) d\tau = 0$$

式中，$HQ_m \equiv HQ(t_m)$，$t_i < t_m < t_{i+1}$。

将上式自记忆方程离散化后的形式为：

$$HQ_t = \sum_{i=-p-1}^{-1} \alpha_i y_i + \sum_{i=-p}^{0} \theta_i F(HQ, i)$$

式中，α_i，β_i 称为记忆系数，$\alpha_i = (\beta_{i+1} - \beta_i)/\beta_t$，$\theta_i = \beta_i/\beta_t$，则：

$$HQ_i^m = \frac{1}{2}(HQ_{i+1} + HQ_i) \equiv y_i$$

$$F(H,Q,i) = \sum_{i=-p}^{0} a_i HQ_i + \sum_{i=-p}^{0} b_i HQ_i^2$$

利用 L 个时次的历史资料,用最小二乘求记忆系数 α_i 和 β_i ,记

$$X_t = \begin{bmatrix} HQ_{t1} \\ HQ_{t2} \\ \cdots \\ HQ_{tL} \end{bmatrix} \qquad \alpha = \begin{bmatrix} \alpha_{-p-1} \\ \alpha_{-p} \\ \cdots \\ \alpha_{-1} \end{bmatrix}$$

$$Y = \begin{bmatrix} y_{-p,1} & y_{-p+1,1} & \cdots & y_{0,1} \\ y_{-p,2} & y_{-p+1,1} & \cdots & y_{0,2} \\ \cdots & \cdots & \cdots & \cdots \\ y_{-p,L} & y_{-p+1,L} & \cdots & y_{0,1} \end{bmatrix}$$

由 θ_i 组成的向量 $\Theta_{(p+1)\times 1}$ 和由 $F(HQ,i)$ 组成的矩阵 $F_{L\times(p+1)}$ 可仿 $\alpha_{(p+1)\times 1}$ 及 $Y_{L\times(p+1)}$ 类似表达。则矩阵形式为:

$$X_t = Y\alpha + F\Theta$$

若令:

$$M = [\,Y \quad \cdots \quad F\,] \qquad w = \begin{bmatrix} \alpha \\ \cdots \\ \Theta \end{bmatrix}$$

则有:

$$X_t = Mw$$

求出系数矩阵 w 后即可进行拟合式预测。

对于拟合计算结果 $\hat{H}Q_t$,可得出与原始序列相应的还原值,即:

$$\hat{H}_t = \hat{H}Q_t \times AMH_{j,t} + AVH_{j,t}$$

3 意义

根据地下水埋深的预测模型,针对具有周期性变化规律的地下水埋深时间序列,提出了一种新的预测方法。首先消除不同周期内地下水埋深均值和变幅的影响,并生成新的时间序列;将新的时间序列视为地下水系统的特解,运用系统自记忆性原理,反演导出系统微分方程;由微分方程进一步建立了地下水埋深预测的自记忆模型。这种方法方便实用且预测结果接近于实际观测值,可推广应用于具有周期性变化规律的其他时间序列。

参考文献

[1] 李荣峰,沈冰,张金凯. 考虑周期性变化的地下水埋深预测自记忆模型,2005,21(7):34-37.

单孔水闸的稳定公式

1 背景

我国有不计其数的单孔水闸，在防洪、灌溉、排涝、挡潮、航运中发挥了巨大的作用。但单孔水闸的稳定计算目前还没有一个完整的计算模式，都是参考多孔闸的计算方法进行的，在计算中不单独列出。这样对孔径较大的单孔闸确实是一种比较安全、简单的方法，但对孔径较小的单孔闸不是如此，有必要单独列出来考虑，使小孔径单孔水闸的设计既安全又经济合理。张文渊[1]通过公式对小孔径单孔水闸运行的稳定计算进行了分析。

2 公式

完建期地基不均匀系数校核

将表 1 中的 M,G 和图 1 中 B,L 数值代入下式，可得到相应参数。

偏心距：

$$e' = \frac{B}{2} - \frac{\sum M}{\sum G} = -0.01(\mathrm{m})$$

地基应力：

$$\sigma_{\max} = \frac{\sum G}{B \cdot L}\left(1 + \frac{6e'}{B}\right) = 67.5 \times 10^3\ \mathrm{kN/m^2}$$

$$\sigma_{\min} = \frac{\sum G}{B \cdot L}\left(1 - \frac{6e'}{B}\right) = 66.9 \times 10^3\ \mathrm{kN/m^2}$$

不均匀系数：

$$\eta = \frac{\sigma_{\max}}{\sigma_{\min}} = 1.01 < [\eta] = 2(\text{满足条件})$$

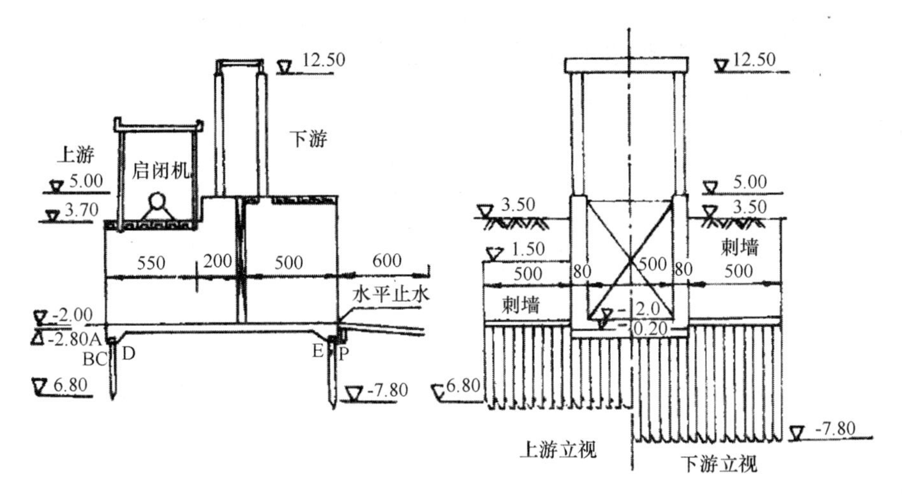

图 1　淮海农场中八滩河单孔水闸基本情况

表 1　完建期各部件受力计算

构件名称	垂直力 $G(\times10^3$ kN)水平力 $P(\times10^3$ kN)				力臂(m)	力矩 $M(\times10^3$ kN · m)	
	↓	↑	→	←		-	+
底板	1 617				6.25		10 106
闸墩 1	1 656				3.50		6 722.6
闸墩 2	1 225				9.75		111 982.5
闸门	48.9				5.0		254.6
排架	105.8				5.0		529.8
机房	343				9.65		3 310.4
桥面板(1)	161.7				9.75		1 576.8
桥面板(2)	117.6				2.0		235.2
Σ	5 545.8						34 717.97

运行期渗径系数校核

运行期渗径系数校核仅取最不利的反向水位组合情况。由图 1 可知,渗径长度 $L=37.5$ m,最不利的反向水头差 $\Delta H=45$ m,则渗径系数:$C=\dfrac{L}{\Delta H}=8.33>[C]=8$,满足条件。

运行期稳定校核

采用常规方法,忽略侧向土压力的作用。受力计算见表 2。同上计算可得,偏心距 $e'=-0.02$ m;地基应力 $\sigma_{max}=5.37\times10^4$ kN/m^2,$\sigma_{\min}=4.57\times10^4$ kN/m^2;地基不均匀系数 $\eta=$

$1.01 < [\eta] = 2$,满足条件,但水闸抗滑稳定安全系数为:$k_1 = \dfrac{tg14° \sum G + BLC}{\sum P} = 1.04 <$ $[k] = 1.20$,不满足要求。

表 2　运行期稳定分析受力计算

力的名称	垂直力 $G(\times 10^3$ kN)水平力 $P(\times 10^3$ kN)				力臂(m)	力矩 $M(\times 10^3$ kN · m)	
	↓	↑	→	←		-	+
自重	5 545.8						34 718
上游水重	735				8.75		6 431.3
上游水压力			215.6		0.933	201.2	
下游水重	1 592.5				2.5		3 981
下游水压力				1 231.9	2.73		3 367
浮力		2 263.8			6.25	14 148.8	
渗压力 1		1.96			12.25	24.0	
渗压力 2		0.98			12.17	12.0	
渗压力 3		803.6			6.25	5 022.5	
渗压力 4		513.5			4.33	2 615.62	
渗压力 5		118.4			0.25	29.6	
渗压力 6		0.98			0.17	0.167	
下游止水片水压 1				90.6	0.25		22.64
下游止水片水压 2				119.4	0.25		30.0
Σ	7 873.3	3 703.2	215.6	1 441.8		21 662	48 549.7
	4 170.1		1 226.2			26 888.0	

在此对单孔水闸采用考虑侧向土压力,计算校核抗滑稳定安全系数,左右侧回填土按朗肯土压力理论计算。

主动土压力系数:

$$k_a = tg^2\left(45° - \frac{\varphi}{2}\right) = 0.576$$

受拉曲高度:

$$Z_0 = \frac{2C}{r\sqrt{k_a}} = 3.65$$

总主动土压力:

$$P_a = \frac{1}{2}Br(H - Z_0)^2 k_a = 2.13 \times 10^4(\text{kN})$$

式中，φ 为内摩擦角，回填土 $\varphi = 16°$；C 为凝聚力，回填土 $C = 1.86 \times 10^4\ \text{kN/m}^2$；$r$ 为回填土天然湿容重，$r = 1.87 \times 10^3\ \text{kg/m}^3$。由此可得由侧向土压力部分引起的抗滑安全系数 Δk：

$$\Delta k = \frac{\text{tg}16° \sum G + BLC}{\sum P} = 0.30$$

3 意义

通过单孔水闸的稳定公式，对淮海农场中八滩河排水闸等10座单孔排水闸进行运行稳定计算，定量分析了小孔径单孔水闸闸孔孔径与侧向土压力对闸室稳定性的影响，对小孔径单孔水闸稳定性计算提出了一种有效计算途径。在软土地基上建造单孔水闸，当地基加固条件和增加闸室的重量受到限制时，提高闸室两侧回填土的质量，选用最优含水量填土，增加回填土的密实度，提高回填土的内摩角 φ 和黏着力 C 值是提高单孔水闸抗滑稳定性的一种有效方法。

参考文献

[1] 张文渊. 小孔径单孔水闸运行稳定计算分析. 海岸工程，1998，17(4)：29-33.

钻井平台的离心模型

1 背景

孤立的离岸自升式平台，对于风、浪、流等周期性海上环境载荷的响应和平台的动力特性以及平台内部应力均严格取决于其水平的、垂直的旋转刚度和基础的有限载荷包络。这些都与海底泥沙孔隙水压力的响应密切相关。Dean 和 Hsu[1]通过相关实验分析对部分排水沙土中无裙和有裙底座三腿自升式钻井平台进行了离心模拟。其中使用的固着能力指的是“刚性”而不是最大能力；所讨论的基础旋转“刚性”即是指底座受的力矩与其旋转之间的关系。

2 公式

在 N 倍 g 的离心机所造成的重力场条件下，在模型与原型的尺度比例为 1∶N 的离心试验中，模型孔隙压力的消散时间 T_M 与原型的相应时间 T_P 的关系为：

$$T_P = T_M N^2 / R$$

式中，R 是模型泥沙孔隙液体黏性与原型泥沙孔隙水黏性的比率。

图 1 中，f 点到 g 点的相应曲线近似于直线，这表明端部承载是主要的，表面摩擦可以忽略不计：

$$V_1 = \gamma' \pi B t N_{eb} V_1$$

图 2 显示了 SYH8 试验的弹性—塑性响应 abd 和 SYH9 试验的弹性—塑性响应 hkpq。基于松散泥土的 Terzaghi 承载能力公式，平圆底座垂直载荷 V_{spud} 与垂直贯入速度 v 之间的关系为：

$$V_{spud} \gamma^{'\frac{\pi B^2}{4}} (0.3BN_r + vN_q)$$

这里 N_r 和 vN_q 是承载能力因子。

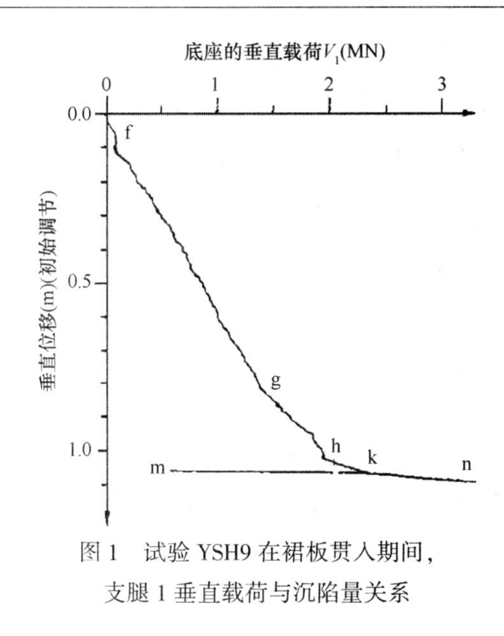

图1　试验YSH9在裙板贯入期间，支腿1垂直载荷与沉陷量关系

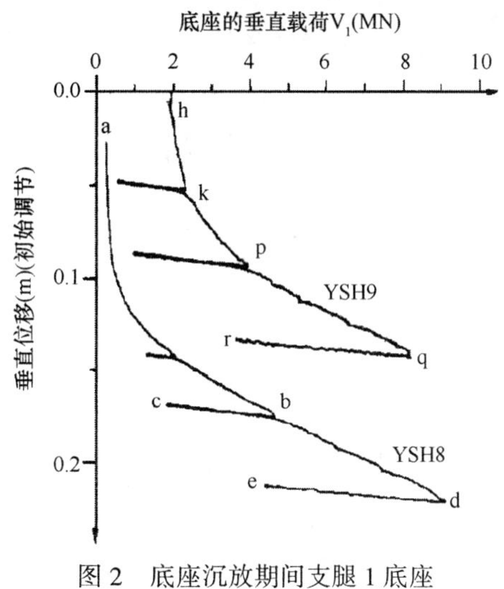

图2　底座沉放期间支腿1底座垂直载荷与沉陷量关系

3　意义

根据钻井平台的离心模型，对不带裙边的平板底座进行的位移对周期荷载响应和用带裙边的平板底座进行的孔隙压力对周期性荷载响应的两种离心机试验，计算可知，两种底座均有非常高的基础固着性，在裙边无破裂的情况下，裙边的存在稍许削弱整体平台结构在动态情况下的稳定持久性。通常，带裙底座的沉陷量比不带裙底座的要小。在异常情况下，带裙基础能表现出较大的抗拔能力。孔隙压力的消散时间也取决于载荷的大小，不同的载荷对应于不同的孔隙水压曲线。

参考文献

[1]　Dean E T R，Hsu Y S，James R G.部分排水沙土中无裙和有裙底座三腿自升式钻井平台的离心模拟.海岸工程，1999，18(1)：113-124.

负压桩的上拔阻力公式

1 背景

负压原理,已应用于系泊浮标铁锚的固定。此类锚易单独受到水平力的作用,但计算负荷强度时未计及负压效应。而其新进展是用负压原理安装三脚单塔离岸平台的三个基桩。它的目的是研究因波浪和涡流的动力负载作用在上层建筑物上,其基桩在受到短期垂向张力(上拔)时,所发生的垂直负压效应的应用可能性。而这一特性,是应用在黏土和沙土中张力桩理论的一项新成就,而目前各种基础标准中采用的理论,仅允许(长期)张力作为桩表面的剪切力。Christensen 等[1]就大型负压桩的上拔阻力展开了分析。

2 公式

根据沿桩身(外部和内部)的剪切力失效的机制,桩的总上拔力为:

$$F_1 = W_p + F_u^{ext} - F_u^{int} + T_e + T_i - F_u^{tip}$$

式中, W_p 为桩自身总重量,不包括泥土; $F_u^{ext} = A_e\gamma_\omega d_i$;$F_u^{int} = A_i P_{top}$;对于全比尺桩($A_e \equiv A_i$), $F_u^{tip} = P_{tip}(A_e - A_i) \equiv 0$;$T_e = P_e C_u a_e \min(a_3, a_2)$;$T_i = a_1 p_1 C_u a_i$;$P_{top}$ 为桩内顶端的水压;P_{tip} 为基准水平面上桩截面(土塞)中的孔隙压力;a_i,a_e 为无量纲因子。

当桩尖端处张力失效时,桩的总上拔力为:

$$F_2 = W_p + F_u^{ext} + T_e + W_s + F_t$$

工中, $W_s = A_i\gamma_m a_1$(桩内泥土总重量);$F_t = A_i[\min(\sigma_t - P_{tip})]$;$\sigma_t = 2C_u - \sigma_h$(底端土塞中的抗张强度);$P_{tip}$ 是基准水平面处桩截面内的孔隙压力;σ_h 为在基准水平面处,即在静止状态下泥土压力系数为 1.0 时,土塞与桩内壁之间总水平应力,不排水状态时:

$$\sigma_h = \max[\sigma_{\min}, (W_s - T_i)/A_i]$$

外部失效的情况(负荷能力失效),负压桩的总上拔力为:

$$F_3 = W_p + F_u^{ext} + T_e + W_s + NC_u A_e + q_{tip} A_e$$

式中, $N = \min\ [gXIV6.2(1 + 0.35a_2/p_e)]$。

当沿桩外表的切变强度低于底部水平面的切变强度时, a_2 对 N 的影响将减弱:

$$q_{tip} = d_2\gamma_\omega + a_2\gamma_\omega$$

即当不考虑桩的存在时,它是桩尖端水平面上垂直总应力。

对于埋置于纯沙土沉积中的负压桩,研究了排水状态(完全无负压效应)和过渡状态的总的上拔力,在过渡状态中,随着桩的上拔速度大小不同,可发生负压效应。在此情况下,总上拔力类似于黏土的失效机制,可进一步化为:

$$F = W_p + F_u^{ext} - F_u^{int} - F_u^{tip} + T_e + T_i = W'_p + T_e + T_i$$

式中,W'_p 为桩的有效重量;$T_e = 0.1\gamma' a_3(2a_2 - a_3)P_e$,$a_2 \geqslant a_3$;$T_e = 0.1\gamma' a_3 a_2^2 P_e, a_2 < a_3$;而 T_i 表示为:

$$T_i = \gamma' A_i a_1 - \frac{\gamma' A_i^2}{K_t P_i}\left[1 - \exp\frac{(-K_t a_1 p_i)}{A_i}\right]$$

在沙土中完全不排水失效这一情况从未发生。有意思的是有限过渡状态不一定在桩内土柱顶部上形成空化。在向上压力梯度状态提起桩内泥土时,发现上拔力小了,为此需给出向上速度 V:

$$V = kh_0/(D_f + a_1)$$

式中,h_0 为桩内土柱顶端与海底之间水头(势能)之差,拔桩时,$h_0 > 0$;$D_f = \pi D_i^2/4\beta D_e$,其中 D_i 和 D_e 是桩壁截面的内径和外径。

当位于海底水平面或在其上方时 $h=0$,而内部土塞的顶端上 $h = -h_0$ 时,在桩尖端水平面处,穿过内面积 A_i 的势能 $h = -h_x$ 为常数,则有:

$$h_x = h_0 D_f/(D_f + a_1)$$

h_x 相应于内梯度,i_1、i_2 为外梯度,两者都是向下为正:

$$i_1 = (h_x - h_0)/a_1 (< 0)$$

$$i_2 = h_x/(D_f + a_2) (> 0)$$

因为外梯度随离桩壁距离的增加而迅速减小,所以它们对表面摩擦的影响应由平均梯度 i'_2 来确定。总的拔出阻力为:

$$F = W_p + F_u^{ext} - F_u^{int} + T_e + T_i$$

其中 $F_u^{ext} = A_e d_1 \gamma_\omega$;$F_u^{int} = A_i P_{i,top} = A_i(-h_0 + d_1 + t)\gamma_\omega$;$t$ 为桩顶平均厚度。

$$T_e = 0.1(\gamma' i'_2 \gamma_\omega) a_2^2 P_e, a_2 < a_3$$

$$T_e = 0.1(\gamma' + i'_2 \gamma_\omega) a_3(2a_2 - a_3) P_e, a_2 \geqslant a_3$$

$$T_i = \gamma'' A_i a_i - \frac{\gamma''^{A_i^2}}{0.11 P_i}\left[1 - \exp\left(\frac{-0.11 a_i p_i}{A_i}\right)\right]$$

而 $\gamma'' = \max(0;\gamma' + i_1\gamma_\omega)$。$W_p$ 用有效重量或水中浮力重量 W'_p 代替,可简化为:

$$F = W'_p + T_e + T_i + \gamma_\omega h_0 A_i$$

上式的阻力取决于桩顶部势能间的差 h_0,即海底上和桩内土塞顶部势能差。该差值可定为:

$$h_0 = \min\left[\left(\frac{\gamma'}{\gamma_\omega}\right)(D_f + a_1);H\right]$$

这里,第一个值的极限相当于 $\gamma''=0$,或者表示土塞中的侵蚀作用,而第二个值表明土塞顶部的空化作用开始。依据水势头 $d_0=10$ m,引入 d_0 表示大气压,后者的值就为:

$$H = a_2 + d_2 - a_1 + d_0$$

3 意义

根据大型负压桩的上拔阻力公式,计算可知能够用负压桩概念代替传统的三脚平台打入桩,还证明了短期负荷中负压桩的抗拔能力可能比忽略负压效应时所分析的大得多。短期负荷产生的负压效应的大小主要受桩埋入深度、泥土的渗透率、不排水剪切强度的变化影响。在沙土中,黏滞效应依赖于载荷持续时间和渗透性。大于排水值的上拔能力可很方便地定义,但它只在提升速度大于某一极小值时才有效。尽管一些有关的参数很难估计,就整体来说这些方法较适于计算机编程。

参考文献

[1] Christensen N H, Haahr F, Lorin Rasmussen J. 大型负压桩的上拔阻力. 海岸工程, 1999, 18(1): 90-94.

柱桶基平台的动力响应模型

1 背景

桶形基础平台是海上平台的一种新形式,它是用桶形基础代替传统的导管架桩基础,为上端封闭、下端开口的钢质桶形结构。桶形基础作为海洋工程结构的一种新型基础形式,具有结构形式简单、容易制造、节省钢材、安装就位方便、无需大型打桩设备、减少海上作业时间、降低成本等优越性。这些优越性使得桶形基础平台在近海油田开发中具有广阔的应用前景。孟昭瑛等[1]针对单立柱桶基平台的结构静强度和地震作用下的动力响应进行研究,提出了应用弹性抗力法解决桶基与土壤的相互作用问题,并运用板壳有限元对结构强度进行分析。

2 公式

作用于平台上的风载荷按下式计算:

$$F = k_1 k_2 p_0 A$$

式中, k_1, k_2 分别为风载荷体形系数及海上风压高度变化系数; p_0 为基本风压, $p_0 = av^2$, a 为风压系数, v 为设计风速; A 为受风面积。

计算大面积冰排作用于孤立桩柱上的冰载荷:

$$F = mk_1 k_2 RDh$$

式中, m, k_1, k_2 分别为形状系数,局部挤压系数及立柱与冰层的接触系数; R 为冰样的极限抗压强度; D, h 分别为桩径和冰厚。

对小尺度圆形构件,垂直于其轴线方向的单位长度的波浪力为 f,当 $D/L \leqslant 0.2$ 时,其可按 Morison 公式计算:

$$f = 0.5C_d \rho Duu + 0.25C_m \rho \pi D^2 u^\circ$$

式中, C_d, C_m 分别为曳力系数和惯性力系数; ρ 为海水密度; D 为圆形构件直径; L 为设计波长; u, u° 分别为水质点垂直于构件的速度和加速度。

对立柱的强度按圆管构件要求进行校核。当构件受力为轴向拉、压并在两个平面内受弯时,按下式校核:

$$\sigma = \frac{N}{A} \pm 0.9\frac{\sqrt{M_x^2 + M_y^2}}{W} \leqslant [\sigma]$$

式中，σ 为轴向应力；N 为轴向力；M_x，M_y 分别为绕 x 及 y 轴的弯矩；A 为构件截面积；W 为构件剖面模数；$[\sigma]$ 为构件材料的许用应力。

立柱的稳定性校核：板梁模型立柱在轴向力和弯矩联合作用时，其稳定性按下式校核：

$$\sigma = \frac{N}{A} \pm 1.5\phi\frac{\sqrt{M_x^2 + M_y^2}}{W} \leqslant [\sigma_c]$$

式中，$[\sigma_c]$ 为稳定性的许用应力，$[\sigma_c] = \phi_{\sigma_s}$ 为整体稳定性系数；σ_s 为钢材屈服强度，其他符号同上，ϕ 由下式确定，当 $\lambda_0 \leqslant \sqrt{2}$ 时有：

$$\phi = \frac{1 - 0.25\lambda_0^2}{1.67 + 0.265\lambda_0 - 0.044\lambda_0^3}$$

当 $\lambda_0 > \sqrt{2}$ 时有：

$$\phi = \frac{1}{1.92\lambda_0^2}$$

式中，$\lambda_0 = \frac{\lambda}{\lambda_s}$，$\lambda$ 为构件的长细比；λ_s 为构件整体屈曲的临界应力，其等于钢材屈服强度时的长细比。

平台的桶形基础和加强构件均按板进行强度校核，对双向受力板按第四强度理论校核，以 Van Mises 应力作为校核应力，其校核应力为：

$$\sigma = \sqrt{\sigma_x^2 + \sigma_y^2 - \sigma_x\sigma_y + 3\tau^2} \leqslant [\sigma]$$

地震载荷主要是地震惯性力和动水压力，平台为多质点体系，i 质点、j 振型水平向的地震惯性力 p_{ij} 为：

$$p_{ij} = CK_H\gamma_\psi\beta_j m_i g$$

式中，γ_j 为 j 振型的参与系数；ψ 为 j 振型、i 质点的相对水平位移；β_j 为 j 振型、自振周期为 T_j 时的动力放大系数；m_i 为堆积在质点 i 的质量；g 为重力加速度；K_H 为水平向地震系数；C 为综合影响系数。

地震作用下，任意向细长构件水下部分所受的动水压力为：

$$P = CK_H\beta(C_m - 1)V\gamma \sin^2\phi(i,l)$$

式中，V 为浸水部分的排水体积；γ 为流体容重；$\phi(i,l)$ 为地震的振动方向 i 与构件 l 之间的夹角；C_m 为惯性力系数。

地震响应按Ⅲ类场地土计，谱曲线分为三段，其表达式为：

$$\beta(T) = 2.25\quad 0.0 \leqslant T \leqslant 0.7$$

$$\beta(T) = 1.\frac{575}{T}0.7 \leqslant T < 3.5$$

$$\beta(T) = 0.053.5 \leqslant T_c$$

3　意义

根据弹性抗力法解决桶形基础与土壤相互作用,建立了柱桶基平台的动力响应模型,用水平弹簧模拟桶基与土壤相互作用,采用板壳和梁的计算模型对平台结构进行分析,为平台的结构设计提供了依据。单立柱桶基平台采用板、梁模型是可行的,其边界条件可设为浅基础,考虑桶体与土壤的相互作用,根据不同土层的性质,弹性刚度以水平弹簧作用于节点,该假定与实验结果符合。通过对平台两种静力工况和地震工况的分析,可得出海冰工况是控制工况。

参考文献

[1]　孟昭瑛,龚佩华,杨树耕,等．单立柱桶基平台整体结构静、动力分析．海岸工程,1999,18(1):11-17.

海上桶基的安全负压模型

1 背景

以桶形结构作为海上平台基础,并以负压作为主要驱动力使其植入基土的研究在国外已有所发展,并且获取了成功的工程先例,就机理上说来,其可行性已不是问题。就我国某一海域具体情况而言,以怎样的施工技术或操作方法才能确保工程成功地实施,还须进行专门研究。张亭健等[1]进行了单只桶基安全负压沉贯操作方法物模试验初探,以寻求一种有效施工操作方法。

2 公式

模型场力学相似条件与各力学量相似比尺

按“桶形基础负压沉贯物理模型相似条件构想与比尺初拟”一文所提出的方法:

$$\lambda_T = \lambda_R = \lambda_G = \lambda_P = \lambda_{\Delta P}\lambda_A$$

$$\lambda_T = k\lambda_L^n$$

式中, λ_T 为桶基下推力相似比尺; λ_R 为基土对桶基的抗贯阻力相似比尺; λ_G 为桶基结构重力相似比尺; λ_P 为桶基配压载荷相似比尺; $\lambda_{\Delta P}$ 为桶腔内外水气压差(负压)相似比尺; λ_A 为桶腔横截面积相似比尺, $\lambda_A = \lambda_L^{2.2}$; k,n 为待定系数与指数。

借助于试验和经验初步确定 $\lambda_T = 1.14\lambda_L^{2.2}$,于是有:

$$\left.\begin{aligned} \lambda_R &= 1.14\lambda_L^{2.2} \\ \lambda_G &= 1.14\lambda_L^{2.2} \\ \lambda_P &= 1.14\lambda_L^{2.2} \\ \lambda_{\Delta P} &= 1.14\lambda_L^{0.2} \end{aligned}\right\}$$

由于:

$$\Delta P = P_W + P_B$$

式中, P_W 为桶腔内外水压强差; P_B 为桶腔内由真空计示出的真空度。所以有:

$$\lambda_{\Delta P} = \lambda_{P_W} = \lambda_{P_B}$$

因此：

$$\left.\begin{aligned}\lambda_{P_W} &= \lambda_{\Delta P} = 1.14\lambda_L^{0.2}\\ \lambda_{P_B} &= \lambda_{\Delta P} = 1.14\lambda_L^{0.2}\end{aligned}\right\}$$

模型场其他物理量相似比尺与 KL 的关系及其确定

按“桶形基础负压沉贯物理模型相似条件构想与比尺初拟”一文，则有：

$$\left.\begin{aligned}\lambda_t &= (\lambda_L^{1.8}/1.14)^{0.5}\\ \lambda_v &= (1.14\lambda_L^{0.2})^{0.5}\\ \lambda_Q &= (1.14\lambda_L^{4.2})^{0.5}\end{aligned}\right\}$$

式中，λ_t 为桶基沉贯时间比尺；λ_v 为桶基沉贯速度比尺；λ_Q 为泵机排水流量比尺。

选取桶基结构

当几何比尺 $\lambda_L = 10$ 时，各比尺具体数值为：

$$\lambda_T = \lambda_R = \lambda_G = \lambda_P = 1.14\lambda_L^{2.2} = 180.7$$

$$\lambda_{P_W} = \lambda_{P_B} = \lambda_{\Delta P} = 1.14\lambda_L^{0.2} = 1.8$$

$$\lambda_t = (\lambda_L^{1.8}/1.14)^{0.5} = 7.4$$

$$\lambda_v = (1.14\lambda_L^{0.2})^{0.5} = 1.34$$

本模型装置在负压沉贯中对水气压的受力情况简示于图 1。

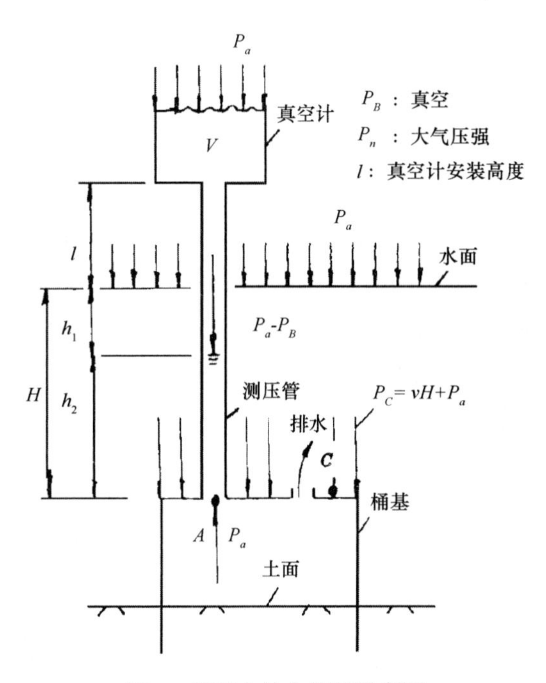

图 1　桶基内外水气压示意图

A 点压强 P_A 为：

$$P_A = P_a - P_B + \gamma h_2$$

C 点压强 P_C 为：

$$P_C = \gamma H - P_a$$

A,C 两点的压强差即为桶基内外水气压强差 ΔP 得：

$$\Delta P = \gamma H + P_B - \gamma h_2$$

桶基就位后,当其处于还未施加负压的初始状态时,真空计测压管内的水位与海面齐平,此时 $h_1 = 0$,真空计内腔压强为 P_a ;当桶基施加负压后测压管内水位降至 h_1,此时真空计内绝对压强为 $P_a - P_B$,于是有：

$$P_a(V + l\omega) = (P_a - P_B) \times (V - V' + l\omega + h_1\omega)$$

式中,V 为真空计内腔初始容积; V' 为真空计内腔产生真空度后,其初始容积的减小量; l 为真空计安装高度; ω 为真空计测压管内表截面积。于是有：

$$P_B = P_a(h_1\omega - V')/(V - V' + l\omega + h_1\omega)$$

$$h_1\omega = (V - V' + l\omega) P_B/(P_a - P_B) + V'(P_a)/(P_a - P_B)$$

由于 V' 很小,而 V 相对 $l\omega$ 也显得很小,故两者可略,于是有：

$$P_B = P_a(h_1)(l + h_1)$$

$$h_1 = l P_B/(P_a - P_B)$$

因 $h_2 = H - h_1$,于是可得：

$$\Delta P = P_B + \gamma l P_B/(P_a - P_B)$$

3 意义

根据海上桶基的安全负压模型,提出了由物模试验方法初步选择的一种可操作的单只桶基安全负压沉贯操作程序。计算结果可作为试验室内多桶基导管架物模试验以及海上(近)原型尺度桶基试验实施负压沉贯操作方法的试验依据。通过海上桶基的安全负压模型,可以将物模试验及其操作程序的修正和完善,也可为实际桶基实施海上沉贯作业找出一种可靠、安全的操作程序或方法。

参考文献

[1] 张亭健,朱儒弟,胡福辰. 单只桶基安全负压沉贯操作方法物模试验初探. 海岸工程,1999,18(1):25-32.

桶形基础的渗流场模型

1 背景

桶形基础平台的主要特点在于它特殊的沉放方法和工作机理，沉贯过程中主动形成的桶内外压力差使沉桩过程得以进行。正确认识和控制这一水动力过程，对有效和可靠地实现沉桩目标有十分重要的意义。杨树耕等[1]针对桶形基础平台负压沉贯过程中的关键性技术问题——负压沉贯过程中伴生的渗流场的计算，采用有限元法对桶形基础负压沉贯过程中的渗流场进行计算，这为研究桶形基础平台负压沉贯过程中桶内土体的稳定性与下沉阻力计算的基础。

2 公式

由于桶体的轴对称特性，所以桶形基础周围的渗流场符合达西定律的三维轴对称稳定渗流，水头分布满足三维轴对称拉普拉斯方程：

$$C_h\left(\frac{1}{r}\frac{\partial u}{\partial r}+\frac{\partial^2 u}{\partial r^2}\right)+C_v\left(\frac{\partial^2 u}{\partial z^2}\right)=0$$

并满足水头边界条件(第一类边界条件)：

$$u\Gamma_1=f(r,z)$$

和流量边界条件(第二类边界条件)：

$$\frac{\partial u}{\partial r}\Gamma_2=f(r,z)$$

式中，u 为水头函数；r,z 为空间坐标；C_h 为沿半径方向的渗透系数；C_v 为沿 z 方向的渗透系数；Γ_1，Γ_2 为曲面边界。

将 A，B 两组模型试验的渗流量和有限元计算所得到的控制负压下的最大渗流量绘在一张图中，如图 1 所示。

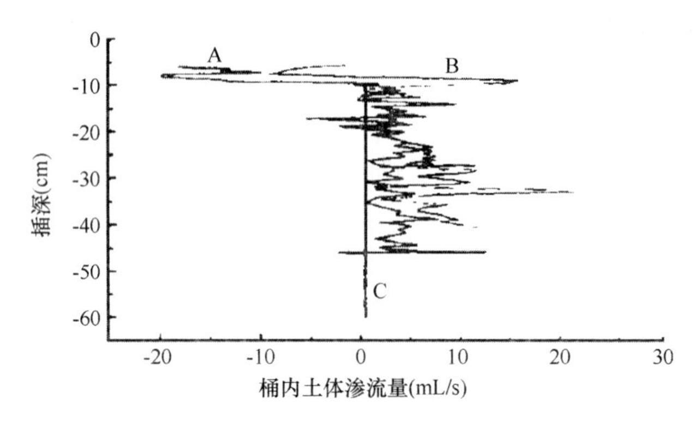

图1　有限元计算所得到的控制负压下的
最大渗流量和模型试验渗流量的比较图

3　意义

根据有限元分析方法对桶形基础负压沉贯渗流场进行动态模拟,建立了桶形基础负压沉贯过程中渗流场的有限元分析模型,模型试验的结果与按有限元分析计算模型得到的计算结果的比较表明了计算模型的可靠性和工程实用性。多种研究显示,用有限元分析方法计算桶形基础的负压沉贯渗流是可行的,可以用计算机数值求解技术对桶形基础的模型和原型沉贯过程的渗流场进行动态模拟,发挥计算机数值计算的优势。

参考文献

[1]　杨树耕,梁子冀,任贵永. 海上平台桶基沉贯渗流场的有限元法数值模拟. 海岸工程,1999,18(1):7-10.

桶形基础平台的稳定公式

1 背景

桶形基础平台在吸力下沉过程产生的桶内外土体中的渗流对沉贯过程有直接影响。国内外工程验证表明:渗流会大大降低下沉阻力;而且渗流又会限制沉贯力。过大的渗流会造成桶内土体失稳,轻者可阻碍桶基下沉,重者致使沉贯失败。但目前对桶形基础负压沉贯过程中伴生的渗流场的定量计算还缺乏深入研究。任贵永等[1]用有限元法对桶形基础下沉阻力和桶内土体稳定进行研究,改进下沉阻力计算公式,针对桶形基础沉放过程中的这个“吸力-贯入-渗流”互相关联过程提出桶内土体稳定性计算方法。

2 公式

根据桶内外土体和端部土体由于渗流的作用造成有效应力的变化,可求出桶体内外侧阻力和桶端阻力计算公式以及桶基下沉总阻力计算公式。

桶基外壁侧摩阻力为:

$$\sum f_{out} = \pi D_{out}\int_0^L k_0 \mathrm{tg}\delta\left[\gamma' Z + \gamma_\omega \frac{(H_0 + L - h_{out})}{L}\right]\mathrm{d}Z$$

桶基内壁侧摩阻力为:

$$\sum f_{in} = \pi D_{in}\int_0^L k_0 \mathrm{tg}\delta\left[\gamma' Z - \gamma_\omega \frac{(h_{in} + \bar{h})}{L}Z\right]\mathrm{d}Z$$

桶端阻力为:

$$\sum R = \frac{\pi}{4}(D_{out}^2 - D_{in}^2)\left[\gamma' L + \gamma_\omega \frac{(h_{out} - h_{tip})}{t}L\right]N_q$$

桶基下沉总阻力为:

$$\sum f = \sum f_{out} + \sum f_{in} + \sum R$$

式中,γ_ω 为水的容重;γ_m 为土的饱和容重;γ' 为土的浮容重;L 为土体的厚度;t 为筒壁的厚度;H_0 为筒外泥面处的水头值;h_0 为筒内泥面处水头值;$\bar{h}$ 为筒内的真空度;Z 为计算点至泥面的深度;δ 为土与桶基的摩擦角;D_{out} 为桶基外径;D_{in} 为桶基内径;h_{out} 为桶壁某结点在桶外土体中的水头值;h_{in} 为桶内土体中的水头值;h_{tip} 为桶端处土体中的水头值。

根据太沙基的渗流理论,对于渗流出口的出渗平面处单位体积土体的稳定条件是由临界水力坡降决定的,则有:

$$J_c = (1 - h)(s - 1)\left(1 + \frac{1}{2}\zeta tg\phi\right) + \frac{c}{\gamma}$$

式中,J_c 为土体临界水力坡降;h 为土体的孔隙率;s 为固相土粒的比重;N 为土体的侧压力系数;ϕ 为土体的内摩擦角;c 为土体的黏聚力系数;γ 为水的容重。

得到临界水力坡降 J_c 后,再由下式计算单元的临界渗流量:

$$Q_c = J_c S_e K$$

式中,S_e 为单元面积;K 为土体的渗透系数。

用单元临界渗流量 Q_c 与有限元计算中取出的最大单元渗流量 Q_{max} 做比较,将 Q_c 值作为土体渗流稳性的限制条件,即保证:

$$Q_{max} < Q_c$$

在桶基下沉过程中,泵的排量(Q)为渗流量(Q_1)与下沉排水量(Q_2)之和,而下沉排水量与下沉速率密切相关,可表示为:

$$Q = Q_1 + Q_2 = Q_1 + v\pi R^2$$

式中,v 为桶基的平均下沉速率;R 为桶基的半径。

3 意义

根据桶形基础平台的稳定公式,用有限元分析方法对桶形基础负压沉贯过程中渗流场进行动态模拟,提出了桶形基础沉贯阻力计算方法和土体稳定有限元计算方法,提出了桶内土体稳定性判断准则。用有限元分析方法计算桶形基础的负压沉贯渗流场是可行的,它不但补充了模型试验工况和数据上的局限性,而且可以预测原型沉贯各种工况的过程,既节省了时间和费用,又可指导原型沉贯施工,为桶形基础平台的负压沉贯的海上安全施工提供了理论依据。

参考文献

[1] 任贵永,许涛,孟昭瑛. 海上平台桶基负压沉贯阻力与土体稳定数值计算研究. 海岸工程,1999,18(1):1-6.

桶形基础的负压沉贯模型

1 背景

海上轻型平台桶形基础是近几年国际上新出现的海洋石油开发先进技术。其主要特点是可凭借负压原理实现“桶基”的“沉贯”和“抗拔”。在“沉贯负压”的实施过程中,这一负压还可改变基土原有的物理性质,削减其抗贯阻力,从而为“桶基”沉贯的易行提供了有利条件。为使这一先进技术能成功地用之于我国,为我国海洋石油开发创造更大的经济效益,在中国石油天然气总公司的支持下,张亭健等[1]拟对此项技术进行工程实用性模拟研究。

2 公式

原型与模型各力学量比尺与几何比尺的关系

“桶基”在沉贯过程中,将受到下沉阻力和下推力的作用,这两个力的简化表达式(在做比尺关系分析时允许略去方程式中的常值系数)如下。

(1)下沉阻力

$$R = \pi D(2\int f\mathrm{d}z + qt)$$

式中,R 为“桶基”下沉阻力;D 为“桶基”直径;f 为“桶基”的内侧壁单位面积摩擦阻力;h 为“桶基”沉入深度;q 为“桶基”裙底端部单位面积阻力;t 为“桶基”壁厚。

(2)下推力

$$T = G + (1/4)\pi D^2\Delta p$$

式中,T 为“桶基”下沉时所受的下推力;G 为模型结构的水中重量;Δp 为“桶基”顶板所受桶体内外压差。

在“桶基”沉贯过程中,当下推力等于下沉阻力时,“桶基”停止或匀速沉贯,这时有 $T=R$,即:

$$T = G + (1/4)\pi D^2\Delta p - \pi D\left(2\int f\mathrm{d}z + qt\right)$$

此式为“桶基”沉贯过程中的受力平衡方程式,包容了“桶基”沉贯运动中的主要有关力学量,可以使用方程分析法确定原、模相似比尺间的关系。

模型制成正态,则有原、模型线度量比例关系:

$$D_p/D_m = t_p/t_m = dz_p/d\,z_m = \lambda_L$$

于是:

$$D_p = \lambda_L D_m \qquad t_p = \lambda_{Lt_m} \qquad d\,z_p = \lambda_L d\,z_m$$

设其他各量的比尺为:

$$f_p/f_m = \lambda_f \qquad f_p = \lambda_f f_m \qquad q_p/q_m = \lambda_q \qquad q_p = \lambda_q q_m$$

$$G_p/G_m = \lambda_G \qquad G_p = \lambda_G G_m \qquad \Delta p_p/\Delta p_m = \lambda_p \qquad \Delta p_p = \lambda_p \Delta p_m$$

将原形"桶基"受力平衡方程式记为:

$$T_p = G + (1/4)\pi D_p^2 \Delta p_p - \pi D_p \left(2\int f_p \mathrm{d}\,z_p + q_p t_p\right)$$

其中各量以模型量表示,即有:

$$\lambda_G G_m + (1/4)\pi \lambda_L^2 D_m^2 \lambda_p \Delta p_m = \pi \lambda_L D_m \left(2\int \lambda_f f_m \lambda_L \mathrm{d}\,z_m + \lambda_q q_m \lambda_L t_m\right)$$

原、模型如遵循同一受力平衡规律,则必有:

$$\lambda_G = \lambda_L^2 \lambda_p = \lambda_L^2 \lambda_f = \lambda_L^2 \lambda_q$$

以其中任意项遍除各项,得相似条件:

$$\lambda_L^2 \lambda_p/\lambda_G = 1$$

$$\lambda_L^2 \lambda_f/\lambda_G = 1$$

$$\lambda_L^2 \lambda_q/\lambda_G = 1$$

模型结构的重力比尺 λ_G 可表示为:

$$\lambda_G = \lambda_\rho \lambda_g \lambda_L^3$$

式中,g,ρ 分别为重力加速度和结构材料密度。λ_g 为1,原、模型制作材料相同,则 λ_p 也等于1。以上三式联解可得:

$$\lambda_p = \lambda_q = \lambda_f = \lambda_L$$

原型和模型运动量、时间量比尺与几何比尺的关系

按牛顿普遍相似准则确定原、模型运动量比尺与几何比尺的关系。按牛顿第二定律基本关系式($F = Ma$),可以导出牛顿相似条件:

$$\lambda_F/\lambda_\rho \lambda_L^2 \lambda_V^2 = 1$$

式中,F 为被研究物体所受的作用力;Q,L,V 分别为被研究物体的密度,线度,运动速度。

重力比尺表达式

将 $\lambda_G = \lambda_F = \lambda_\rho \lambda_g \lambda_L^3$ 代入上式,可得:

$$\lambda_g \lambda_L/\lambda_V^2 = 1$$

取 $\lambda_g = 1$,则有:

$$\lambda_V = \lambda_L^{0.5}$$

λ_V 可写成 λ_L/λ_t，这里 λ_t 为时间比尺。将这一关系代入，则可得：

$$\lambda_g \lambda_L \lambda_t^2 / \lambda_L^2$$

于是有：

$$\lambda_t = \lambda_L^{0.5}$$

各试验控制力的预先估计

试验实施之前，须对试验中可能发生的各种力按一定的理论关系进行预先估计，以便试验能在理论的指导下正确进行。

（1）下沉阻力

下沉阻力可参照荷兰 Shel Ofshore Researth 公司所用的关系式。根据本试验室的条件，将式中的标贯量改为触探量。其简化关系式如下：

$$R = \pi D \left(2\int f_s \mathrm{d}z + q_0 t \right)$$

式中，R 为“桶基”下沉阻力；D 为“桶基”直径；f_s 为由触探探头测得的侧壁摩擦阻力；h 为“桶基”沉入深度；q_0 为由触探探头测得的确定地层的锥头阻力；t 为“桶基”壁厚。

（2）下沉时的下推力

对“桶基”下沉时所受下推力的估计，仍参照荷兰 Shell Ofshore Researth 公司所用的关系式：

$$T = G' + (1/4)\pi D^2 \Delta p$$

式中，T 为“桶基”下沉时所受的下推力；G 为模型结构的水中重量；Δp 为“桶基”顶板所受桶体内外压差。

（3）“桶基”的抗拔力

“桶基”的抗拔力可按 Rhode Island 大学提供的关系式进行估计：

$$F_b = w_a + w_p + w_m + F_{so} + F_s$$

式中，F_b 为“桶基”所能承受的上拔力；w_a 为“桶基”的水中重量；w_p 为“桶基”所负上部结构的水中重量；w_m 为带出土塞的水中重量；F_{so} 为桶裙壁与土间的摩擦阻力；F_s 为负压作用下滑移面的抗力。其中：

$$F_b = (1/4)\pi D^2 (P_d - P_f)$$

式中，P_d 为静水压头；P_f 为在土的破碎滑移面处的平均压力；而（$P_d - P_f$）则为在负压作用下，滑移面处产生的孔隙水压。

为了应用方便，Rhode Island 大学提出对其的修正系数：

$$R = (P_d - P_s)/(P_d - P_f)$$

（4）“桶基”可承受的最大水平力

“桶基”可承受的最大水平力可按下式估计：

$$Q_{uit} = \int_0^l P(Z)\mathrm{d}Z - \int_0^{l-s} P(Z)\mathrm{d}Z - T_0$$

其中，

$$P(Z) = qK_{pz} + C_D K_{cz}$$

$$T_0 = (1/4)\pi D^2 C_D$$

式中，Q_{uit} 为“桶基”可承受的最大水平力；$P(Z)$ 为在深度为 Z 处的土压；T_0 为在土塞底面的剪力；q 为覆盖层压力；K_{pz} 为土的摩擦角；K_{cz} 为桶体高、径比系数；C_D 为土的不排水剪切强度。

3 意义

根据桶形基础的负压沉贯模型，对海上平台桶形基础负压沉贯技术的模拟试验研究提出了初步方案，可作为此项技术启端性研究工作的参考。由于此项试验技术性很强，在试验之前，试验室还须对有关试验技术进行技术自身的研讨过程。利用桶形基础的负压沉贯模型，计算得到各种参数，对试验有原则性的指导意见，试验的具体内容、方法、程序、技术要求、人力物力安排、时间和经费需求等细则还应在各分项试验时详细制定。

参考文献

[1] 张亭健，胡福辰，王振先．海上平台桶形基础负压沉贯技术的模拟试验研究方案．海岸工程，1999，18(1)：67-78.

压力压贯的相关分析

1 背景

海上平台所用的桶形基础实质上就是倒置的且尖端敞开的钢质大桶，顶板（桶底）为带有一定斜度的圆形顶盘，其圆周下有一定深度的桶裙。顶盘直径即为桶的直径，桶裙深度即是桶的高度，桶裙壁厚就是桶的壁厚。朱儒弟等[1]对海上平台桶形基础模型压力压贯与负压沉贯展开了试验研究，利用相关的模型来分析台桶形基础的作用机制。

2 公式

2.1 模型桶结构

为试验方便起见，所用模型桶顶板为平板，其尺度列于表1。

表1 模型桶尺度

桶号	D(cm)	H(cm)	δ(cm)	a(cm^2)	A(cm^2)	G(kg)
1	60	120	0.5	94.64	2 827	121.6
2	42	84	0.35	46.37	1 385	45
3	30	61	0.25	23.66	707	32
4	24	48	0.20	15.14	452	9
5	18	37	0.15	8.52	254	5

注：D 为桶的直径；H 为桶的高度；δ 为桶的裙厚度；a 为桶裙尖端面积；A 为桶的横截面积；G 为桶的质量。

2.2 压力压贯试验

模型桶在进行压力压贯时，顶板开孔，使桶内外水体相通，压差为零，因此，可将其当做受压桩。根据《海上固定平台入级与建造规范》中规定，受压桩的极限承载力 Q_d 可用下式计算：

$$Q_d = Q_f + Q_p = \sum f_i A_{si} + qA_p$$

式中，Q_f 为桩侧摩擦力；Q_p 为总的桩尖阻力；f_i 为第Ⅰ层土的单位面积侧摩阻力；A_{si} 为第Ⅰ层土中的桩侧面积；q 为单位面积桩尖阻力；A_p 为桩尖毛面积。

对模型桶而言，由于是同一层基土且贯入深度不大，在此用单位面积平均侧摩阻力 f 来

代替f_i,表 1 中 a 即为 A_p,模型桶压力压贯阻力 R 可记为:

$$R = R_f + R_p = fA_s + qa$$

式中,R_f 为模型桶侧摩阻力;R_p 为模型桶总的尖端阻力;A_s 为桶侧面积;q 为单位面积模型桶尖端阻力。

选择压贯深度 $h_1 = 8.4$cm 和 $h_2 = 16.4$cm 两点计算,有关参数如下:

$$h_1 = 8.4\ \text{cm} \quad R_{21} = 1\ 000\ \text{kg} \quad R_{31} = 620\ \text{kg} \quad R_{41} = 460\ \text{kg}$$

$$h_2 = 16.4\ \text{cm} \quad R_{22} = 1\ 980\ \text{kg} \quad R_{32} = 1\ 200\ \text{kg} \quad R_{42} = 890\ \text{kg}$$

式中,R_{21},R_{31},R_{41} 分别为 2#,3#,4# 模型桶压贯至 h_1 时所测压贯阻力;R_{22},R_{32},R_{42} 分别为 2#,3#,4# 模型桶压贯至 h_2 时实测各相应模型桶的压贯阻力。可写出各桶压贯阻力公式:

$$R_{21} = f_1 A_{s2} + q_1 a_2$$

$$R_{31} = f_1 A_{s3} + q_1 a_3$$

$$R_{41} = f_1 A_{s4} + q_1 a_4$$

2.3 负压沉贯试验

负压沉贯时的下推力为:

$$T = G + 0.25\pi D^2 \Delta p$$

式中,G 为模型桶水中重量(全压载),Δp 桶顶板内外压差。负压沉贯的充分必要条件是:

$$T \geqslant R$$

式中,R 为基土抗贯阻力,一旦阻力 R 大于下推力时即达到最大贯入深度。

随着沉深的增加,特别是接近沉贯到底时,基土抗贯阻力增加较大,虽然负压也增加,但沉速不但不增加,反而在变小,直至为零。对此,可用下述公式来表示:

$$(G + \Delta pA) - R = ma = m(V_{t_2} - V_{t_1})/(t_2 - t_1)$$

式中,m 为模型桶(含加载)的质量;a 为负压沉贯加速度。

总渗流量 Q_{SL} 可由下式计算:

$$Q_{SL} = Q_{TV} - Q_{SV} - Q_{ZV}$$

式中,Q_{TV} 为实测总流量;Q_{SV} 为负压沉贯深度所引起的流量;Q_{ZV} 为土塞隆起部分所置换出来的水量。土塞隆起高度 Z 为:

$$Z = H - h_s - h_0$$

式中,H 为模型桶的高度;h_s 为总的负压沉贯深度;h_0 为自重(或压载)贯入深度。

3 意义

通过桶形基础的压贯和沉贯模型,对比分析了两者贯入力的巨大差异和产生的原因,给出了模型桶压力压贯的贯入深度与压力的关系,负压沉贯中负压与贯入深度、抽吸泵流量、基土渗流量、桶内土塞隆起之间的关系。分析可知负压沉贯可以大大降低以砂质粉土为基土的土抗力,为在胜利油田类似基土海域海上平台应用桶形基础提供了试验依据,为海上现场导管架桶形基础平台的安装就位施工和控制提供了经验。

参考文献

[1] 朱儒弟,高恒庆,马小兵. 海上平台桶形基础模型压力压贯与负压沉贯试验研究. 海岸工程,1999,18(1):60-66.

桶形基础的沉贯室模型

1 背景

桶形基础用于采油平台是国外近年来发展的一项高新技术。自 1997 年胜利石油管理局开始滩海地区典型地质条件下的桶形基础应用技术研究以来,各方面做了大量室内模型试验,桶形基础沉贯试验即是其中一项重要研究内容。何生厚等[1]对桶形基础沉贯室内模型试验展开了研究,来探求影响桶形基础沉贯阻力的主要因素,确定影响桶形基础设计和施工参数的合理范围,同时观察研究沉贯施工过程中存在或可能发生的问题及其解决办法。

2 公式

在沉贯过程中,桶体沉贯速度一直不大,加速度可以忽略不计,故沉贯阻力和沉贯动力是基本平衡的,即:

$$T = R$$

$$T = G' + \Delta p A_{盖}$$

$$R = fA_{侧} + qA_{端}$$

式中,T,R 分别为沉贯动力,沉贯阻力;G' 为桶水中重量;$A_{盖}$,$A_{侧}$,$A_{端}$ 分别为桶顶盖、桶侧壁入泥、桶裙端的面积;f,q 分别为单位面积侧摩阻力,单位面积裙端阻力;Δp 为桶内外压差,主要指桶顶盖上下压差。由此可得到力平衡方程:

$$G' + \Delta p A_{盖} = fA_{侧} + qA_{端} \tag{1}$$

以下按两种假设分析。

(1)假定 f,q 为定值,即同一土层中 f,q 不随深度变化,这种假设的依据是常规工程地质勘测报告中分土层给出的 f,q 值。实验室内与现场对应土层 f,q 值相同。此时有:

$$G'_{p} + \Delta p_{p} A_{盖p} = f_{p} A_{侧p} + q_{p} A_{端p} \tag{2}$$

$$G'_{m} + \Delta p_{m} A_{盖m} = f_{p} A_{侧m} + q_{m} A_{端m} \tag{3}$$

式中,下标 p,m 分别表示原型和模型。

设原型与模型的几何尺度、桶内外压差、重量比尺,分别为 λ_L,λ_p,λ_G,$\lambda_q = \lambda_f$,$\lambda_A = \lambda_L^2$,则式(2)可改写为:

$$G'_m\lambda_G + \Delta p_m\lambda_p A_{盖m}\lambda_L^2 = f_m A_{侧m}\lambda_L^2 + q_m A_{端m}\lambda_L^2 \tag{4}$$

(2)假定f,q值随土层埋深成正比增加,这一假设与《海上固定平台入级与建造规范》中对沙性土的计算要求是一致的。若$\lambda_p=\lambda_f=\lambda_A$,$\lambda_A=\lambda_L^2$,则式(2)可改写:

$$G'_m\lambda_G + \Delta p_m\lambda_p A_{盖m}\lambda_L^2 = f_m\lambda_f A_{侧m}\lambda_L^2 + q_m\lambda_q A_{端m}\lambda_L^2 \tag{5}$$

若令$\lambda_G=\lambda_L^3$,可求得:$\lambda_p=\lambda_L$。

3 意义

在粉土和粉质黏土地层中,建立了桶形基础的沉贯室模型,根据此模型的计算结果,得到负压法施工可显著降低粉土的抗贯阻力,但在粉质黏土中减阻效果不明显。桶形基础采用负压沉贯法施工,其贯入阻力与压桩、打桩等施工方法显著不同。而且负压可显著降低桶基在粉土中的抗贯阻力,有利于平台顺利就位。根据水深及地基情况采用适当桶径和负压可以在粉土地基中用负压法施工就位。通过调整各桶基负压,可修正平台的不均匀沉贯。但修正过程中,必然引起平台的附加内力,并影响沉贯动力在各桶间的分布。

参考文献

[1] 何生厚,徐松森,李卫星. 桶形基础沉贯室内模型试验研究. 海岸工程,1999,18(1):18-24.

负压桩的承载能力模型

1 背景

桶裙在极密砂土中的贯入以及抗拔能力对于桶形桩基础的设计来说至关重要的问题，尤其是在承受周期载荷情况下的抗拔能力。为了促进实用设计方法的发展，于 1992 年在近海进行了包括贯入试验和承载能力的现场测试。该试验构成了 Europipe 平台的负压设计基础，于 1993 年完成。Byc 等[1]对桶形基础进行了土工设计的相关实验。为了增进对上拔负荷和周期载荷效应的认识并用于 Sleipner T 负压桩基础的设计，在同年还进行了综合性的模型试验。

2 公式

基于土中不排水剪切强度的概念，负压桩周围土体中的不排水剪切强度是根据有效应力分布和有效剪切强度参数进行计算的：

$$\tau_f = \sigma' \tan \varphi_u'$$

把关于膨胀特性的表达式代入上式，可得到任一平面 A 上的不排水剪切强度值：

$$\tau_{f\alpha} = s' \tan \varphi_u' + t \tan \varphi_u' \cos 2(\alpha - \theta) + \Delta t \tan \varphi_u' [2D + \cos\alpha 2(\alpha - \theta)]$$

式中，$\tau_{f\alpha}$ 是平面 α 上的剪切强度；s' 为初始平均有效应力；φ_u' 为不排水摩擦角；t 为初始剪切应力；α 为剪切平面的角度；θ 为主应力的转角；Δt 为剪切应力的变化量。

饱和土的强度受控于“有效应力”，有效应力定义为施加的总应力减去水压力(或孔隙水压力)：

$$\sigma' = \sigma - uI$$

式中，σ' 为有效应力张量，R 为总应力张量；u 孔隙压力；I 为单位矩阵。

土强度是由有效应力和土的摩擦角(φ)所确定的，由 Coulomb 所定义的最简单的土强度模型为：

$$\tau = \sigma \tan\varphi$$

式中，τ 为土的剪切强度；R 为作用于破坏表面的法向有效应力。

由于弹性和塑性体积应变与膨胀率之间的耦合，弹性土响应的模拟是非常重要的。使用均匀的线性弹性模量和非线性弹性模量进行分析，非线性弹性模量由下式确定：

$$E = \frac{3(1 - e_0) p'}{k}(1 - 2\gamma')$$

式中,e 为初始孔隙比;γ' 为泊松比;p' 为平均有效应力;$p' = (\sigma_1 + \sigma_2 + \sigma_3)/3$;$k$ 为膨胀系数。

3 意义

通过已完成的现场试验和模型试验以及用于设计的理论模型,建立了负压桩的承载能力模型。根据此模型,得到了 Europipe 16/11E 和 Sleipner T 基础的设计。应用这样的设计,成功安装了 1994 年 Europipe 16/11E 采油导管架平台以及 1996 年 Sleipner T 导管架平台,这证明了利用负压安装的裙板基础(桶形基础)不仅相对于桩来说是具有竞争性的可供选用的方案,而且也是用于黏性土和非黏性土的一种辅助基础的解决办法。

参考文献

[1] Byc A,Erbrich C, et al. 桶形基础的土工设计. 海岸工程,1999,18(1):95-105.

桶形基础的沉贯阻力公式

1 背景

桩基导管架平台的发展在世界上已有150年的历史，随着采油的成本上升，桩基平台造价高、海上施工技术困难等矛盾日益突出，因而严重影响了海上油田的开发效益。挪威国家石油公司在经过大量试验和计算的基础上，于1994年在海上首次成功地应用桶形基础平台。胜利油田浅海海域地基条件特殊、复杂，为研究桶形基础在该海区特殊地基条件下应用的可行性，孙东昌等[1]对桶形基础负压沉贯特性进行了试验和分析。

2 公式

单桶负压沉贯系列试验，主要研究负压沉贯历程、土壤特性变化、土体失效方式及土体稳定的最大控制负压等。

中间试验单桶和四桶试验模型：桶高1 200~820 mm，现场试验静力触探试验（CPT）曲线见图1。图2是在同一加压历程下，室内试验负压沉贯阻力曲线与现场中间试验负压沉贯阻力曲线。

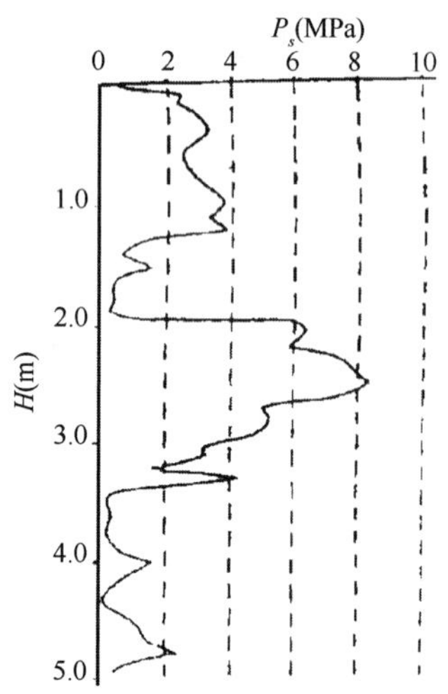

图1　试验场静力触探试验（CPT）曲线

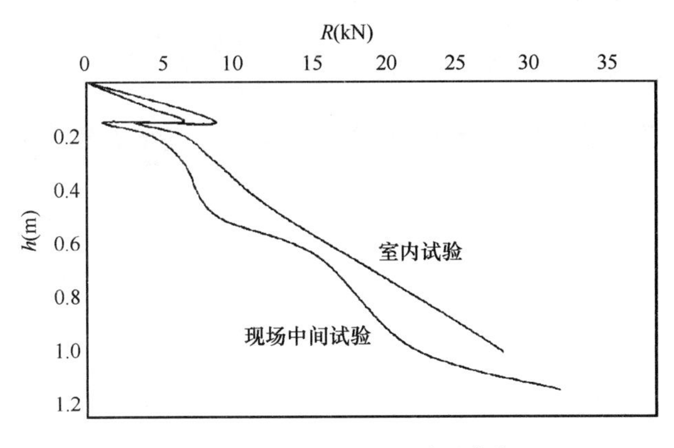

图 2　沉贯阻力与沉深关系曲线

Shell Offshore Research 在确定负压作用下,下沉阻力为 R 时,采用折减系数法,基本关系如下:

$$R = \pi D\left(2k_f \int_0^h f dz + k_p q_{ch} t\right)$$

式中,D 为桩直径; k_f 与表面摩擦阻力有关的经验系数;f 为由原位标贯试验得到的摩阻力;h 为沉入深度; k_p 为关联 q_{ch} 与端阻力的经验系数; q_{ch} 为对确定地层的平均标贯阻力;t 为裙板的厚度。

经改进后的阻力公式应为:

$$R = \pi D\left(k_N \int_0^h f \mathrm{d}z + k_\omega \int_0^h f \mathrm{d}z + k_p q_{ch} t\right)$$

式中, k_N 为与内表面摩擦阻力有关的系数; k_ω 为与外表面摩擦阻力有关的系数。

3　意义

根据桶形基础的沉贯阻力模型,对桶形基础负压沉贯的室内试验、中间现场试验进行计算,应用有限元法分析负压沉贯的渗流场,通过此模型的计算结果,得到负压可显著降低桶形基础的沉贯阻力,有利于平台顺利就位;随着贯入深度的增加,负压值也增大,两者成弱正相关关系;沉贯阻力与加压历程有关,负压施加越快、越大,阻力也越大;用有限元计算所得到的最大控制负压,可控制土体的稳定性;室内试验结果与现场试验结果是相吻合的,可用于指导平台的现场就位安装。

参考文献

[1]　孙东昌,张士华,于鸿洁. 桶形基础负压沉贯特性分析. 海岸工程,1999,18(1):33-36.

桶形基础的负压沉贯物理模型

1 背景

作为物理模型并不是仅将被试结构这一主体物做一个简单的缩尺处理就可以了，而是还须将主体的重要相关体也做模型化处理才行。主体物是桶形基础，其重要相关体为海底土。由于现场土样粒度极细且为饱和状，故而土体模型对物理性质指标和力学指标的相似性不宜做变动。为了简化模拟技术，节省经费和时间，张亭健等[1]采用了缩尺结构和原土、原水的试验方法，用于对桶形基础负压沉贯物理模型相似条件建立与比尺初拟。

2 公式

桶基在实施沉贯的过程中须受到下推力 T 和抗贯阻力 R 的同时作用。T 的构成如下：

$$T = G + P + W + \Delta PA$$

式中，G 为结构物重力，其水下部分应计以浮重；P 为外施压贯载荷；W 为桶顶板上部水体压力，此力随桶基的沉深变化；ΔP 为桶基内腔顶板下负压；A 为桶基垂向负压受力面积，即桶基内腔顶板面积。于是有桶基沉贯动力方程：

$$R = I = G + P + W + \Delta PA$$

欲保证原型、模型桶基的沉贯动力相似，则二者在沉贯过程中的受力均须满足以上所表述的方程。对于原型有：

$$T_P = G_P + P_p + W_P + \Delta P_p A_P$$

对于模型有：

$$T_m = G_m + P_m + W_m + \Delta P_m A_m$$

带有下标 P，m 的上述各量分别表示原型量和模型量。如原型、模型力学场相似，则二者同各力学量当成比例，其比例系数如下：

$$\lambda_T = T_P/T_m \qquad \lambda_G = G_P/G_m \qquad \lambda_P = P_P/P_m$$

$$\lambda_W = W_P/W_m \qquad \lambda_{\Delta P} = \Delta P_P/\Delta P_m \qquad \lambda_A = A_P/A_m$$

现借助于上述比例系数用模型量来表示原型的动力方程式则有：

$$\lambda_T = \lambda_G = \lambda_P = \lambda_W = \lambda_{\Delta P}\lambda_A = \lambda_R$$

如果模型系统的主体结构物及各重要相关体，均能按照初赋线度比尺 λ_L 做正态缩尺处理使之成为正态模型系统,则此时结构物的重力比尺 λ_G 将等于 λ_L^3。有了 $\lambda_G = \lambda_L^3$ 解题初值,则其他各量均可依下式计算:

$$\left.\begin{aligned}\lambda_T = \lambda_L^3\lambda_P = \lambda_L^3\lambda_W = \lambda_L^3\lambda_R = \lambda_L^3 \\ \lambda_{\Delta P} = \lambda_L^3/\lambda_A = \lambda_L^3/\lambda_L^2 = \lambda_L\end{aligned}\right\}$$

这就是所说的模型比尺正态解。如果初赋 $\lambda_L = 10$,则有:

$$\left.\begin{aligned}\lambda_R = \lambda_T = \lambda_G = \lambda_P = \lambda_W = 10^3 = 1000 \\ \lambda_{\Delta P} = 10\end{aligned}\right\}$$

在这个阶段中,桶基下推力 T' 中没有负压项 ΔPA ,桶基动力平衡方程为:

$$R' = T' = G' + P' + W'$$

式中, R', G', P', W' 的意义分别与前述之 R, G, P, W 相同。据前述可知,此一阶段各项力的模型比尺关系:

$$\lambda_{R'} = \lambda_{T'} = \lambda_{G'} = \lambda_{P'} = \lambda_{W'}$$

桶基结构所受的合外力 T 等于其惯性力 Ma,即有 $T=Ma$,M 为桶基结构质量:a 为桶基结构运动加速度。按与前述同样的方程分析法推求,可以得到原型、模型外力与惯性力关系的相似条件:

$$\lambda_T = \lambda_M\lambda_a$$

因为:

$$\lambda_M = M_P/M_M = \rho_P V_P/\rho_M V_M = \lambda_P\lambda_L^3$$

$$\lambda_a = \lambda_L/\lambda_t^2$$

故:

$$\lambda_T = \lambda_P\lambda_L^3\lambda_L/\lambda_t^2 = \lambda_P\lambda_L^4\lambda_L/\lambda_t^2$$

因而:

$$\lambda_t = (\lambda_P\lambda_L^4/\lambda_T)^{1/2}$$

式中,V 为桶基结构体积;Q 为桶基结构材料密度,因原型、模型由同种材料制作,故 $\lambda_P = 1$,于是上式可为:

$$\lambda_t = (\lambda_L^4/\lambda_T)^{1/2}$$

桶基沉贯速度相似比尺 λ_v 亦可按牛顿第二定律用上述同样的方法推求。原型、模型加速度比尺为:

$$\lambda_a = \lambda_L/\lambda_t^2 = \lambda_v/\lambda_t$$

三式联立则有:

$$\lambda_T = \lambda_P\lambda_L^3\lambda_v/\lambda_t = \lambda_\rho\lambda_L^2\lambda_v^2$$

于是有:

$$\lambda_v = (\lambda_T/\lambda_\rho\lambda_L^2)^{1/2}$$

代入 $\lambda_\rho = 1$,得:

$$\lambda_v = (\lambda_T/\lambda_L^2)^{1/2}$$

桶基正常负压沉贯时腔体排水流量 Q 等于桶基沉贯速度 V 与桶基内腔横截面积 A 的乘积,即 $Q = VA$,于是有 $\lambda_Q = \lambda_V\lambda_A$,代入可得:

$$\lambda_Q = (\lambda_T/\lambda_L^2)^{1/2}\lambda_L^2 = (\lambda_T\lambda_L^2)^{1/2}$$

将上面所得的与桶基负压沉贯有关的各种模型量比尺整理如下。

(1)桶基负压沉贯下推力比尺:$\lambda_T = \lambda_{P''}/T_{M''} = k\lambda_L^2$;

(2)桶基结构重力比尺:$\lambda_G = \lambda_T$;

(3)桶基外施压贯载荷比尺:$\lambda_P = \lambda_T$

(4)桶基顶板上覆水体压力比尺:$\lambda_W = \lambda_T$;

(5)桶基内腔顶板下负压比尺:$\lambda_{\Delta P} = \lambda_T/\lambda_L^2$;

(6)桶基沉贯时间相似比尺:$\lambda_t = (\lambda_T^2/\lambda_T)^{1/2}$;

(7)桶基沉贯速度相似比尺:$\lambda_c = (\lambda_T/\lambda_L^2)^{1/2}$;

(8)桶基沉贯汲水流量相似比尺:$\lambda_Q = (\lambda_T\lambda_L^2)^{1/2}$。

3 意义

根据桶形基础负压沉贯物理模型,对桶形基础负压沉贯物理模型相似条件建立与比尺初拟进行分析,提出了一种确定桶形基础在负压下作准平稳均匀沉贯的物模相似条件和有关相似比尺的简便方法,由这一方法得到的相似比尺可作为比尺探讨研究的初设值,通过大小不同尺度的桶基做几次验证性试验对其进行修正,可使之适用。鉴于桶基在正常负压沉贯情况下,其汲水流量的主要成分是桶基下沉桶腔排开水的流量,按照模型试验“舍次从要”的惯用原则,以桶基沉贯体积的排水流量代表桶基沉贯汲水流量,是应为允许且不致大碍的。

参考文献

[1] 张亭健,高恒庆,辛海英. 桶形基础负压沉贯物理模型相似条件建立与比尺初拟. 海岸工程,1999,18(1):48-55.